高等院校"十三五"规划教材——经济管理系列

运 筹 学
(第二版)

马建华　编　著

清华大学出版社
北京

内 容 简 介

本书是在第一版的基础上修订完善而成的，第二版尽力保持了原版的特点，进一步完善了主要内容，提高了本书的可读性，扩大了适用范围。

本书系统地介绍了运筹学的基本内容，重点讲解了线性规划、整数规划、动态规划、多目标规划、图与网络优化、网络计划技术、运输问题和排队论等方法。本书以培养学生运用运筹学方法解决管理决策问题的能力为目标，在掌握运筹学基本理论素养的基础上，重点培养学生的运筹学建模能力和软件求解能力。

本书适合作为普通本科院校经济管理类专业本科生或高等职业院校本专科生教材，也可以作为相关学科研究生以及企业决策咨询部门和数据分析部门管理人员的参考书。

本书封面贴有清华大学出版社防伪标签，无标签者不得销售。
版权所有，侵权必究。举报：010-62782989，beiqinquan@tup.tsinghua.edu.cn。

图书在版编目(CIP)数据

运筹学/马建华编著. —2版. —北京：清华大学出版社，2018（2022.9重印）
(高等院校"十三五"规划教材——经济管理系列)
ISBN 978-7-302-47934-5

Ⅰ．①运… Ⅱ．①马… Ⅲ．①运筹学—高等学校—教材 Ⅳ．①O22

中国版本图书馆CIP数据核字(2017)第193501号

责任编辑：秦　甲
装帧设计：刘孝琼
责任校对：周剑云
责任印制：曹婉颖

出版发行：清华大学出版社
网　　址：http://www.tup.com.cn, http://www.wqbook.com
地　　址：北京清华大学学研大厦A座　　邮　编：100084
社 总 机：010-83470000　　邮　购：010-62786544
投稿与读者服务：010-62776969, c-service@tup.tsinghua.edu.cn
质量反馈：010-62772015, zhiliang@tup.tsinghua.edu.cn
课件下载：http://www.tup.com.cn, 010-62791865

印 装 者：三河市铭诚印务有限公司
经　　销：全国新华书店
开　　本：185mm×260mm　　印　张：18　　字　数：436千字
版　　次：2014年7月第1版　2018年1月第2版　印　次：2022年9月第6次印刷
定　　价：49.00元

产品编号：073708-02

推 荐 序

运筹学是一门综合性学科，它把科学的方法、技术和工具应用到包括一个系统管理在内的各种问题上，以便为那些掌管系统的人们提供最佳的解决问题的办法。

运筹学是研究从若干个可行方案中选择最优(或满意)方案的方法的学科，它能够通过构造模型和进行模拟，了解相关因素之间的关系，预测各种供选择的方案和可以产生的后果，从而帮助决策人选择达到既定目标的最佳途径。

运筹学是一门应用性很强的学科，特别是在我国改革开放不断深入发展的今天，有许多新情况需要研究，还有许多新问题需要决策，这就为更广泛地应用运筹学提供了新的机遇，并为其发展创造了条件。于是有越来越多的本科生和研究生选学了运筹学课程，同时也有越来越多的管理与工程设计人员更加需要学习运筹学的知识，因此出版运筹学方面的好教材就十分必要。

山东财经大学管理科学与工程学院马建华教授根据多年来的教学实践编写了本书，书中选材精练、论述严谨，具有较强的应用性和可操作性。相信本书的出版将对运筹学的教学和研究起到重要的促进作用，特此为序。

刘家壮

第二版前言

运筹学教材出版以后在山东财经大学和多所兄弟院校使用，大家的支持就是对作者最大的鼓励，在此向所有采用本教材的老师和同学表示感谢！由于作者能力有限，教材存在一些错误和不足，给读者带来了不便和困扰，在此向大家表示歉意。

运筹学(第二版)是在原有教材的基础上改编的，修改的主要内容包括以下几项：

(1) 修正了原有教材中发现的错误。

(2) 增加了对偶理论，作为选讲内容放在了第二章第八节，可以满足考研需要。

(3) 利用对偶理论给出了最小费用流和运输问题位势法的理论推导，作为延伸阅读放在相关章节后面，可以帮助读者更好地理解问题，也可以展示知识的关联性。

(4) 把附录三调整为正式内容，把其放在第二章第五节，可以在第二章第六节使用Excel规划求解的敏感性报告。

(5) 对部分章节的叙述进行了改编，主要包括第五章第二节、第六章第一节、第八章第三节等内容。

(6) 对部分图标进行了完善，使其更加美观。

限于作者的能力，第二版难免还会存在一些错误和不足，敬请读者指正。

第二版写作过程中得到了采用本教材的老师和同学们的帮助，第二版的出版得到了清华大学出版社的大力支持，在此向他们表示感谢！

第一版前言

运筹学在管理决策与工程设计中有广泛的应用,是经济管理、数学、计算机与工科等学科学生的基础课程或必修课。但各个学科对运筹学的要求不尽相同,数学学科的教学强调理论推导和算法思想,计算机学科的重点在于算法设计,管理与工程学科则是要运用运筹学方法解决实际问题,因而教学的重点在于运筹学模型的建立和求解。

作者从事运筹学教学 13 年,先后在教育部所属重点大学的数学院、计算机学院和普通省属院校的管理学院教授运筹学,对于它们的差异深有感触。特别是对于普通省属本科院校管理学科的学生,其数学基础不牢靠,对于运筹学的理论推导掌握起来比较困难。因而很有必要从管理学科运筹学教学的特点出发,编写一本适合普通省属本科院校管理学科学生使用的运筹学教材。

作者集成十几年运筹学教学经验和教学素材,编写了这本运筹学教材,本教材具有以下特点。

(1) 在内容的选择上突出管理学科的特点,去掉了管理学科使用较少的非线性规划、与博弈论重复较多的对策论、在决策理论中要讲的决策分析以及物流管理中的库存论等内容。既避免了课程内容的重复,也适应了应用型人才培养中减少理论课时的趋势。

(2) 在教材结构的安排上,更加注重各章节的衔接,把运输问题放在图与网络优化之后,可以利用最小树的理论说明回路的唯一存在性。很多学校不讲对偶理论,因而在运输问题、最小费用流等章节不再使用对偶理论推导。

(3) 在内容的组织上沿着运用运筹学方法解决管理问题的过程,从问题入手,重点讲解建立模型的方法,然后介绍最优性条件和优化算法,最后讲解软件求解模型和案例分析,有利于培养学生运用运筹学方法解决实际问题的能力。

(4) 在内容的编写上充分考虑普通省属本科院校的现实,尽量减少高等数学的使用,用方程组消元法引入单纯形算法、利用拍卖过程介绍最小费用流算法,把一些难理解的章节和定理证明省略,因为这些内容在教学实践中也很少用到。

(5) 把十几年的教学实践融入教材中,用自己的理解重新编写了很多理论的推导过程,更容易让学生接受。把教学中发现的学生容易出错的地方用说明的方式加以注解,可以帮助学生减少错误。

全书共分 9 章,讲授全书基本内容需要 51 课时,为了方便读者阅读,下面的框图给出了各章内容的相关性。

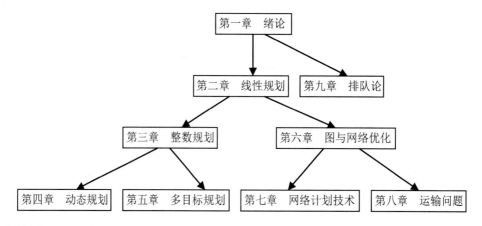

本教材附录中给出了 LINGO 和 SciLab 两种软件的使用说明，配套的电子课件、基于 SciLab 的教学软件、实验指导书和习题参考答案等资料存放在清华大学出版社网站，读者也可以从山东财经大学精品课程网站上下载。

本教材中的内容是作者所学运筹学知识的再现，作者从本科生、硕士研究生和博士研究生阶段都是在山东大学运筹学专业学习的。饮水思源，非常感谢山东大学运筹学专业各位老师，他们不仅传授给我知识，他们严谨负责的教风也深深影响着我。特别要感谢我的授业恩师刘家壮教授，跟随导师学习 10 年让我受益终生。在此向他们致以深深的敬意！

同时也要感谢我教过的所有学生，教学相长，在与你们互动的过程中我的教学经验得到积累、教学水平得到提升。

最后要感谢我的父母、妻子和儿子，家人的理解和支持让我更加安贫乐教。

本教材是山东省精品课程——运筹学(2011BK127)的配套教材，本教材的编写和出版得到了山东省高等教育质量工程建设项目的资助。

限于作者的水平，不妥与错误之处在所难免，恳请广大读者批评指正。

目 录

第一章 绪论 ... 1
第一节 运筹学概述 ... 2
一、运筹学的概念 ... 2
二、运筹学的发展 ... 3
三、运筹学的特点 ... 4
四、运筹学的学科地位 ... 5
第二节 管理中的运筹学问题与模型 ... 6
一、管理中的优化问题 ... 6
二、运筹学模型 ... 8

第二章 线性规划 ... 11
第一节 线性规划实例与模型 ... 12
一、线性规划实例 ... 12
二、线性规划模型 ... 15
三、基本概念 ... 16
四、模型转换 ... 16
第二节 可行区域与基本可行解 ... 19
一、图解法 ... 19
二、可行域的几何结构 ... 22
三、基可行解与基本定理 ... 23
第三节 单纯形算法 ... 27
一、最优性条件 ... 27
二、迭代规则 ... 28
三、算法步骤 ... 29
四、单纯形表 ... 30
第四节 初始基可行解 ... 33
一、辅助规划 ... 34
二、第一阶段 ... 34
三、第二阶段 ... 36
第五节 求解软件 ... 39
一、LINGO 软件 ... 39
二、Excel 的规划求解 ... 42
第六节 灵敏度分析 ... 47
一、灵敏度分析的概念 ... 47
二、价值向量的灵敏度分析 ... 48
三、右端向量的灵敏度分析 ... 50
四、Excel 中的敏感性报告 ... 52
第七节 应用案例分析——生产计划问题 ... 52
一、问题描述 ... 52
二、问题分析 ... 53
三、线性规划模型 ... 54
四、模型计算 ... 55
第八节 对偶理论* ... 56
一、对偶规划 ... 57
二、对偶理论 ... 61
习题 ... 65

第三章 整数规划 ... 71
第一节 整数规划问题与模型 ... 72
一、整数规划问题 ... 72
二、整数规划模型 ... 73
第二节 分支定界算法 ... 75
一、算法的基本思想 ... 75
二、关键技术 ... 76
三、算法步骤 ... 78
四、软件求解方法 ... 81
第三节 应用案例分析 ... 82
一、背包问题 ... 82
二、人力资源分配问题 ... 84
习题 ... 86

第四章 动态规划 ... 91
第一节 多阶段决策问题 ... 92
一、多阶段决策问题实例 ... 92
二、多阶段决策问题 ... 94
第二节 最优化原理 ... 95
一、最优化原理 ... 96
二、最短路问题 ... 98

三、动态规划递推关系式 99
　第三节　管理中的多阶段决策问题 100
　　一、旅游售货员问题 100
　　二、背包问题 105
　习题 109

第五章　多目标规划 111
　第一节　多目标规划模型 112
　　一、多目标规划实例 112
　　二、一般模型 115
　　三、有效解 115
　　四、求解有效解的方法 117
　第二节　目的规划 121
　　一、硬约束和软约束 122
　　二、偏差变量 122
　　三、优先因子 123
　　四、目的规划的求解 123
　第三节　层次分析方法 125
　　一、层次分析方法的基本思想 125
　　二、判别矩阵 127
　　三、判别矩阵的一致性 128
　　四、特征根和特征向量的
　　　　近似求法 129
　　五、层次分析法的基本步骤 131
　第四节　应用案例分析第三方物流
　　　　供应商选择 134
　　一、确定评价指标 134
　　二、构造判别矩阵并进行一致性检验
　　　　.................................... 135
　　三、层次总排序 136
　　四、综合评比结果 137
　习题 138

第六章　图与网络优化 141
　第一节　图的基本概念 142
　　一、图与子图 142
　　二、图的表示方法 145
　　三、图的连通性与割集 149
　第二节　最小支撑树 152
　　一、树及其基本性质 153

　　二、最小树 154
　第三节　最短有向路 159
　　一、最短有向路方程 160
　　二、求最短有向路的 Dijkstral
　　　　算法 162
　　三、SciLab 求解最短有向路 164
　第四节　最大流 165
　　一、最大流最小割定理 165
　　二、最大流算法 168
　　三、SciLab 求解最大流 173
　第五节　最小费用流 174
　　一、最小费用流问题的数学规划
　　　　模型 175
　　二、最小费用流问题的算法 175
　　三、SciLab 求解最小费用流 181
　习题 184

第七章　网络计划技术 187
　第一节　网络计划图 188
　　一、基本术语 188
　　二、箭线图的绘制方法 188
　　三、节点图 192
　第二节　时间参数与关键路线 192
　　一、作业时间 193
　　二、节点时间 193
　　三、工序时间 195
　　四、关键路线 196
　第三节　网络计划的优化 197
　　一、数学规划方法 198
　　二、图上计算方法 199
　习题 201

第八章　运输问题 207
　第一节　运输问题的模型 208
　　一、运输问题的数学模型 208
　　二、运输问题数学模型的特点 209
　第二节　表上作业法 210
　　一、表上作业法求解思路 210
　　二、初始可行方案 211
　　三、回路法 218

四、位势法 221
第三节　扩展的运输问题 225
　　一、产大于销的运输问题 225
　　二、产小于销的运输问题 226
　　三、转运问题 227
第四节　应用案例分析 229
　　一、带有约束的运输问题 229
　　二、生产与存储问题 232
习题 233

第九章　排队论 237
第一节　随机服务系统的基本概念 238
　　一、随机服务系统的组成 238
　　二、排队系统的描述符号 241
　　三、排队系统的评价指标 242
第二节　排队系统的概率分布和
　　　　随机过程 243
　　一、排队系统的概率分布 243
　　二、最简单流 244
　　三、生灭过程 246

第三节　无限源的排队系统 247
　　一、$M/M/1/\infty$ 系统 247
　　二、$M/M/1/N$ 系统 252
　　三、$M/M/C/\infty$ 系统 255
第四节　应用案例分析——排队论在
　　　　物流系统设计中的应用 258
　　一、问题的背景 258
　　二、模型的建立 259
　　三、天车随机服务系统优化设计 260
　　四、结束语 261
习题 261

附录 265
附录一　LINGO 软件的集合输入方法 266
　　一、LINGO 中的集 266
　　二、模型的数据部分和初始部分 267
　　三、模型输入 269
　　四、运算符与常用函数 270
附录二　SciLab 软件介绍 271

参考文献 276

第一章

绪　论

系统地了解和学习一门学科需要了解学科的发展历史和特点。本章概括地介绍了运筹学的发展历史、学科特点和建模方法，让学生从整体上认识运筹学这门学科。

第一节　运筹学概述

运筹学是一门新兴的应用学科，为了更好地认识运筹学，本节从运筹学的概念入手，介绍运筹学的发展历史和特点。

一、运筹学的概念

"运筹"一词最早见于《史记》一书，"运筹帷幄之中、决胜千里之外"已成为千古流传的名句。运筹的字面意思是运作、筹划，通常用来形容通过运作筹划很好地解决问题。

作为一门学科，运筹学是由国外发展起来的，其英文名称是"Operation Research"，字面意思为"操作研究"，由于该学科是研究如何更好地做事的，与运筹的含义非常接近，国内把该学科翻译成运筹学，在我国香港和台湾地区以及新加坡等国也直接翻译为"作业研究"。

关于运筹学概念的说法比较多，著名运筹学专家 P.M.Morse 与 G.E.Kimball 在他们的奠基作中给运筹学下的定义是：运筹学是在实行管理的领域，运用数学方法，对需要进行管理的问题统筹规划，做出决策的一门应用科学。

美国运筹学学会提出的运筹学定义：运筹学是考虑在一定资源配资要求下如何科学决定人机系统的最优设计与操作(Operations Research is concerned with scientifically deciding how to best design and operate man-machine systems, usually under conditions requiring the allocation of scarce resources)。

英国运筹学学会提出的运筹学定义：运筹学是运用科学的方法解决工业、商业、政府、国防等部门有关人力、机器、物资、资金等大系统的指挥或管理中所出现的复杂问题的一门科学，主要的方法是通过风险、机会的度量和对决策、策略、控制结果的预测建立系统的科学模型，目的是帮助管理者科学地决定它的政策和行为(Operational Research is the application of the methods of science to complex problems arising in the direction and management of large systems of men, machines, materials and money in industry, business, government, and defense. The distinctive approach is to develop a scientific model of the system, incorporating measurements of factors such as chance and risk, with which to predict and compare the outcomes of alternative decisions, strategies or controls. The purpose is to help management determine its policy and actions scientifically)。

我国著名科学家钱学森先生认为，运筹学是由一支综合性的队伍，采用科学的方法为一些涉及有机系统的控制问题提供答案，为该系统的总目标服务的学科。我国著名运筹学专家许国志院士指出，事有常规、物有定理，运筹学就是研究做事规律的学科。

上述定义从不同的角度界定运筹学的学科内涵和外延。综上所述，通常认为运筹学就是研究从若干可行方案中选择最优(或满意)方案的方法的学科。

二、运筹学的发展

运筹学的思想在古代就已经产生了。敌我双方交战,要克敌制胜就要在了解双方情况的基础上,做出最优的对付敌人的方法,这就是"运筹帷幄之中,决胜千里之外"的说法。在我国古代有很多非常优秀的运作、筹划的思想,如田忌赛马的故事广为流传。

西方一些学者也开展了理论探索。1909 年,丹麦数学家厄兰(A.K.Erlang)运用概率论理论研究电话服务系统;1928 年,德国著名数学家冯·纽曼(J.Von Neumann)等进行了对策理论研究,并出版了《对策论与经济行为》一书;苏联著名数学家康特洛维奇在《生产组织与管理中的数学方法》一书中提出了数学规划方法。这些工作为运筹学学科的产生奠定了理论基础。

但是作为一门学科,运筹学是在 20 世纪 30 年代第二次世界大战期间,由于战争的需要发展起来的。1937 年英国部分科学家被邀请去帮助皇家空军研究雷达的部署和运作问题,目的在于最大限度地发挥有限雷达的效用,以应对德军的空袭。1939 年从事此方面问题研究的科学家被召集到英国皇家空军指挥总部,成立了一个由布莱凯特(P. M. S. Blackett)领导的军事科技攻关小组;由于该小组是第一次有组织的系统的进行运筹学活动,所以后人将该小组的成立作为运筹学产生的标志。

运筹小组的成功使得其在整个军事领域迅速传播,到 1941 年,英国皇家陆、海、空三军都成立了这样的科学小组。以美国为代表的一些说英语的国家也成立了类似的研究小组,并称其为"Operations Research"。该小组在第二次世界大战中发挥了重要的作用,比较典型的案例包括雷达布置策略、反空袭系统控制、海军舰队的编制和对敌潜艇的探测等。

战后许多从事运筹小组活动的科学家将其精力转向对早期仓促建立起来的运筹优化技术进行加工整理,探索应用运筹学思想和方法解决社会经济问题的可能性。首先接纳运筹学的非军事组织是一些效益较好的大公司,如石油公司和汽车公司。后来,随着运筹学思想和方法的积累与程序化,不用太大的投入就能从沉淀的知识中受益时,运筹学才得到了广泛的应用。计算机的普及与发展是推动运筹学迅速发展的巨大动力。运筹学实践反过来又促进了计算机技术的发展,它不断地对计算机提出内存更大、运行速度更快的要求。可以说运筹学在过去的半个多世纪里,既得益于计算机技术的应用与发展,同时也极大地促进了计算机技术的发展。

20 世纪 50 年代,运筹学理论、方法及其活动发展到了一个新的水平,运筹学开始成为一门独立的学科,其标志是大量运筹学学会的创建和相应期刊的问世。继 1948 年英国创立运筹学学会之后,美国运筹学学会于 1952 年成立,它的宗旨是满足运筹学研究领域的科学家相互交流的需要,以促进运筹学理论与实践的发展。1953 年,美国又成立了管理科学研究所。美国运筹学学会和管理科学研究所两个组织所创办的刊物——《运筹学》和《管理科学》,将许多零散的研究成果系统化,为构建运筹学新学科的知识体系做出了突出的贡献。在 1956—1959 年短短的几年里,先后就有法国、印度、日本等十几个国家成立了运筹学学会,并有6种运筹学期刊问世。1957年在英国牛津大学召开了第一届运筹学国际会议,1959年成立了国际运筹学学会(International Federation of Operations Research Societies,IFORS)。截至2007年,国际上已有49个国家和地区成立了运筹学学会或类似的组织。随着运筹学与管理科学的融合,1994年美国运筹学会和管理科学学会合并,成立了国际运筹学与管理科学学会(Institute for Operation Research and the Management Sciences,INFORMS)。

自20世纪60年代以来,运筹学得到了迅速的普及和发展。运筹学细分为许多分支,许多大专院校把运筹学的理论引入本科教学课程,把规划理论以外的内容引入硕士、博士研究生的教学课程。运筹学的学科划分没有统一的标准,在工科学院、商学院、经济学院和数理学院的教学中都可以发现它的存在。

我国20世纪50年代中期从西方引入运筹学,我国第一个运筹学小组于1956年在中国科学院力学研究所成立,1958年成立了运筹学研究室。1960年在济南召开了全国应用运筹学的经验交流和推广会议,1962年和1978年先后在北京和成都召开了全国运筹学学术会议,1980年中国运筹学学会正式成立。我国各高等院校,特别是经济管理类专业已普遍把运筹学作为一门专业的主干课程列入教学计划。

三、运筹学的特点

从运筹学的发展历程中,可以看出运筹学具有以下特点。

(1) 运筹学是应用性学科。运筹学的出现是由于军事实战的需要,同样运筹学的发展也是来源于经济管理的需要。进入20世纪以后,随着生产社会化的发展,企业的规模不断扩大,特别是第二次世界大战以后企业所支配的人、财、物都飞速地膨胀。此时的管理单靠决策者的艺术和经验已经无法应对,客观上需要能把有限的人、财、物合理地组织起来获得最大收益的科学方法。而经济管理中出现的很多优化问题并非一般管理者所能解决,它需要较深的数学功底和专业知识,因而运筹学也就应运而生并飞速发展起来。从整个运筹学的发展历程可以看出,运筹学源于实践、服务于实践,实践是运筹学生命力的源泉,运筹学是一门应用型的学科。

(2) 运筹学需要定性与定量方法结合。各种数学方法的大量出现是运筹学区别于其他管理方法的特点,运筹学所解决的优化问题涉及大量的数量关系,必须建立数学模型借助数学方法才能很好地解决,因而人们也把运筹学看成是数学的一个分支。

运筹学以整体最优为目标,从系统的观点出发,力图以整个系统最佳的方式来解决该系统各部门之间的利害冲突。对所研究的问题求出最优解,寻求最佳的行动方案,所以它也可看成是一门优化技术,提供的是解决各类问题的优化方法。

(3) 运筹学是个交叉学科,涉及经济、管理、数学、计算机、工程和系统等多个学科。这种交叉性主要来源于优化问题存在的广泛性,优化问题不仅存在于军事、经济和管理领域,而且存在于工程设计、生物、医药等方面。可以说但凡有人存在的地方就会有决策,从而也就会有运筹学的用武之地。运筹学问题来源的广泛性使运筹学的研究必然涉及许多学科的知识，因而运筹学是一个多学科交叉的理论体系。

(4) 运筹学有许多相对独立的学科分支，不同的学科分支针对不同类型的优化问题建立不同的数学模型，采用不同的方法进行研究。每个学科分支形成相对独立的理论体系，具有独特的研究方法，同时不同分支间又相互联系，具有某些共性。运筹学的多分支性主要来源于优化问题的多样性，人们不能期望一种优化模型能够解决所有的优化问题，因而人们采取分别处理的方式，进而形成了不同的学科分支。运筹学的分支主要有数学规划(包含线性规划、非线性规划、整数规划、动态规划、多目标规划等)、图论与网络优化、决策分析、排队论、可靠性理论、库存论、对策论、搜索论和模拟等，这些分支的独立性相对于其他学科要强。

(5) 运筹学具有开放性，随着人类实践活动的不断深入，就会不断产生新的优化问题和新的运筹学分支。同时已有运筹学分支的应用范围也会不断扩展，每个学科分支也在时刻关注着实践活动的变化来不断地完善和发展自己。运筹学的开放性还体现在方法的开放上，任何有利于问题解决的方法都可以被运筹学使用，它没有限定自己的范围，而是不断地从不同的学科吸取有价值的知识。运筹学的开放性本质上还是来源于它的应用性，运筹学的发展不是为了建立完善的理论体系，而是发展能够解决实际问题的方法。

四、运筹学的学科地位

通常所学的知识大体可以分成 3 类，即基础理论、应用理论和应用技术。比如，物理学中的电磁学理论属于基础理论，自动化控制理论方法属于应用理论，而自动控制系统设计就属于应用技术。无论在管理学科、数学学科还是系统科学中，运筹学都属于应用理论。在管理学科中运筹学也称为管理科学，管理学属于基础理论，运筹学或管理科学属于应用理论，管理仿真和实验属于应用技术。在数学中运筹学又称为运筹数学，属于应用数学的分支，代数和数学分析等基础数学是基础理论，运筹学等应用数学是应用理论，科学计算和系统仿真属于应用技术。在系统科学中，运筹学属于系统工程的范畴，系统工程同样属于应用理论。

运筹学在经济科学和工科中也有广泛的应用，经济学是研究经济系统规律的学科，主要考虑经济系统节约与优化的问题，运筹学是研究优化方法，为经济学的研究和分析问题提供了科学方法，很多运筹学的专家在经济学研究中都很有建树，很多诺贝尔经济学奖得主都是运筹学出身，如萨缪尔森、德布鲁、纳什等。工程中存在大量的优化设计问题，如系统优化设计、工程进度安排、下料优化等问题，都需要采用优化方法解决。

延伸阅读 1-1

现代运筹学之父

帕德里克·布莱凯特(Patrick Blackett，1897—1974)勋爵(Lord)，是 1948 年诺贝尔物理学奖得主，这位英国曼彻斯特大学的教授也通常被人们称为现代运筹学之父。他的故事永远都是那么令人津津乐道。

在第二次世界大战时期,英国为了减少航运的损失推行护卫舰系统,从根本上说,用军舰护卫商船得到普遍的认可,然而面临的问题是使用比较大的护卫舰还是较小的呢?护卫舰的航速受到大小的限制,小型的护卫舰航速比较快。有人指出:"小型的护卫舰比较难被德国的潜艇检测得到。"但是另一方面,也有人认为大型的护卫舰可以抵御突如其来的多艘战船的攻击。布莱凯特领导他的团队进行一系列的分析与研究,布莱凯特的团队经过分析后得出:

大型的护卫舰比较有效率,从统计学的角度来说,护卫舰被发现的概率与船只的大小无关,较慢的护卫舰存在的风险比较大(经过所有的比较,仍然应该选择大型的护卫舰)。

布莱凯特团队的另一份分析报告是关于英国皇家空军的轰炸机。英国皇家空军司令部检查了一段时间内的所有从突袭轰炸德国返回的轰炸机,记录所有由德国空军造成的破坏,从而建议增加装甲在最常被损害的部位。而布莱凯特的团队反而直觉地建议同时在记录上完全没有被损害的位置(completely untouched by damage)增加装甲。他们认为调查报告存在偏差,因为他们只调查那些返回的轰炸机。然而没有记录被攻击的部位可能是导致飞机致命的地方,因此也有必要增加装甲。他们还建议每架轰炸机减少飞行人员以减少由于飞机被击落而造成的人员伤亡,但是这个建议被皇家空军总司令拒绝了。

当德国人将他们的空军建立在卡姆胡贝尔(Kammhuber)防线里的时候,皇家空军认识到他们的轰炸机会被淹没在单独飞行的夜间战斗机中。夜间战斗机的目标瞄准是由地面的雷达提供的。因此布莱凯特的团队利用计算统计学上的撞毁损失相对被战斗机击落的损失,去计算轰炸机之间的远近来减少皇家空军的损失。

在布莱凯特和他的团队的帮助下,皇家空军得到空前的成功。同时,他的贡献也使得英国被希特勒称为"不沉的英伦岛"。

(资料来源:根据参考文献[21]改编)

第二节 管理中的运筹学问题与模型

运筹学主要运用数量方法解决管理实践中的决策问题,这类问题广泛存在于各类管理中,本节主要从运筹学解决的问题入手,介绍运筹学模型和运用运筹学解决实际问题的步骤。

一、管理中的优化问题

著名管理学家赫伯特·西蒙(Herbert A. Simon,1916—2001)说管理就是决策,由此可见决策职能的重要程度,决策是组织管理工作的核心,并且渗透于管理的所有职能中,运筹学就是要解决如何更好地决策的问题。

简单地说,决策就是如何从若干方案中选择一个方案,有些决策很简单,或者有现成的规章制度可循,可以借助经验或者惯例解决,称为日常决策。运筹学所要解决的是比较复杂的决策问题,单靠经验不能解决或者不能很好地解决的决策问题,需要借助数量方法才能给出很好的决策方案,如生产计划、设施选址、资源配置、系统设计、库存管理、时间安排、路线优化等,下面以生产计划问题为例来看一下运筹学的问题。

生产计划是企业管理内部运作的核心,其内部管理应该是围绕着生产计划来进行的。一般企业都会生产多种产品或者同一产品有多种型号,生产产品需要消耗原材料并使用机器设备和劳动力等生产要素,生产计划必须在现有生产要素的基础上考虑,不能超出限制,有时还会考虑市场需求情况,按需定产。企业生产的目标是追求利润最大化,利润来源于产品的销售,等于销售收入减去成本,销售价格乘以销售数量就是销售收入,生产成本包括可变成本和固定成本,固定成本与产量无关,主要来源于固定工资和资产折旧,可变成本是由生产的数量决定的,包括原材料的投入和能源消耗等。生产计划问题就是在各种限制下寻找使利润最大的生产方案。

案 例

机械产品生产计划问题

红星机械加工厂生产 7 种产品(产品 1 到产品 7)。该厂有以下设备:4 台磨床、2 台立式钻床、3 台水平钻床、1 台镗床和 1 台刨床。生产过程中,各种工序没有先后次序的要求。每种产品的利润(单位:元/件)以及生产单位产品需要的各种设备的工时(小时/件)如表 1-1 所示,其中一字线(—)表示这种产品不需要相应的设备加工。

表 1-1 产品的利润和需要的设备工时

产品	1	2	3	4	5	6	7
单位产品利润	10.00	6.00	3.00	4.00	1.00	9.00	3.00
磨床	0.50	0.70	—	—	0.30	0.20	0.50
立 钻	0.10	2.00	—	0.30	—	0.6	—
水平钻	0.20	6.00	0.80	—	—	—	0.60
镗 床	0.05	0.03	—	0.07	0.10	—	0.08
刨 床	—	—	0.01	—	0.05	—	0.05

工厂每天开两班,每班 8h,为简单起见,假定每月都工作 24 天。每个产品不同月份的市场销售情况不同,经过数据分析和市场调研,预测下个月份市场销售上限,如表 1-2 所示。

表 1-2 产品的市场销售量上限(件/月)

产品	1	2	3	4	5	6	7
销售量上限	500	1000	300	300	1100	500	100

作为企业管理人员或者生产计划部经理,需要考虑下个月的生产计划,使得总利润最大。

案例分析

企业的生产计划就是考虑一定时期内不同产品生产的数量,也就是给出合理生产安排方案,在满足生产要素的限制下,使得利润最大化。

在这个案例中,7种产品的产量是企业可以控制或者决定的,当确定了每种产品的产量后就可以得到一个生产方案;产品的生产受到加工工时和销售数量的限制,每种所使用的机床的加工工时不能超过可用总工时,在不考虑库存的情况下,生产的数量也不能超过销售量的上限;企业的目标是利润最大。

类似地,任何一个决策问题都包含方案、约束限制和目标这3个要素,方案是决策者可以控制的因素,反映了决策者的能力,可控因素越多,企业的选择余地就会越大;任何决策都会受到内部和外部因素的限制,只有满足各种限制的方案才是可实施的方案,或者称为可行方案;目标是决策的动力,正是由于不同方案对目标的意义不同才需要选择。

可以说方案、约束和目标是决策问题的基本要素,也是分析问题的着眼点,运用运筹学解决实际问题首先要明确实际问题的3个基本要素。

二、运筹学模型

上述对问题的描述使用文字语言,要用数量方法解决该问题,还需要用字母、数字和运算符等数学语言重新描述问题,也就是要建立问题的数学模型。

决策问题包含方案、约束和目标等3个基本要素,建立决策问题的数学模型就是要用数学语言把3个基本要素描述出来,一旦3个要素的数学描述给出,对应的数学模型就建立起来了。本书中决策问题的数学模型也称为运筹学模型,运筹学模型包括决策变量、约束条件和目标函数,分别对应决策问题的方案、约束和目标。

对于上面的案例,分别考虑3个基本要素的描述方法。

方案:其方案是下个月生产各种产品的产量,由于产量是需要确定的变化量,借助于方程变量的描述方法,用字母 $x_j(j=1,2,\cdots,7)$ 来表示下个月生产第 j 种产品的产量,也就是模型的变量。

约束:显然,机械产品的产量只能是不小于零的整数,也就是要求

$$x_j \geqslant 0, 为整数 \quad j=1,2,\cdots,7 \tag{1-1}$$

这是变量自身带来的约束。问题的约束包括工时限制和销售额限制两类:生产量小于等于销售量上限,实际工时需求小于等于总工时。记第 j 种产品在下个月的销售上限为 $a_j(j=1,2,\cdots,7)$,数据见表1-2,则要求

$$x_j \leqslant a_j \quad j=1,2,\cdots,7 \tag{1-2}$$

记生产单位第 j 种产品使用第 k 种设备的工时为 $b_{kj}(k=1,2,\cdots,5;j=1,2,\cdots,7)$,数据见表1-1。如果不使用某种设备,则对应数值为0。每个月的生产方案对设备的使用都要满足

限制,由于生产单位第 j 种产品使用第 k 种设备的工时为 b_{kj},而生产第 j 种产品的产量为 x_j,显然下个月生产第 j 种产品使用第 k 种设备的工时为 $b_{kj}x_j$,生产所有产品使用第 k 种设备的工时为 $\sum_{j=1}^{7}b_{kj}x_j$。工厂每天开两班,每班 8h,每月都工作 24 天,因而单个设备一个月的总工时为 $8\times24\times2=384$,设每种设备的数量为 d_k,则第 k 种设备的总工时为 $384d_k(k=1,2,\cdots,5)$。因而有约束

$$\sum_{j=1}^{7}b_{kj}x_j \leqslant 384d_k \quad k=1,2,\cdots,5 \tag{1-3}$$

该生产计划问题的约束条件包括式(1-1)、式(1-2)和式(1-3)。

目标: 企业的目标函数是利润最大,企业的利润来源于产品销售活动,由于要求生产的产量小于等于销售量上限,因而产品的销售量就是生产量。记单位产品利润为 $c_j(j=1,2,\cdots,7)$,具体数据见表 1-1,则下个月生产第 j 种产品的利润为 $c_jx_j(j=1,2,\cdots,7)$,下个月的总利润为 $\sum_{j=1}^{7}c_jx_j$,该函数就是问题的目标函数。目标就是使得该值达到最大,记为 $\max \sum_{j=1}^{7}c_jx_j$。

至此,问题的 3 个基本要素都用数学符号描述出来了,为了便于查看,把它们放在一起,就构成了该问题完整的运筹学模型,即

$$\max \sum_{j=1}^{7}c_jx_j$$

$$\text{s.t.} \begin{cases} \sum_{j=1}^{7}b_{kj}x_j \leqslant 384d_k & k=1,2,\cdots,5 \\ x_j \leqslant a_j & j=1,2,\cdots,7 \\ x_j \geqslant 0, \text{为整数} & j=1,2,\cdots,7 \end{cases}$$

诸如上述模型,如果一个问题的变量可以用矢量表示,约束是不等式或等式,目标是变量的函数,则称运筹学模型为数学规划,当约束不等式和目标函数都是线性的,则称为线性规划,线性规划是最简单的数学规划。变量要求为整数时,称为整数规划,上述模型就是线性整数规划。

建立运筹学模型之后就需要考虑模型的求解方法,也就是模型的算法,不同模型的算法不同,设计算法需要考虑模型的特点和性质。有时还需要考虑参数变化对计算结果的影响,也就是灵敏度分析。

总之,运用运筹学方法解决实际问题是从建立模型入手,而建立模型是从问题分析入手,先明确问题的 3 个基本要素,通过描述 3 个基本要素建立运筹学模型,然后考虑模型的性质,给出求解算法,最后进行灵敏度分析等结果分析。这是解决问题的过程,也是学习运筹学的基本思路,以后各章都是沿着这一思路展开的。

延伸阅读 1-2

田 忌 赛 马

齐国的大将田忌,很喜欢赛马,有一回,他和齐威王约定,要进行一场比赛。他们商量好,把各自的马分成上、中、下 3 等。比赛的时候,要上马对上马、中马对中马、下马对下马。由于齐威王每个等级的马都比田忌的马强一些,所以比赛了几次,田忌都失败了。

有一次,田忌又失败了,觉得很扫兴,比赛还没有结束,就垂头丧气地离开赛马场,这时,田忌抬头一看,人群中有个人,原来是自己的好朋友孙膑。孙膑招呼田忌过来,拍着他的肩膀说:"我刚才看了赛马,大王的马比你的马快不了多少呀。"孙膑还没有说完,田忌瞪了他一眼:"想不到你也来挖苦我!"孙膑说:"我不是挖苦你,我是说你再同他赛一次,我有办法准能让你赢了他。"田忌疑惑地看着孙膑:"你是说另换一匹马来?"孙膑摇摇头说:"连一匹马也不需要更换。"田忌毫无信心地说:"那还不是照样得输!"孙膑胸有成竹地说:"你就按照我的安排办事吧。"齐威王屡战屡胜,正在得意扬扬地夸耀自己马匹的时候,看见田忌陪着孙膑迎面走来,便站起来讥讽地说:"怎么,莫非你还不服气?"田忌说:"当然不服气,咱们再赛一次!"说着,"哗啦"一声,把一大堆银钱倒在桌子上,作为他下的赌钱。齐威王一看,心里暗暗好笑,于是吩咐手下,把前几次赢得的银钱全部抬来,另外又加了一千两黄金,也放在桌子上。齐威王轻蔑地说:"那就开始吧!"一声锣响,比赛开始了。

孙膑先以下等马对齐威王的上等马,第一局田忌输了。齐威王站起来说:"想不到赫赫有名的孙膑先生,竟然想出这样拙劣的对策。"孙膑不去理他。接着进行第二场比赛。孙膑拿上等马对齐威王的中等马,获胜了一局。齐威王有点慌乱了。第三局比赛,孙膑拿中等马对齐威王的下等马,又战胜了一局。这下,齐威王目瞪口呆了。比赛的结果是三局两胜,田忌赢了齐威王。还是同样的马匹,由于调换一下比赛的出场顺序,就得到转败为胜的结果。

(资料来源:根据参考文献[21]改编)

第二章

线性规划

线性规划是运筹学中最重要的分支,也是运筹学的基础。线性规划问题最早是苏联学者康托洛维奇(L.V. Kantorovich,1912—1986)于 1939 年提出的,但他的工作当时并未广为人知。第二次世界大战中,美国空军的一个研究小组 SCOOP(Scientific Computation Of Optimum Programs,最优程序的科学计算)在研究战时稀缺资源的最优化分配问题时,提出了线性规划问题。丹齐格(G.B.Dantzig)于 1947 年提出了求解线性规划问题的单纯形法,单纯形法至今还是求解线性规划最有效的方法之一。

本章将介绍线性规划的模型和基本概念以及单纯形法的基本原理、软件求解方法及线性规划在经济分析中的应用。

第一节　线性规划实例与模型

运用线性规划方法解决实际问题的前提是把实际问题转化为数学问题，也就是建立线性规划模型，不同类型的问题建立线性规划模型的方法不尽相同。下面通过具体实例学习建立线性规划模型的方法。

一、线性规划实例

线性规划的应用领域十分广泛，主要包括生产计划、物资调运、资源优化配置、物料配方和经济规划等问题，在第一章(绪论)中介绍了生产计划问题，下面介绍另外两种决策问题。

例 2-1　合理配料问题。

某饲料厂用玉米胚芽粕、大豆饼和酒糟等 3 种原料生产 3 种不同规格的饲料，由于 3 种原料的营养成分不同，因而不同规格的饲料对 3 种原料的比例有特殊要求，具体要求及产品价格、原料价格、原料数量见表 2-1，试制订总利润最大的生产计划。

表 2-1　工厂生产数据

规格要求	产品 Q_1	产品 Q_2	产品 Q_3	原料单价/(元/kg)	原料可用量/kg
原料 P_1	≥15%	≥20%	25%	1.7	1500
原料 P_2	≥25%	≥10%		1.5	1000
原料 P_3			≤40%	1.2	2000
单位产品的利润/(元/kg)	2	3	2.3		

(1) 问题分析。

合理配料问题是一个特殊的生产计划，该问题与第一章中案例的生产计划的不同之处在于产品对原料的消耗量不明确，只给了一个限制范围，同时原料之间不发生化学反应，产品的产量等于原料之和。因而方案就不是只确定产品的产量，还需要明确生产不同产品原料的数量，设 x_{ij} 为生产第 j 种饲料使用第 i 种原料的数量 $(i=1,2,3;j=1,2,3)$，则第 j 种饲料的产量为 $\sum_{i=1}^{3} x_{ij}(j=1,2,3)$，第 i 种原料的使用量为 $\sum_{j=1}^{3} x_{ij}(i=1,2,3)$。

问题的目标是生产利润最大化，而利润等于销售收入减去成本，销售收入等于价格乘以产量，即 $2\sum_{i=1}^{3} x_{i1} + 3\sum_{i=1}^{3} x_{i2} + 2.3\sum_{i=1}^{3} x_{i3}$，成本等于购买原料的支出，等于原料价格乘以原料需求数量，即 $1.7\sum_{j=1}^{3} x_{1j} + 1.5\sum_{j=1}^{3} x_{2j} + 1.2\sum_{j=1}^{3} x_{3j}$。所以总利润为

$$2\sum_{i=1}^{3} x_{i1} + 3\sum_{i=1}^{3} x_{i2} + 2.3\sum_{i=1}^{3} x_{i3} - 1.7\sum_{j=1}^{3} x_{1j} - 1.5\sum_{j=1}^{3} x_{2j} - 1.2\sum_{j=1}^{3} x_{3j}$$

问题的约束包括原料供给限制、产品规格限制和变量自身限制，其中原料供给限制要求原料的需求量小于等于最大供给量，即

$$\sum_{j=1}^{3} x_{1j} \leqslant 1500$$

$$\sum_{j=1}^{3} x_{2j} \leqslant 1000$$

$$\sum_{j=1}^{3} x_{3j} \leqslant 2000$$

产品的规格限制要求不同原料占总产量的比例符合要求，即

$$\frac{x_{11}}{\sum_{i=1}^{3} x_{i1}} \geqslant 0.15, \quad \frac{x_{21}}{\sum_{i=1}^{3} x_{i1}} \geqslant 0.25$$

$$\frac{x_{12}}{\sum_{i=1}^{3} x_{i2}} \geqslant 0.2, \quad \frac{x_{22}}{\sum_{i=1}^{3} x_{i2}} \geqslant 0.1$$

$$\frac{x_{13}}{\sum_{i=1}^{3} x_{i3}} = 0.25, \quad \frac{x_{33}}{\sum_{i=1}^{3} x_{i3}} \leqslant 0.4$$

上述约束是分式约束，为了写成线性规划形式，转化成以下等价形式，即

$$x_{11} - 0.15 \sum_{i=1}^{3} x_{i1} \geqslant 0, \quad x_{21} - 0.25 \sum_{i=1}^{3} x_{i1} \geqslant 0$$

$$x_{12} - 0.2 \sum_{i=1}^{3} x_{i2} \geqslant 0, \quad x_{22} - 0.1 \sum_{i=1}^{3} x_{i2} \geqslant 0$$

$$x_{13} - 0.25 \sum_{i=1}^{3} x_{i3} = 0, \quad x_{33} - 0.4 \sum_{i=1}^{3} x_{i3} \leqslant 0$$

变量非负限制为

$$x_{ij} \geqslant 0 \quad i=1,2,3; j=1,2,3$$

(2) 模型。

该工厂的生产计划问题就是在原料需求不超过可用量的限制下使得总利润最大，因而对应的数学模型为

$$\max \ 2\sum_{i=1}^{3} x_{i1} + 3\sum_{i=1}^{3} x_{i2} + 2.3\sum_{i=1}^{3} x_{i3} - 1.7\sum_{j=1}^{3} x_{1j} - 1.5\sum_{j=1}^{3} x_{2j} - 1.2\sum_{j=1}^{3} x_{3j}$$

$$\text{s.t.} \begin{cases} \sum_{j=1}^{3} x_{1j} \leqslant 1500, \sum_{j=1}^{3} x_{2j} \leqslant 1000, \sum_{j=1}^{3} x_{3j} \leqslant 2000 \\ x_{11} - 0.15\sum_{i=1}^{3} x_{i1} \geqslant 0, x_{21} - 0.25\sum_{i=1}^{3} x_{i1} \geqslant 0 \\ x_{12} - 0.2\sum_{i=1}^{3} x_{i2} \geqslant 0, x_{22} - 0.1\sum_{i=1}^{3} x_{i2} \geqslant 0 \\ x_{13} - 0.25\sum_{i=1}^{3} x_{i3} = 0, x_{33} - 0.4\sum_{i=1}^{3} x_{i3} \leqslant 0 \\ x_{ij} \geqslant 0, i=1,2,3; \ j=1,2,3 \end{cases} \quad (2\text{-}1)$$

提 示

(1) 配料问题是一种特殊的生产计划问题,其与第一章(绪论)中的生产计划问题的区别在于一般生产计划问题中生产单位产品对原料的消耗量是确定的,但配料问题中生产单位产品对原料的消耗量是不确定的,只给了一个数量限制范围,因而仅用每种产品的产量不能表示出原料的消耗量,需要把产品产量和原料的消耗量同时作为变量。

(2) 由于配料问题中没有发生化学反应,原料的数量和就是产品的产量,因而题目中把产品的产量用原料数量和替换,减少了 3 个变量。不替换也可以,但必须在约束中添加"产量等于原料消耗量和"这一组约束。

例 2-2 运输问题。

一个啤酒公司在山东有 n 个生产厂,每个生产厂计划期内生产的数量为 $a_i(i=1,2,\cdots,n)$。这 n 个生产厂的产品销往山东各市地,公司把山东市场分成了 m 个销售区,每个销售区计划期内的销售量预计为 $b_j(j=1,2,\cdots,m)$。假设生产总量和预期销售总量相等,且已知从第 i 个生产厂运单位产品到第 j 个销售区的运价为 $c_{ij}(i=1,2,\cdots,n;j=1,2,\cdots,m)$。问应如何组织运输才能使总运费最小?

(1) 问题分析。

该问题是一个典型的运输问题,生产厂是供应地,销售区是需求地。问题的变量是从第 i 个生产厂运到第 j 个销售区的产品数量,设为 $x_{ij}(i=1,2,\cdots,n;j=1,2,\cdots,m)$,则总运费为 $\sum_{i=1}^{n}\sum_{j=1}^{m}c_{ij}x_{ij}$,从第 i 个生产厂运出的总量为运到各销售区之和,即 $\sum_{j=1}^{m}x_{ij}(i=1,2,\cdots,n)$,运到第 j 个销售区的产品数量等于从各生产厂运输之和,即 $\sum_{i=1}^{n}x_{ij}(j=1,2,\cdots,m)$。显然,运出的量不能超过生产量,运入的量不能低于需求量,由于生产总量和预期销售总量相等,所以每个生产厂运出量正好等于生产量,每个销售区的运入量等于需求量,即有约束

$$\sum_{j=1}^{m}x_{ij}=a_i \quad i=1,2,\cdots,n$$

$$\sum_{i=1}^{n}x_{ij}=b_j \quad j=1,2,\cdots,m$$

(2) 模型。

在供求约束下使得总费用最小的线性规划模型为

$$\min \sum_{i=1}^{n}\sum_{j=1}^{m}c_{ij}x_{ij}$$

$$\text{s.t.} \begin{cases} \sum_{j=1}^{m}x_{ij}=a_i & i=1,2,\cdots,n \\ \sum_{i=1}^{n}x_{ij}=b_j & j=1,2,\cdots,m \\ x_{ij}\geq 0 & i=1,2,\cdots,n;j=1,2,\cdots,m \end{cases} \quad (2\text{-}2)$$

该规划是针对一般情况建立的,不同公司的具体数据不同,把数据代入模型就可以得到具体实例的模型。

 提 示

(1) 建立模型的基础是对问题的分析,分析问题需要明确问题的基本要素,问题的基本要素对应模型的变量、目标和约束等基本要素。

(2) 建立模型的过程就是用数学语言表述模型的 3 个基本要素的过程。首先确定变量,也就是主动改变量,然后用变量表示其他量,给出约束和目标函数。

(3) 在建立模型时不要遗漏变量非负约束,当变量表示数量时,如果取值不会为负值,则需要添加变量非负约束。

二、线性规划模型

通过上面 3 个实例可以看出,线性规划的目标可能是最大也可能是最小,约束可能是等式也可能是不等式,3 个实例的变量都是非负的,有时变量或部分变量要求允许取负值,称为自由变量。因而,一般的线性规划模型的形式为

$$\min \quad c_1 x_1 + c_2 x_2 + \cdots + c_n x_n$$

$$\text{s.t.} \begin{cases} a_{i1}x_1 + a_{i2}x_2 + \cdots + a_{in}x_n = b_i & i = 1,2,\cdots,p \\ a_{i1}x_1 + a_{i2}x_2 + \cdots a_{in}x_n \geq b_i & i = p+1,\cdots,m \\ x_j \geq 0; \quad j = 1,2,\cdots,q \\ x_j \text{无限制} \quad j = q+1, q+2,\cdots,n \end{cases} \quad (2\text{-}3)$$

其中 $x_j(j=1,2,\cdots,n)$ 为决策变量,$c_j(j=1,2,\cdots,n)$ 为目标函数系数,a_{ij} 为约束系数。记变量为 $\boldsymbol{x} = (x_1, x_2, \cdots, x_n)^\mathrm{T}$,向量 $\boldsymbol{c} = (c_1, c_2, \cdots, c_n)^\mathrm{T}$ 为价值向量,向量 $\boldsymbol{b} = (b_1, b_2, \cdots, b_m)^\mathrm{T}$ 为右端向量,矩阵

$$\boldsymbol{A} = \begin{bmatrix} a_{11} & a_{12} & \cdots & a_{1n} \\ a_{21} & a_{22} & \cdots & a_{2n} \\ \vdots & \vdots & \ddots & \vdots \\ a_{m1} & a_{m2} & \cdots & a_{mn} \end{bmatrix}$$

为系数矩阵。

如果变量都是非负的,约束都是不等式,并且对于目标是求最小的线性规划模型,不等号都是大于等于号,或者对于目标是求最大的线性规划模型,不等号都是小于等于号,则称为规范形式的线性规划模型,模型为

$$\min \quad \boldsymbol{c}^\mathrm{T} \boldsymbol{x} \qquad \max \quad \boldsymbol{c}^\mathrm{T} \boldsymbol{x}$$
$$\text{s.t.} \begin{cases} \boldsymbol{A}\boldsymbol{x} \geq \boldsymbol{b} \\ \boldsymbol{x} \geq \boldsymbol{0} \end{cases} \quad \text{或} \quad \text{s.t.} \begin{cases} \boldsymbol{A}\boldsymbol{x} \leq \boldsymbol{b} \\ \boldsymbol{x} \geq \boldsymbol{0} \end{cases}$$

如果线性规划的目标是求最小,约束都是等式,变量都是非负,则称为标准形式的线性规划模型,其形式为

$$\min \ c^{\mathrm{T}} x$$
$$\text{s.t.} \begin{cases} Ax = b \\ x \geq 0 \end{cases}$$

提　示

(1) 有些教材中标准形式是以最大为目标，这不影响问题的说明，只要在一本书中统一要求就可以。

(2) 一般形式的线性规划不能用矩阵形式表示，因为其约束的符号不统一。

三、基本概念

为了求解模型，首先给出一些常用的概念，给变量的每个分量一个赋值就得到规划的一个解，如果解满足所有的约束条件，则称为可行解，由可行解组成的集合称为可行解集，也称为可行域，对于标准形式的线性规划，其可行解集可写为

$$D = \{x \mid Ax = b, x \geq 0\}$$

求解线性规划是要在可行解集合中寻找使得目标函数值最优的解，在可行域中目标函数值最小(或最大)的可行解称为最优解，最优解的目标函数值为最优值。最优解的全体称为最优解集合，对于以最小为目标的线性规划，其最优解集合可写为

$$O = \{x \in D \mid c^{\mathrm{T}} x \leq c^{\mathrm{T}} y, \forall y \in D \}$$

提　示

(1) 线性规划的解不要求是可行的，这与方程组或不等式组的解有所区别。

(2) 最优解不一定唯一，可以有多个解是最优解，但最优值一定是唯一的。

四、模型转换

实际问题的线性规划模型往往是一般形式的，而在求解或者分析模型时需要标准形式或者规范形式，这就需要把一般形式的线性规划转化为标准形式或者规范形式。模型形式的转化主要是把不符合要求的格式转化为符合要求的格式，如把自由变量转化为非负变量、把不等式约束转化为等式约束及把求最大的目标转化为求最小的目标等。下面分别考虑变量、目标和约束的转化问题。

1. 变量转换

为了保证模型等价，需要用非负变量替换自由变量，如果用一个非负变量无法保证模型的线性，因而用两个非负变量的差来替换一个自由变量，即令自由变量 $x_j = x_j^+ - x_j^-$，其中 x_j^+、x_j^- 为非负变量。

显然，如果 $x_j^+ > x_j^-$，则 $x_j > 0$；如果 $x_j^+ < x_j^-$，则 $x_j < 0$；如果 $x_j^+ = x_j^-$，则 $x_j = 0$。这样就把 x_j 的正负转化为 x_j^+ 与 x_j^- 的大小关系。在模型中把所有的 x_j 用 $x_j^+ - x_j^-$ 替换，则可以减

少一个自由变量,如果还有自由变量可用同样方法处理。

2．目标转换

一个函数的最大值与其相反数函数的最小值在同一个变量取值上达到,并且两个目标值互为相反数,即 $\max \boldsymbol{c}^{\mathrm{T}}\boldsymbol{x} = -\min -\boldsymbol{c}^{\mathrm{T}}\boldsymbol{x}$。在目标转化时对于 $\max \boldsymbol{c}^{\mathrm{T}}\boldsymbol{x}$,用 $\min -\boldsymbol{c}^{\mathrm{T}}\boldsymbol{x}$ 替换,求得的最优解相同,而最优值互为相反数。

3．约束转换

约束的转换主要是需要把不等式转化为等式,在转化时用一个新的非负变量表示不等式两边的差,用大的一边减去小的一边,通过变量非负约束来代替不等式约束。

对于大于等于的不等式 $a_{i1}x_1 + a_{i2}x_2 + \cdots + a_{in}x_n \geq b_i$,令 $s_i = a_{i1}x_1 + a_{i2}x_2 + \cdots + a_{in}x_n - b_i$,则 $s_i \geq 0$ 与不等式等价,约束可以写成

$$\begin{cases} a_{i1}x_1 + a_{i2}x_2 + \cdots a_{in}x_n - s_i = b_i \\ s_i \geq 0 \end{cases}$$

对于小于等于的不等式 $a_{i1}x_1 + a_{i2}x_2 + \cdots + a_{in}x_n \leq b_i$,令 $s_i = b_i - a_{i1}x_1 + a_{i2}x_2 + \cdots + a_{in}x_n$,则 $s_i \geq 0$ 与不等式等价,约束可以写成

$$\begin{cases} a_{i1}x_1 + a_{i2}x_2 + \cdots + a_{in}x_n + s_i = b_i \\ s_i \geq 0 \end{cases}$$

引入的非负变量称为松弛变量,表示不等式的松紧性,当其等于 0 时不等式取等号,当其大于 0 时不等式取严格大于号。对于两种不等式之间的转化,通过不等式两边同乘以 –1 就可以实现,一个等式等价于两个符号相反的不等式。

提　示

(1) 引入的非负变量和松弛变量的符号可以和模型原有变量一致,也可以用新的符号在同一个模型中统一起来,一个符号不能表示两个变量。

(2) 模型转化一般先转化变量,再考虑目标和约束。

(3) 不等式转化为等式可以简单记为加上或减去一个非负变量,左边大则是减法,左边小则是加法。

例 2-3　把问题转化为标准形式。

$$\max \ -x_1 + x_2$$
$$\text{s.t.} \begin{cases} 2x_1 - x_2 \geq -2 \\ x_1 - 2x_2 \leq 2 \\ x_1 + x_2 \leq 5 \\ x_1 \geq 0 \end{cases}$$

解：该题目有一个自由变量,约束都是不等式,目标函数求最大,因而转化为标准形式需要把自由变量化为非负变量,把目标变成最小,约束化为等式。首先引入两个非负变量,即 x_3、x_4,令 $x_2 = x_3 - x_4$,代入规划变为

$$\max \quad -x_1 + (x_3 - x_4)$$

$$\text{s.t.} \begin{cases} 2x_1 - (x_3 - x_4) \geq -2 \\ x_1 - 2(x_3 - x_4) \leq 2 \\ x_1 + (x_3 - x_4) \leq 5 \\ x_i \geq 0 \quad i = 1, 3, 4 \end{cases}$$

然后目标函数乘负号,目标变为求最小,引入松弛变量 x_5、x_6、x_7,约束变为等式,规划为

$$\min \quad x_1 - x_3 + x_4$$

$$\text{s.t.} \begin{cases} 2x_1 - x_3 + x_4 - x_5 = -2 \\ x_1 - 2x_3 + 2x_4 + x_6 = 2 \\ x_1 + x_3 - x_4 + x_7 = 5 \\ x_i \geq 0 \quad i = 1, 3, 4, 5, 6, 7 \end{cases}$$

该规划即为标准形式的数学规划。

延伸阅读 2-1

线性规划的发展史

20 世纪 30 年代,苏联科学院院士康托洛维奇写过一本书,讲述了解决经济问题的数学方法,其中就有线性规划的论述,不过当时没有引起人们的注意。第二次世界大战开始以后,一批在军队服役的英国科学家,为了保密,把他们的工作对外统称为线性规划,这个名称一直沿用至今。其后在美国军队中也有了类似的机构,在美国空军服役的科学家丹齐格(Dantzig, 1914—2005)把他用来解决某些管理问题的方法加以总结,提出了单纯形算法,这个算法一直保密。直到 1947 年丹齐格从军队离开,转任斯坦福大学的教授之后才公开发表。康托洛维奇由于这方面的贡献获得诺贝尔经济学奖,丹齐格则被称为线性规划之父。

线性规划之父的趣事

据说丹齐格在开学的第一天,因故迟到了,看到黑板上写着两道题目,以为是老师留的课外作业,就抄了下来。在做题的过程中,丹齐格感到很困难,他心想,第一天上课的题目就不会做,后面的课还怎么上啊?便下定决心不做出这两道题就退学。最后用了几周的时间才完成,为此他还特意向奈曼(Neyman, 1894—1981)教授道歉。几周后的一个周末清晨,丹齐格被一阵急促的敲门声吵醒,奈曼教授一进门就激动地说:"我刚为你的论文写好一篇序言,你看一下,我要立即寄出去发表。"丹齐格过了好一阵才明白奈曼教授的意思:原来那是两道统计学中著名的未解决问题,他竟然当成课外作业解决了!后来谈到这件事时,丹齐格感慨道:如果自己预先知道这是两道著名的未解决的问题,根本就不会有信心和勇气去思考,也不可能解决它们。这个传奇故事说明:一个人的潜能是难以预料的,

成功的障碍往往来自心理上的畏难情绪；一定要相信自己，保持积极的态度。

第二节　可行区域与基本可行解

为了寻找线性规划的求解方法，首先从简单的规划入手，寻找规律，然后再试图把规律推广到一般情况。影响线性规划模型复杂程度的关键因素是变量的个数，只有一个变量的线性规划过于简单，因而先考虑两个变量的问题。

一、图解法

考虑线性规划

$$\min \ c_1 x_1 + c_2 x_2$$

$$\text{s.t.} \begin{cases} a_{11}x_1 + a_{12}x_2 \leqslant b_1 \\ a_{21}x_1 + a_{22}x_2 \leqslant b_2 \\ a_{31}x_1 + a_{32}x_2 \geqslant b_3 \\ x_1, x_2 \geqslant 0 \end{cases}$$

由于只有两个变量，线性规划的解属于二维空间，因而可以在平面坐标系中把其可行域表示出来，具体的方法如下。

(1) 用坐标系的两个数轴分别表示两个变量 x_1、x_2。

(2) 两个变量的方程对应二维空间的直线，不等式对应二维空间的半平面，因而线性规划的可行域是由半平面或直线的交集组成，如图 2-1 所示。

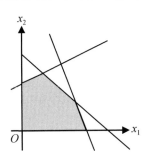

图 2-1　线性规划可行域

(3) 目标函数值是两个变量的函数，在三维空间里可以用平面表示，在二维空间里表示相对困难。困难就在于目标函数值是不断变化的，因而先考虑目标函数值不变的情况，也就是考虑目标函数值相等的点的分布。给定目标函数值就得到一个方程，对应二维空间里的直线，该直线上的点对应规划目标函数值相等，所以称为等值线，如图 2-2 所示。

当目标函数取不同的值时就可以得到不同的等值线，这些等值线相互平行，并且沿着法线方向目标函数值逐步增加或减少。

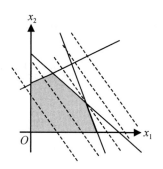

图 2-2　线性规划等值线

当等值线在可行域里沿着变好的方向移动时目标函数值会变好,因而希望尽可能地沿着变好的方向移动,直到不能移动为止,也就是再移动就与可行域没有交点了,此时对应的等值线与可行域的交点就是最优解,对应的目标函数值就是最优值。

例 2-4　解线性规划

$$\max \quad z = -x_1 + x_2$$
$$\text{s.t.} \begin{cases} 2x_1 - x_2 \geqslant -2 \\ x_1 - 2x_2 \leqslant 2 \\ x_1 + x_2 \leqslant 5 \\ x_1, x_2 \geqslant 0 \end{cases}$$

解：由于该规划只有两个变量,因而考虑用图解法求解,具体步骤如下。

第一步：建立坐标系,令两个坐标轴分别代表 x_1、x_2。

第二步：画出可行域。分别画出 3 个约束的半空间,对于第一格约束先画出半空间的边界线,也就是方程

$$2x_1 - x_2 = -2$$

对应的直线,该直线把平面分成两部分,取 $2x_1 - x_2 \geqslant -2$,判断的方法是固定 x_1 不变,让 x_2 变化时看 $2x_1 - x_2$ 是增加还是减少,由于让 x_2 增加时 $2x_1 - x_2$ 是减少的,因而取下半部分。同理,可以画出其他两个约束,由于 $x_1, x_2 \geqslant 0$,在第一象限,具体如图 2-3 所示。

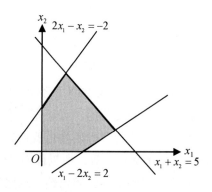

图 2-3　可行域

第三步：画出目标函数等值线。先令目标函数等于某个值，如取值为 2，在图 2-4 中画出 $-x_1+x_2=2$ 对应的直线，然后过原点画平行线，由于原点对应的目标函数值为 0，小于该直线的值为 2，从原点到该直线的方向就是增加方向，如图 2-4 所示。

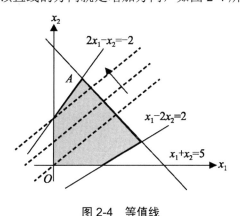

图 2-4 等值线

第四步：求最优解。由于问题是求最大，沿着增加方向移动等值线，确定最优解的位置在两个边界线的交点 A 处，列出两条直线的方程，得方程组

$$\begin{cases} x_1+x_2=5 \\ 2x_1-x_2=-2 \end{cases}$$

解该方程组得最优解为 (1,4)，对应的最优值为 3。

提 示

(1) 对于两个变量的线性规划，其可行域可能是空的，或者无界，如在图 2-5 中把第一个约束改为小于等于、第二个约束改为大于等于，则两个半空间在第一象限交为空集，如把第三个约束去掉则约束无界，如图 2-6 所示。

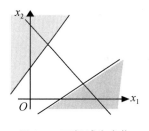

图 2-5 可行域为空集

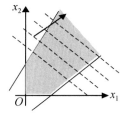

图 2-6 可行域无界

(2) 线性规划可能没有最优解，在可行域为空集时肯定没有最优解，当可行域无界时可能没有最优解，如对图 2-6 求 x_1+x_2 最大时，等值线可以无限上移。

在上面求解过程中可以发现，对于可行域内部的点，由于存在邻域使得其邻域内的所有点都是可行解，因而沿任何方向平移都可以得到一个更好的可行解，因而其不可能成为最优解。

如果等值线与某个边界线平行且最优方向指向该边界线上，则边界线上每个解都是最优解，对应的两个顶点也是最优解。例如，在图2-7所示的可行域中求 $x_1 + x_2$ 最大，则最优解在 $x_1 + x_2 = 5$ 对应的线段上；否则的话最优解则在某一个顶点上或者最优解不存在，因而可以得到以下重要结论：

对于一个线性规划，如果最优解存在，则一定可以找到一个顶点是最优解。

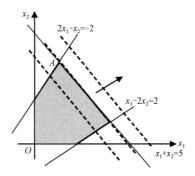

图 2-7　有无穷多个最优解

顶点的个数是有限的，如果该结论对一般情况也成立，则为寻找最优解指明了方向。

二、可行域的几何结构

为了考虑一般线性规划的求解方法，首先需要给出一般情况下顶点的概念，这就需要考虑线性规划可行区域的几何结构，下面以标准形式的线性规划为例考虑其可行域的几何特征和求解算法。

根据图解法可知，对于两个变量的线性规划，其可行域是由若干个直线围成的向外凸出的区域，称这种类型的图形为凸集。凸集相对于其他集合而言其最大的特点是，对凸集合的任意两点的连线段还在集合中，而非凸集合一定存在两个点其连线上的部分点不在集合中，如图2-8所示。

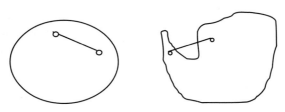

图 2-8　凸集与非凸集合

因而有凸集一般的定义如下。

定义 2-1　设 $S \in \mathbf{R}^n$ 是 n 维欧氏空间的点集，若对任意 $x \in S$、$y \in S$ 以及任意 $\lambda \in [0,1]$ 都有

$$\lambda x + (1-\lambda) y \in S$$

就称 S 是一个凸集。

定理 2-1　线性规划的可行域

$$D = \{x \mid Ax = b, x \geq 0\}$$

是凸集。

定理 2-2　任意多个凸集的交集还是凸集。

下面给出几个特殊的凸集。

超平面，有
$$H = \{x \in \mathbf{R}^n \mid a^T x = b\}$$

半空间，有
$$H^+ = \{x \in \mathbf{R}^n \mid a^T x \geq b\} ; \quad H^- = \{x \in \mathbf{R}^n \mid a^T x \leq b\}$$

多面凸集，有
$$S = \{x \in \mathbf{R}^n \mid a_i^T x = b_i; i = 1, 2, \cdots, p; a_i^T x \geq b_i \quad i = p+1, p+2, \cdots, p+q\}$$

定义 2-2　设 S 为凸集，$x \in S$，如果对任意 y、$z \in S$ 和 $0 < \lambda < 1$，都有
$$x \neq \lambda y + (1-\lambda) z$$

则称 x 为 S 的顶点。

给出定点的定义后，就希望能够把二维变量的结论推广到 n 维空间，也就是要回答以下问题。

对于给定的线性规划：

(1) 可行域顶点的个数是否有限？

(2) 最优解是否一定在可行域顶点上达到？

(3) 如何找到顶点？

由于上述定义是从集合的角度给出的，不具有可操作性，下面换一个思路，从解方程组的角度重新定义顶点。

三、基可行解与基本定理

1. 基本设定

考虑标准形式的线性规划，即
$$\min c^T x$$
$$\text{s.t.} \begin{cases} Ax = b \\ x \geq 0 \end{cases}$$

其中 x、$c \in \mathbf{R}^n, b \in \mathbf{R}^m, A \in \mathbf{R}^{m \times n}$，并且假定可行域 $D = \{x \in \mathbf{R}^n \mid Ax = b, x \geq 0\}$ 不空。由于有可行解，所以方程组 $Ax = b$ 有解，根据线性代数可知
$$r(A) = r(A \quad b)$$

如果 $r(A) < m$，则

$$r(A\ b) < m$$

此时存在多余的等式,可以去掉多余约束。因而假设系数矩阵 A 是行满秩的,即 $r(A) = m$。

2. 基可行解

对于新的问题,人们首先想到的是转化为已有的问题解决,求解超过两个变量的线性规划时人们也想到是否能转化为两个变量的问题,也就是要减少变量个数。显然,对于标准形式的线性规划,通过解方程组可以用部分变量表示另一部分变量,可以实现减少变量的目的。

考虑以下线性规划,即

$$\min c_1 x_1 + c_2 x_2 + \cdots + c_n x_n$$

$$\text{s.t.} \begin{cases} a_{11} x_1 + a_{12} x_2 + \cdots + a_{1n} x_n = b_1 \\ a_{21} x_1 + a_{22} x_2 + \cdots + a_{2n} x_n = b_2 \\ \vdots \\ a_{m1} x_1 + a_{m2} x_2 + \cdots + a_{mn} x_n = b_m \\ x_1, x_2, \cdots, x_n \geq 0 \end{cases}$$

利用消元法,通过行的初等变换可以把线性规划的等式约束变成

$$\begin{cases} x_1 + \bar{a}_{1m+1} x_{m+1} + \cdots + \bar{a}_{1n} x_n = \bar{b}_1 \\ x_2 + \bar{a}_{2m+1} x_{m+1} + \cdots + \bar{a}_{2n} x_n = \bar{b}_2 \\ \vdots \\ x_m + \bar{a}_{mm+1} x_{m+1} + \cdots + \bar{a}_{mn} x_n = \bar{b}_m \end{cases}$$

或写成

$$\begin{cases} x_1 = \bar{b}_1 - \bar{a}_{1m+1} x_{m+1} - \cdots - \bar{a}_{1n} x_n \\ x_2 = \bar{b}_2 - \bar{a}_{2m+1} x_{m+1} - \cdots - \bar{a}_{2n} x_n \\ \vdots \\ x_m = \bar{b}_m - \bar{a}_{mm+1} x_{m+1} - \cdots - \bar{a}_{mn} x_n \end{cases} \tag{2-4}$$

变量 $x_1, x_2, \cdots, x_m$ 由变量 $x_{m+1}, x_{m+2}, \cdots, x_n$ 表示出,给定 $x_{m+1}, x_{m+2}, \cdots, x_n$ 的取值就可以得到 $x_1, x_2, \cdots, x_m$ 的取值,对应的解必然满足方程组,如果满足则 $x_1, x_2, \cdots, x_n \geq 0$ 就是线性规划的可行解。把表达式代入规划的目标函数,就会变成

$$c_1 (\bar{b}_1 - \bar{a}_{1m+1} x_{m+1} - \cdots - \bar{a}_{1n} x_n) + \cdots + c_m (\bar{b}_m - \bar{a}_{mm+1} x_{m+1} - \cdots - \bar{a}_{mn} x_n) + c_{m+1} x_{m+1} + \cdots + c_n x_n$$

$$= c_1 \bar{b}_1 + \cdots + c_m \bar{b}_m - (c_1 \bar{a}_{1m+1} + \cdots + c_m \bar{a}_{mm+1} - c_{m+1}) x_{m+1} - \cdots - (c_1 \bar{a}_{1n} + \cdots + c_m \bar{a}_{mn} - c_n) x_n$$

该函数是 $x_{m+1}, x_{m+2}, \cdots, x_n$ 的函数,记 $x_{m+1}, x_{m+2}, \cdots, x_n$ 的系数为 $\eta_{m+1}, \eta_{m+2}, \cdots, \eta_n$,即

$$\eta_{m+1} = c_1 \bar{a}_{1m+1} + \cdots + c_m \bar{a}_{mm+1} - c_{m+1}$$
$$\vdots$$
$$\eta_n = c_1 \bar{a}_{1n} + \cdots + c_m \bar{a}_{mn} - c_n$$

在求线性规划问题时目标函数的常数项可以不写，对应的最优解相同，求出最优解后在最优值上再加上常数项即可，因而规划等价于

$$\min \ -\eta_{m+1}x_{m+1} - \cdots - \eta_n x_n$$

$$\text{s.t.} \begin{cases} \overline{a}_{1m+1}x_{m+1} + \cdots + \overline{a}_{1n}x_n \leqslant \overline{b}_1 \\ \overline{a}_{2m+1}x_{m+1} + \cdots + \overline{a}_{2n}x_n \leqslant \overline{b}_2 \\ \quad \vdots \\ \overline{a}_{mm+1}x_{m+1} + \cdots + \overline{a}_{mn}x_n \leqslant \overline{b}_m \\ x_{m+1}, \cdots, x_n \geqslant 0 \end{cases}$$

从而把规划变成一个只有 $n-m$ 个变量的问题，如果约束比变量少两个，就可以用图解法求解。

提 示

(1) 被表示出的变量不一定是前 m 个，但可以通过调整变量符号让其变为 $x_1, x_2, \cdots, x_m$，为了便于说明问题，下面总是设定被表示出变量为 $x_1, x_2, \cdots, x_m$。

(2) 消元法的结果也不是唯一的，也就是说表达式不唯一，但对应的可行解集合是唯一的，只不过使用不同的分量来表示。

对于式(2-4)，有一个特殊的解，也就是令 $x_{m+1}, x_{m+2}, \cdots, x_n$ 都等于零，代入该表达式可得

$$\begin{cases} x_1 = \overline{b}_1 \\ x_2 = \overline{b}_2 \\ \quad \vdots \\ x_m = \overline{b}_m \end{cases}$$

对应的解 $(\overline{b}_1, \overline{b}_2, \cdots, \overline{b}_m, 0, \cdots, 0)^T$ 是由表达方式唯一确定的，不同的表达方式对应不同的解，这个解就称为基解。如果 $(\overline{b}_1, \overline{b}_2, \cdots, \overline{b}_m, 0, \cdots, 0)^T \geqslant 0$，则称为基可行解。对应的变量 $x_1, x_2, \cdots, x_m$ 为基变量，记为 $\boldsymbol{x}_B$，$x_{m+1}, x_{m+2}, \cdots, x_n$ 为非基变量，记为 $\boldsymbol{x}_N$。

基变量对应约束等式的系数组成的矩阵称为基阵，记为 $\boldsymbol{B}$，显然 $\boldsymbol{B}$ 是可逆方阵。剩余各列组成的子阵记为 $\boldsymbol{N}$，则 $\boldsymbol{A} = (\boldsymbol{B}, \boldsymbol{N})$。对应的方程可以写为

$$\boldsymbol{B}\boldsymbol{x}_B + \boldsymbol{N}\boldsymbol{x}_N = \boldsymbol{b}$$

根据矩阵运算的规则可知，行的初等变换等价于左乘一个可逆矩阵，而消元法的结果是使基变量的系数由 $\boldsymbol{B}$ 变为了单位矩阵，因而等价于左乘了 $\boldsymbol{B}^{-1}$，左乘 $\boldsymbol{B}^{-1}$ 后上式变为

$$\boldsymbol{x}_B + \boldsymbol{B}^{-1}\boldsymbol{N}\boldsymbol{x}_N = \boldsymbol{B}^{-1}\boldsymbol{b}$$

即

$$\boldsymbol{x}_B = \boldsymbol{B}^{-1}\boldsymbol{b} - \boldsymbol{B}^{-1}\boldsymbol{N}\boldsymbol{x}_N$$

令 $\boldsymbol{x}_N = 0$，同样可以得到基解

$$\boldsymbol{x} = \begin{pmatrix} \boldsymbol{B}^{-1}\boldsymbol{b} \\ 0 \end{pmatrix}$$

求解基解也可以直接从基阵入手，先确定系数矩阵的 m 个线性无关列组成一个可逆方阵，然后方程组两边左乘其逆矩阵，按上式计算即可。

例 2-5 考虑问题。

$$\min\ z = x_1 - x_2$$

$$\text{s.t.} \begin{cases} 2x_1 - x_2 - x_3 = -2 \\ x_1 - 2x_2 + x_4 = 2 \\ x_1 + x_2 + x_5 = 5 \\ x_j \geq 0 \quad j = 1,2,3,4,5 \end{cases}$$

系数矩阵

$$A = \begin{bmatrix} 2 & -1 & -1 & 0 & 0 \\ 1 & -2 & 0 & 1 & 0 \\ 1 & 1 & 0 & 0 & 1 \end{bmatrix}$$

基阵为

$$B_1 = \begin{bmatrix} -1 & 0 & 0 \\ 0 & 1 & 0 \\ 0 & 0 & 1 \end{bmatrix} \quad B_2 = \begin{bmatrix} 2 & 0 & 0 \\ 1 & 1 & 0 \\ 1 & 0 & 1 \end{bmatrix}$$

对应的基解分别为 $x^1 = (0,0,2,2,5)^T$ 和 $x^2 = (-1,0,0,3,6)^T$，其中 x^1 是基可行解，x^2 不是基可行解。

如果 $B^{-1}b > 0$，则称该基可行解为非退化的，如果一个线性规划的所有基可行解都是非退化的，则称该规划为非退化的。

可以证明基可行解就是线性规划可行域的顶点，而且二维空间顶点的性质在 n 维空间也是成立的，有以下定理。

定理 2-3 一个线性规划，如果有可行解，则至少有一个基可行解。

该定理说明，只要有可行解就一定有基可行解，当然如果没有可行解也就不会有最优解，问题就不用求了。

定理 2-4 一个可行解 x 是基可行解的充分必要条件是 x 是可行集合的顶点。

该定理说明，基可行解和顶点是等价的概念，顶点对应着基可行解，基可行解也对应着顶点。

定理 2-5 一个线性规划如果有有限的最优值，则一定存在一个基可行解是最优解。

由于只要有最优解就一定存在基可行解是最优解，该定理说明，可以在基可行解里面找最优解。由于一个基可行解对应一个基阵，而基阵是系数矩阵 A 的 m 阶子阵，所以其个数不会超过 C_n^m，一般会比这个数小。因而从基可行解里找最优解会比在连续区域找最优解简单很多，剩余的问题是如何求最优的基可行解。

提 示

(1) 基可行解由基变量或基阵唯一确定，只要确定基变量，其对应约束矩阵的列就构成基阵，由基阵就可以计算出基可行解。

(2) 对于退化的问题，一个顶点可能对应多个基可行解，此时各变量取值相同，但基变量不同，对应的基变量取值为 0。

(3) 定理 2-5 说明，如果有最优解则一定存在基可行解是最优解，反过来最优解不一定都是基可行解，如对于图解法中当等值线与边界线平行时会有无穷多个最优解。

第三节　单纯形算法

求解最优基可行解的单纯形算法是用迭代算法，基本想法如下。

先找出一个基可行解，然后判断是否是最优解，如果是最优解就停止，如果不是最优解就按照某种规则找到一个新的基可行解或者说明该规划没有最优解。

实现上述想法需要解决以下 3 个技术问题。

(1) 初始可行解，第一个基可行解。

(2) 最优性条件，判断基可行解是最优解的条件。

(3) 迭代规则，从一个基可行解得到另一个基可行解的方法。

有些问题的基可行解很容易观察出来。例如，当右端向量大于等于 0，并且系数矩阵中含有单位矩阵时，以单位矩阵对应的分量为基变量，就可以得到一个基可行解。因而本节先考虑第二、三两个技术问题。

一、最优性条件

给定一个基可行解 $\bar{x}$，对应的可行基为 $\boldsymbol{B}$，则等式约束变为
$$x_B + \boldsymbol{B}^{-1}\boldsymbol{N}x_N = \boldsymbol{B}^{-1}\boldsymbol{b}$$
称上式为该基可行解的**典式**。基变量可以用非基变量表示，即
$$x_B = \boldsymbol{B}^{-1}\boldsymbol{b} - \boldsymbol{B}^{-1}\boldsymbol{N}x_N$$
为了判断基可行解是否是最优解，需要考虑目标函数，把上式代入目标函数，有
$$\begin{aligned}\boldsymbol{c}^T\boldsymbol{x} &= \boldsymbol{c}_B^T x_B + \boldsymbol{c}_N^T x_N \\ &= \boldsymbol{c}_B^T(\boldsymbol{B}^{-1}\boldsymbol{b} - \boldsymbol{B}^{-1}\boldsymbol{N}x_N) + \boldsymbol{c}_N^T x_N \\ &= \boldsymbol{c}_B^T\boldsymbol{B}^{-1}\boldsymbol{b} - (\boldsymbol{c}_B^T\boldsymbol{B}^{-1}\boldsymbol{N} - \boldsymbol{c}_N^T)x_N\end{aligned}$$

令 $\boldsymbol{\xi}_N = \boldsymbol{c}_B^T\boldsymbol{B}^{-1}\boldsymbol{N} - \boldsymbol{c}_N^T$，$\boldsymbol{\xi}_B = 0$，则 $\boldsymbol{c}^T\boldsymbol{x} = \boldsymbol{c}_B^T\boldsymbol{B}^{-1}\boldsymbol{b} - \boldsymbol{\xi}_N^T x_N$。

基可行解对应的非基变量等于 0，确定该基可行解在什么情况下是最优解，也就是问在变量非负限制下，什么条件下 $x_N = 0$ 时 $\boldsymbol{c}^T\boldsymbol{x} = \boldsymbol{c}_B^T\boldsymbol{B}^{-1}\boldsymbol{b} - \boldsymbol{\xi}_N^T x_N$ 最小？

显然对于一个不小于零的变量，只有其系数是大于等于零的，对应的线性函数才会在其取值为 0 的时候达到最小。也就是说，如果 $\boldsymbol{\xi}_N^T \leq 0$，对所有 $x_N \geq 0$ 的取值有
$$-\boldsymbol{\xi}_N^T x_N \geq 0$$
此时基可行解对应的 $x_N = 0$，使得 $-\boldsymbol{\xi}_N^T x_N$ 达到了最小值，因而可得出以下定理。

定理 2-6 如果 $\xi_N \leqslant 0$，则基可行解 $\bar{x}$ 为线性规划的最优解。

ξ_N 是检验基可行解是否是最优解的依据，称其为检验数。对于给定的基可行解，计算出其检验数，如果检验数小于等于 0，则可以判断该基可行解就是最优解。

二、迭代规则

如果检验数不满足小于等于 0 的条件，则至少有一个分量是大于 0 的，不妨设第 k 个分量 $\xi_k > 0$，则当 $x_k \geqslant 0$ 增加时，$-\xi_k x_k$ 就会变小，对应的目标函数就会减少。

对于有多个检验数大于零的基可行解，如果检验数大于 0 的非基变量都增加，会使问题分析起来变得复杂，这里只让一个检验数大于 0 的非基变量增加，其他的非基变量还都取值为 0，比较新的解与基可行解的目标函数值的变化。

基可行解的目标函数值为 $c_B^T B^{-1} b$，当第 k 个非基变量 $x_k \geqslant 0$ 改变而其他非基变量不变时，目标函数变为 $c_B^T B^{-1} b - \xi_k^T x_k$，对应的基变量取值为

$$\begin{cases} x_1 = \bar{b}_1 - \bar{a}_{1k} x_k \\ x_2 = \bar{b}_2 - \bar{a}_{2k} x_k \\ \vdots \\ x_m = \bar{b}_m - \bar{a}_{mk} x_k \end{cases}$$

由于 $\xi_k > 0$，$x_k \geqslant 0$ 越大对应的目标函数越小。从目标函数的角度希望 x_k 尽可能大，但必须满足可行约束，也就是必须使变量大于等于 0。对于基可行解 $(\bar{b}_1, \bar{b}_2, \cdots, \bar{b}_m, 0, \cdots, 0)^T \geqslant 0$，如果某个 $\bar{a}_{ik} \leqslant 0$，则 $\bar{a}_{ik} x_k \leqslant 0$，$x_i = \bar{b}_i - \bar{a}_{ik} x_k$ 必然大于等于 0，如果对所有的基变量对应的 $\bar{a}_{ik} \leqslant 0$，则 x_k 增加后基变量都满足大于等于零，对应的解还是可行解，因而 x_k 可以无限增加，对应的目标函数值可以无限减少，线性规划就不会有最小的可行解，即有下面的定理。

定理 2-7 如果基可行解的第 k 个非基变量的检验数 $\xi_k > 0$，而该非基变量在典式中的系数都小于等于 0，则线性规划没有最优解。

根据上述定理，对于给定基可行解，如果存在一个非基变量，其检验数大于 0，而典式中对应的系数都小于等于 0，则可以判断线性规划没有最优解，可以停止计算。

如果对于某个非基变量，其检验数大于零，但典式中的系数不是都小于 0，也就是说，存在 $\bar{a}_{ik} > 0$，则 x_k 就不能无限增加，因为要保证基变量 $x_i = \bar{b}_i - \bar{a}_{ik} x_k \geqslant 0$，则要求

$$x_k \leqslant \frac{\bar{b}_i}{\bar{a}_{ik}}$$

如果有在典式中 x_k 的系数有多个大于 0 的，则对于对应的每个基变量都要求取值大于等于 0，因而都要求 x_k 小于等于对应右端取值和系数的比值，即要求

$$x_k \leqslant \min\left\{ \frac{\bar{b}_i}{\bar{a}_{ik}} \Big| \bar{a}_{ik} > 0 \quad i = 1, 2, \cdots, m \right\}$$

假设最小值是第 l 个基变量 x_l 对应的比值，即

$$\min\left\{ \frac{\bar{b}_i}{\bar{a}_{ik}} \Big| \bar{a}_{ik} > 0 \quad i = 1, 2, \cdots, m \right\} = \frac{\bar{b}_l}{\bar{a}_{lk}}$$

令 $x_k = \dfrac{\overline{b}_l}{\overline{a}_{lk}}$，则基变量 x_l 的取值就会变成 0，其他基变量的取值变为 $x_i = \overline{b}_i - \overline{a}_{ik}\dfrac{\overline{b}_l}{\overline{a}_{lk}}$，其他非基变量的取值依然为 0，这样就可以得到一个新的可行解。可以证明该可行解是一个基可行解，与原有基可行解相比较，x_k 由非基变量变成基变量，称为入基变量。x_l 由基变量变为非基变量，称为出基变量。

定理 2-8 对于给定的基本可行解 $\overline{x}$，若向量 ξ 的第 k 个分量 $\xi_k > 0$，而向量 $B^{-1}A_k$ 至少有一个正分量，则可以找到一个新的基本可行解 $\hat{x}$。

新的基可行解的目标函数值为 $c_B^T B^{-1} b - \xi_k^T \dfrac{\overline{b}_l}{\overline{a}_{lk}}$，如果 $\overline{b}_l > 0$，则目标函数值会严格下降。

三、算法步骤

首先给出一个基可行解，然后计算出其检验数和典式，如果检验数小于等于 0，则该基可行解就是最优解；否则取一个检验数大于 0 的非基变量作为入基变量。检查典式中该变量的系数，如果所有的系数都小于等于 0，则该数学规划没有最优解。如果存在大于 0 的系数，则在系数大于 0 的行中取右端向量与入基变量的系数的比值最小者，把该行对应的基变量作为出基变量，就可以得到一个新的基可行解。计算新的基可行解的检验数和典式，重复上面的过程，如果问题是非退化的，则每次代换后目标函数会严格下降，从而基可行解不会重复。由于基可行解的总数有限，所以当给定一个初始基可行解后，经过有限步必然可以得到一个最优基可行解或者说明问题无最优解，因而可以得到一个求线性规划的算法。具体步骤如下。

步骤 1：找一个初始基可行解。
步骤 2：求出基可行解的典式和检验数。
步骤 3：求 $\xi_k = \max\{\xi_j | j = 1, 2, \cdots, n\}$。
步骤 4：如果 $\xi_k \leqslant 0$ 则该基可行解就是最优解，停止；否则转步骤 5。
步骤 5：如果 $B^{-1}A_k \leqslant 0$，则问题无最优解，停止；否则转步骤 6。
步骤 6：求 $\theta = \min\{\overline{b}_i / \hat{a}_{ik} | \hat{a}_{ik} > 0, i = 1, 2, \cdots, m\} = \overline{b}_r / \hat{a}_{rk}$。
步骤 7：以 X_k 替代 X_r 得到一个新的基可行解，转步骤 2。

该算法是基于基可行解的算法，称为单纯形算法。

 提 示

(1) 如果有多个检验数大于 0 的非基变量，一般是选择检验数最大的非基变量作为入基变量，这样会使入基变量增加相同的值时目标函数减少量会最大。但不是必须选最大的，也可以选择其他检验数大于 0 的非基变量。

(2) 计算 $\theta = \min\{\overline{b}_i / \hat{a}_{ik} | \hat{a}_{ik} > 0, i = 1, 2, \cdots, m\}$ 的目的是保证改变以后的基解还是可行解，也就是基变量取值还大于等于 0，如果有多个同时达到最小，只选其中一个作为出基变量。

(3) 不同选择可能迭代次数不同，如果最优解唯一，最后得到的结果应该是一样的；如果最优解不唯一，最后得到的最优解不一定相同，但最优值一定相等。

(4) 对于退化的问题，为了避免循环，选择出基变量和入基变量时可以选择第一个符合条件的。

四、单纯形表

单纯形算法的主要计算问题就是典式和检验数的计算，从一个基可行解的典式到另一个基可行解的典式改变的因素不是很多，因而可以利用原来典式的信息求新的典式，这就是单纯形算法的核心。

为了便于计算典式和检验数，用一个表格来描述基可行解的典式和检验数，整个计算过程也可以在表上进行，则称描述基可行解的典式和检验数的表格为单纯形表。下面以具体实例为例说明具体的处理方法。

假设基可行解的基 $\boldsymbol{B} = (A_1, A_2, \cdots, A_m)$，其对应的单纯形表如表 2-2 所示。

表 2-2　单纯形表

基变量	x_1	...	x_r	...	x_m	x_{m+1}	...	x_k	...	x_n	
	0		0		0	ξ_{m+1}		ξ_k		ξ_n	$c_B^T B^{-1} b$
x_1	1					$\overline{a}_{1,m+1}$	...	$\overline{a}_{1k}$	...	$\overline{a}_{1n}$	$\overline{b}_1$
⋮	⋮		⋮		⋮	⋮		⋮		⋮	⋮
x_r			1			$\overline{a}_{r,m+1}$	...	$\overline{a}_{rk}$	...	$\overline{a}_{rn}$	$\overline{b}_r$
⋮	⋮		⋮		⋮	⋮		⋮		⋮	⋮
x_m					1	$\overline{a}_{m,m+1}$	...	$\overline{a}_{mk}$	...	$\overline{a}_{mn}$	$\overline{b}_m$

单纯形分成 3 行 3 列，第一列写基变量，第一行第二列写出所有的变量名称，第一行第三列空，第二行第二列写基可行解的检验数，第二行第三列写基可行解的目标函数值，第三行第二列写典式左端的变量系数，第三行第三列写典式右端常数。

初始基可行解的单纯形表计算可以按照下列方法。

(1) 首先把线性规划的目标函数系数的相反数写在第二行第三列变量对应位置，第二行第三列填写 0，把约束矩阵和右端向量分别写在第三行，如表 2-3 所示。

表 2-3　初始数据表

基变量	x_1	...	x_r	...	x_m	x_{m+1}	...	x_k	...	x_n	
	$-c_1$		$-c_r$		$-c_m$	$-c_{m+1}$		$-c_k$		$-c_n$	0
x_1	a_{11}		a_{1r}		a_{1m}	$a_{1,m+1}$	...	a_{1k}	...	a_{1n}	b_1
⋮	⋮		⋮		⋮	⋮		⋮		⋮	⋮
x_r	a_{r1}		a_{rr}		a_{rm}	$a_{r,m+1}$	...	a_{rk}	...	a_{rn}	b_r
⋮	⋮		⋮		⋮	⋮		⋮		⋮	⋮
x_m	a_{m1}		a_{mr}		a_{mm}	$a_{m,m+1}$	...	a_{mk}	...	a_{mn}	b_m

(2) 通过行的初等变换把基变量对应约束的系数变为单位向量，假设基变量为前 m 个，如表 2-4 所示。

表 2-4 初始单纯形表

基变量	x_1	...	x_r	...	x_m	x_{m+1}	...	x_k	...	x_n	
	0	0			0	ξ_{m+1}		ξ_k		ξ_n	$c_B^T B^{-1} b$
x_1	1					$\bar{a}_{1m+1}$	...	$\bar{a}_{1k}$	...	$\bar{a}_{1n}$	$\bar{b}_1$
$\vdots$	$\vdots$		$\vdots$		$\vdots$	$\vdots$		$\vdots$		$\vdots$	$\vdots$
x_r			1			$\bar{a}_{rm+1}$	...	$\bar{a}_{rk}$	...	$\bar{a}_{rn}$	$\bar{b}_r$
$\vdots$	$\vdots$		$\vdots$		$\vdots$	$\vdots$		$\vdots$		$\vdots$	$\vdots$
x_m					1	$\bar{a}_{mm+1}$	...	$\bar{a}_{mk}$	...	$\bar{a}_{mn}$	$\bar{b}_m$

(3) 典式的每行乘以对应基变量的目标函数系数加到单纯形表的第二行中，就可以得到检验数和基可行解的目标函数值，也就是基可行解对应的单纯形表。

对于给定的基可行解，首先看第二行检验数是否都小于等于 0，如果是就停止，当前基可行解就是最优解；否则就选择一个检验数大于 0 的非基变量作为入基变量。如取 x_k 为入基变量，则看其对应的列中典式检验数是否都小于等于 0，如果是线性规划就没有最优解，停止运算；否则计算 $\theta = \min\{\bar{b}_i / \hat{a}_{ik} | \hat{a}_{ik} > 0, i = 1, 2, \cdots, m\}$，假设第 r 行对应的比值最小，则确定该行对应的基变量，让其作为出基变量，则可得一新的基可行解，如表 2-5 所示。

表 2-5 转轴表

基变量	x_1	...	x_r	...	x_m	x_{m+1}	...	x_k	...	x_n	
	0	0			0	ξ_{m+1}		$\xi_k > 0$		ξ_n	$c_B^T B^{-1} b$
x_1	1					$\bar{a}_{1m+1}$		$\bar{a}_{1k}$	...	$\bar{a}_{1n}$	$\bar{b}_1$
$\vdots$	$\vdots$		$\vdots$		$\vdots$	$\vdots$		$\vdots$		$\vdots$	$\vdots$
x_r			1			$\bar{a}_{rm+1}$		$\bar{a}_{rk}$	...	$\bar{a}_{rn}$	$\bar{b}_r$
$\vdots$	$\vdots$		$\vdots$		$\vdots$	$\vdots$		$\vdots$		$\vdots$	$\vdots$
x_m					1	$\bar{a}_{mm+1}$		$\bar{a}_{mk}$	...	$\bar{a}_{mn}$	$\bar{b}_m$

新基可行解单纯形表的计算是在现有单纯形上进行的，只需通过行的初等变换把第 k 列第 r 行交叉位置的元素变成 1，把第 k 列其他元素变成 0 即可。具体方式如下。

(1) 首先第 r 行每个元素都除以 $\bar{a}_{rk}$，把第 k 列第 r 行交叉位置的元素变成 1，如表 2-6 所示。

(2) 每一行减去第 r 行乘以该行第 k 列的数，把该行第 k 列的数变为 0，就可以得到新基可行解的单纯形表，如表 2-7 所示。

表 2-6 消元法表

基变量	x_1	...	x_r	...	x_m	x_{m+1} ...	x_k	...	x_n	
	0		0		0	ξ_{m+1}	$\xi_k > 0$		ξ_n	$c_B^T B^{-1} b$
x_1	1					$\overline{a}_{1m+1}$ ...	$\overline{a}_{1k}$	...	$\overline{a}_{1n}$	$\overline{b}_1$
$\vdots$			$\vdots$		$\vdots$	$\vdots$	$\vdots$		$\vdots$	$\vdots$
x_k			$\dfrac{1}{\overline{a}_{rk}}$			$\dfrac{\overline{a}_{rm+1}}{\overline{a}_{rk}}$ ...	1	...	$\dfrac{\overline{a}_{rn}}{\overline{a}_{rk}}$	$\dfrac{\overline{b}_r}{\overline{a}_{rk}}$
$\vdots$			$\vdots$		$\vdots$	$\vdots$	$\vdots$		$\vdots$	$\vdots$
x_m					1	$\overline{a}_{mm+1}$ ...	$\overline{a}_{mk}$	...	$\overline{a}_{mn}$	$\overline{b}_m$

表 2-7 新单纯形表

基变量	x_1	...	x_r	...	x_m	x_{m+1}	...	x_k	...	x_n	
	0	...	$-\xi_k/\overline{a}_{rk}$	...	0	$\hat{\xi}_{m+1}$	...	0	...	$\hat{\xi}_n$	$c_B^T \hat{B}^{-1} b$
x_1	1		$\hat{a}_{1r}$			$\hat{a}_{1m+1}$	...	0		$\hat{a}_{1n}$	$\hat{b}_1$
$\vdots$			$\vdots$			$\vdots$		$\vdots$		$\vdots$	$\vdots$
x_k			$1/\overline{a}_{rk}$			$\hat{a}_{rm+1}$	...	1		$\hat{a}_{rn}$	$\hat{b}_r$
$\vdots$			$\vdots$			$\vdots$		$\vdots$		$\vdots$	$\vdots$
x_m			$\hat{a}_{mr}$		1	$\hat{a}_{mm+1}$	...	0		$\hat{a}_{mn}$	$\hat{b}_m$

其中，$\hat{a}_{ij} = \overline{a}_{ij} - \overline{a}_{rj}\overline{a}_{ik}/\overline{a}_{rk}$ ($i=1,2,\cdots,m, i \neq r, j \neq k$)；$\hat{a}_{rj} = \overline{a}_{rj}/\overline{a}_{rk}$，$\hat{b}_r = \overline{b}_r/\overline{a}_{rk}$，$\hat{b}_i = \overline{b}_i - \overline{a}_{ik}\overline{b}_i/\overline{a}_{rk}$。$\hat{\xi}_j = \xi_j - \overline{a}_{rj}\xi_k/\overline{a}_{rk}$；$c_B^T \hat{B}^{-1} b = c_B^T B^{-1} b - \overline{b}_r \xi_k/\overline{a}_{rk}$。

提 示

(1) 在单纯形表中基变量对应的检验数一定是 0，典式中的系数是单位向量，典式的右端常数必然是大于等于 0。

(2) 在单纯形表中不要求基变量都在前 m 个，每个基变量对应典式中一行，基变量对应行就是基变量对应列中等于 1 的那一行，基可行解对应基变量的取值就是对应行右端常数。

(3) 如果某个基变量对应取值等于 0，也就是出现退化的情况，继续按算法规则计算，如果出现循环就按避免循环的方法处理。

例 2-6 求解线性规划。

$$\min \quad -x_2 + 2x_3$$
$$\text{s.t.} \begin{cases} x_1 - 2x_2 + x_3 = 2 \\ x_2 - 3x_3 + x_4 = 1 \\ x_2 - x_3 + x_5 = 2 \\ x_j \geq 0 \quad j = 1, 2, \cdots, 5 \end{cases}$$

以 x_1、x_4 和 x_5 为基变量可以得到初始基可行解 $(2,0,0,1,2)^T$，对应的单纯形表如表 2-8

所示。

表 2-8 单纯形表

基变量	x_1	x_2	x_3	x_4	x_5	
	0	1	−2	0	0	0
x_1	1	−2	1			2
x_4		1	−3	1		1
x_5		1	−1		1	2

由于 $\xi_2 = 1 > 0$，所以该基可行解不是最优解，同时系数矩阵该列有大于 0 的元素，所以取 x_2 为入基变量。计算 $\theta = \min\left\{\dfrac{1}{1}, \dfrac{2}{1}\right\} = 1$，所以取第二个约束对应的基变量 x_4 为出基变量，就可以得到一个新的基可行解，在表 2-8 中，把 x_2 对应的列变成单位向量，系数矩阵第 2 行对应的元素为 1，则可以得到该基可行解的单纯形表如表 2-9 所示。

表 2-9 新单纯形表(1)

基变量	x_1	x_2	x_3	x_4	x_5	
	0	0	1	−1	0	−1
x_1	1	0	−5	2	0	4
x_2	0	1	−3	1	0	1
x_5	0	0	2	−1	1	1

由于 $\xi_3 = 1 > 0$，所以该基可行解不是最优解，同时系数矩阵该列有大于 0 的元素，所以取 x_3 为入基变量。计算 $\theta = \dfrac{1}{2}$，所以取第 3 个约束对应的基变量 x_5 为出基变量，就可以得到一个新的基可行解。在表 2-9 中，把 x_3 对应的列变成单位向量，系数矩阵第 3 行对应的元素为 1，则可以得到该基可行解的单纯形表如表 2-10 所示。

表 2-10 新单纯形表(2)

基变量	x_1	x_2	x_3	x_4	x_5	
	0	0	0	−1/2	−1/2	−3/2
x_1	1	0	0	−1/2	5/2	13/2
x_2	0	1	0	−1/2	3/2	5/2
x_3	0	0	1	−1/2	1/2	1/2

由于检验数都小于等于 0，所以该基可行解就是最优解，对应的最优解为 $(13/2, 5/2, 1/2, 0, 0)$，最优值为 $-3/2$。

第四节 初始基可行解

初始基可行解一般不能直接给出，需要用一些方法求出。主要的方法有两阶段法和大 M 法，下面主要介绍两阶段法。

一、辅助规划

考虑线性规划

$$\min \ c^T x \\ \text{s.t.} \begin{cases} Ax = b \\ x \geq 0 \end{cases} \quad (2\text{-}5)$$

不妨假设 $b \geq 0$，如果某一个元素小于 0，该方程两边乘以-1 后可以使右端数变成正数。

如果系数矩阵 A 中包含单位矩阵，令单位矩阵的列对应的变量为基变量，其他变量为非基变量，则可以得到一个基解，基变量对应取值为 b。由于 $b \geq 0$，所以该基解是基可行解。

如果系数矩阵 A 中不包含单位矩阵，为了寻找初始基可行解，在每个约束后面加上一个新的变量，则新的系数矩阵后面就会包含一个单位矩阵，记新引入的变量为 $y_1, y_2, \cdots, y_m$，则约束变为

$$\text{s.t.} \begin{cases} Ax + y = b \\ x \geq 0, y \geq 0 \end{cases} \quad (2\text{-}6)$$

其系数矩阵为 (A, I)。对于满足该约束的可行解 (x, y)，如果新增变量 y 取值为 0，则原有变量 x 的取值就是规划式(2-5)的可行解；反之，对于规划式(2-5)的任意可行解，令 y 取值为 0，则可得约束式(2-6)的可行解。因而找规划式(2-5)的可行解等价于找约束式(2-6)的新增变量 y 取值为 0 的可行解，由于 $y \geq 0$，因而 $y = 0$ 是函数 $\sum_{i=1}^{m} y_i$ 的最小值，以式(2-6)为约束、$\sum_{i=1}^{m} y_i$ 最小为目标，可得下列规划，即

$$\min \sum_{i=1}^{m} y_i \\ \text{s.t.} \begin{cases} Ax + y = b \\ x \geq 0, y \geq 0 \end{cases} \quad (2\text{-}7)$$

线性规划式(2-7)称为原规划的辅助规划，称 y 为人工变量。

二、第一阶段

显然，如果原规划式(2-5)有可行解，则线性规划式(2-7)的最优值为 0；反之亦然。并且 x 是规划式(2-5)的可行解的充分必要条件是 $(x, 0)$ 是辅助规划式(2-7)的最优解。如果用单纯形算法求辅助规划，可以得到其最优基可行解。

由于 $b \geq 0$，线性规划式(2-7)有可行解 $\begin{pmatrix} 0 \\ b \end{pmatrix}$，同时 $y \geq 0$，所以 $\sum_{i=1}^{m} y_i \geq 0$，即问题的目标函数有下界，所以该问题一定有最优解。以 y 的分量为基变量、x 的分量为非基变量，就可以得到规划的初始基可行解 $\begin{pmatrix} 0 \\ b \end{pmatrix}$。利用单纯形算法求解该规划一定可以得到最优的基可行解，

假设最优基可行解为 $\begin{pmatrix}\tilde{x}\\\tilde{y}\end{pmatrix}$。如果最优值为 0，则 $\tilde{y}=0$，所以 $\tilde{x}$ 是式(2-5)的可行解。由于 $\begin{pmatrix}\tilde{x}\\\tilde{y}\end{pmatrix}$ 是规划式(2-7)的基可行解，所以其非零分量对应系数矩阵的列向量线性无关。非零分量都在 x 中，因而 $\tilde{x}$ 的非零分量对应的系数矩阵的列向量也线性无关，所以 $\tilde{x}$ 是线性规划式(2-5)的基可行解，从而是原规划的初始基可行解。

线性规划的最优基可行解一般会出现以下 3 种情况。

(1) 最优值大于 0，则原问题没有可行解。

(2) 最优值等于 0 且人工变量 y 全为非基变量，则此时 $\tilde{x}$ 是线性规划(2-5)的基可行解，且基变量不变。在规划式(2-7)最优基可行解的单纯形表里删除 y 对应的列，同时计算出原问题的检验数，就可以得到原问题初始基可行解的单纯形表。

(3) 最优值等于 0 且人工变量 y 中有分量为基变量，此时 $\tilde{x}$ 是线性规划(2-5)的基可行解，但 x 中基变量的个数不足，此时需要把人工变量中的基变量变成非基变量，而把 x 中的某些非基变量变成基变量，对应的单纯形表也需要变换。具体方法如下。

为了便于说明问题，假设辅助规划的最优基可行解对应的最后一个人工变量为基变量，原变量中前 $m-1$ 个分量为基变量，其单纯形表如表 2-11 所示。

表 2-11 最优基可行解的单纯形表

基变量	x_1	…	x_{m-1}	x_m	…	x_n	y_1	…	y_{m-1}	y_m	
	0	…	0	ζ_m	…	ζ_n	ζ_{n+1}	…	ζ_{n+m-1}	0	0
x_1	1	…	0	$\bar{a}_{1m+1}$	…	$\bar{a}_{1n}$	$\bar{a}_{1n+1}$	…	$\bar{a}_{1n+m-1}$	0	$\bar{b}_1$
⋮	⋮	⋱	⋮	⋮	⋱	⋮	⋮	⋱	⋮	⋮	⋮
x_{m-1}	0	…	1	$\bar{a}_{m-1m}$	…	$\bar{a}_{m-1n}$	$\bar{a}_{m-1n+1}$	…	$\bar{a}_{m-1n+m-1}$	0	$\bar{b}_{m-1}$
y_m	0	…	0	$\bar{a}_{mm}$	…	$\bar{a}_{mn}$	$\bar{a}_{mn+1}$	…	$\bar{a}_{mn+m-1}$	1	$\bar{b}_m$

由于最优值为 0，所以每个人工变量的取值必然都为 0，y_m 对应行的右端必然为 0，即 $\bar{b}_m=0$。

如果在表 2-11 所示基变量 y_m 对应的行中，x 中的非基变量的系数都为 0 的话，则说明原规划中该约束可以用其他约束线性表示出，也就是说，该约束是多余约束，与假设行满秩矛盾，因而 x 中的非基变量的系数必然有不等于 0 的。

此时在该行系数不等 0 的 x 的非基变量中任选一个，让其替代基变量 y_m 作为基变量，就可以得到一个新的基可行解。由于上述单纯形表中该行右端的值 $\bar{b}_m=0$，所以在进行行的初等变换时，单纯形表的最后一列不变，也就是新基可行解的变量取值和目标函数值不变，该解的目标函数值还是为 0，因而还是辅助规划的最优基可行解。如果该最优基可行解还有人工变量是基变量，继续上述过程，直至所有的人工变量都变为非基变量。

提 示

此时新最优基可行解的检验数不一定都小于等于 0，也就是说，检验数小于等于 0 是最优基可行解的充分条件，而不是必要条件，在退化情况下，最优基可行解的检验数可能出现大于零的情况。

三、第二阶段

总之，如果最优值等于 0，通过替换可以把人工变量的基可行解变成非基变量，最后可以得到基变量全部在 x 中的最优基可行解。此时把人工变量对应的列删除，同时把检验数一行变成原问题系数的相反数，得到如表 2-12 所示的数据表。

表 2-12 原始问题的数据表

基变量	x_1	…	x_m	x_{m+1}	…	x_n	
	$-c_1$	…	$-c_m$	$-c_{m+1}$	…	$-c_n$	0
x_1	1	…		$\hat{a}_{1m+1}$	…	$\hat{a}_{1n}$	$\bar{b}_1$
⋮	⋮		⋮	⋮	⋱	⋮	⋮
x_k	0	…	1	$\hat{a}_{mm+1}$	…	$\hat{a}_{mn}$	$\bar{b}_m$

然后通过行的初等变换把基变量对应的检验数变为 0，即分别用基变量对应的行乘以目标函数的系数，加在检验数那一行中，即可得到原问题的检验数和初始单纯形表，如表 2-13 所示。

表 2-13 原始问题的初始单纯形表

基变量	x_1	…	x_m	x_{m+1}	…	x_n	
	0	…	0	ξ_{m+1}	…	ξ_n	$c_B^T B^{-1} b$
x_1	1	…		$\hat{a}_{1m+1}$	…	$\hat{a}_{1n}$	$\bar{b}_1$
⋮	⋮		⋮	⋮	⋱	⋮	⋮
x_k	0	…	1	$\hat{a}_{mm+1}$	…	$\hat{a}_{mn}$	$\bar{b}_m$

以该单纯形表作为原规划初始单纯形表，利用单纯形算法就可以求解原规划。

例 2-7 求解下面线性规划

$$\min\ 5x_1 + 21x_3$$
$$\text{s.t.} \begin{cases} x_1 - x_2 + 6x_3 - x_4 = 2 \\ x_1 + x_2 + 2x_3 - x_5 = 1 \\ x_j \geq 0;\ j = 1,2,3,4,5 \end{cases}$$

解： 如果以 x_4、x_5 为基变量，则可以得到该问题的基解 $(0,0,0,-2,-1)^T$，不是可行解，而其第一个基可行解不能直接给出，下面用两阶段法求解。

首先引入人工变量，考虑问题

$$\min \ x_6 + x_7$$

$$\text{s.t.} \begin{cases} x_1 - x_2 + 6x_3 - x_4 + x_6 = 2 \\ x_1 + x_2 + 2x_3 - x_5 + x_7 = 1 \\ x_j \geqslant 0; \ j = 1,2,3,4,5,6,7 \end{cases}$$

以 x_6 和 x_7 为基变量，可得第一个基可行解 $(0,0,0,0,0,2,1)^\text{T}$，对应单纯形表如表 2-14 所示。

表 2-14 辅助问题的初始单纯形表

基变量	x_1	x_2	x_3	x_4	x_5	x_6	x_7	
	2	0	8	−1	−1	0	0	3
x_6	1	−1	6	−1	0	1	0	2
x_7	1	1	2	0	−1	0	1	1

由于 $\xi_3 = 8 > 0$，所以该基可行解不是最优解，同时系数矩阵该列有大于 0 的元素，所以取 x_3 为入基变量。计算 $\theta = \min\left\{\dfrac{2}{6},\dfrac{1}{2}\right\} = \dfrac{2}{6}$，所以取第一个约束对应的基变量 x_6 为出基变量，就可以得到一个新的基可行解。在表 2-14 中，把 x_3 对应的列变成单位向量，系数矩阵第一行对应的元素为 1，则可以得到该基可行解的单纯形表如表 2-15 所示。

表 2-15 辅助问题的单纯形表

基变量	x_1	x_2	x_3	x_4	x_5	x_6	x_7	
	2/3	4/3	0	1/3	−1	−4/3	0	1/3
x_3	1/6	−1/6	1	−1/6	0	1/6	0	1/3
x_7	2/3	4/3	0	1/3	−1	−1/3	1	1/3

由于 $\xi_2 = 4/3 > 0$，所以该基可行解不是最优解，同时系数矩阵该列有大于 0 的元素，所以取 x_2 为入基变量。计算 $\theta = \dfrac{1}{3}\Big/\dfrac{4}{3}$，所以取第二个约束对应的基变量 x_7 为出基变量，就可以得到一个新的基可行解。在表 2-15 中，把 x_2 对应的列变成单位向量，系数矩阵第二行对应的元素为 1，则可以得到该基可行解的单纯形表如表 2-16 所示。

表 2-16 辅助问题的单纯形表

基变量	x_1	x_2	x_3	x_4	x_5	x_6	x_7	
	0	0	0	0	0	−1	−1	0
x_3	1/4	0	1	−1/8	−1/8	1/8	1/8	3/8
x_2	1/2	1	0	1/4	−3/4	−1/4	3/4	1/4

由于检验数都小于等于 0，所以对应的基可行解就是辅助问题的最优解，最优值为 0，且人工变量都是非基变量，所以得到原问题的基可行解，对应的基变量为 x_2 和 x_3，去掉人工变量对应的列，把检验数换成原规划目标函数系数的相反数，如表 2-17 所示。

表 2-17 原问题的数据表

基变量	x_1	x_2	x_3	x_4	x_5	
	−5	0	−21	0	0	0
x_3	1/4	0	1	−1/8	−1/8	3/8
x_2	1/2	1	0	1/4	−3/4	1/4

把基变量 x_3 的检验数化为 0，即用其对应典式第一行乘以 21 加在检验数行，可得对应的单纯形表如表 2-18 所示。

表 2-18 原问题的初始单纯形表

基变量	x_1	x_2	x_3	x_4	x_5	
	1/4	0	0	−21/8	−21/8	63/8
x_3	1/4	0	1	−1/8	−1/8	3/8
x_2	1/2	1	0	1/4	−3/4	1/4

由于 $\xi_1 = 1/4 > 0$，所以该基可行解不是原问题最优解，同时系数矩阵该列有大于 0 的元素，所以取 x_1 为入基变量。计算 $\theta = \min\left\{\dfrac{3}{8}\Big/\dfrac{1}{4}, \dfrac{1}{4}\Big/\dfrac{1}{2}\right\} = \dfrac{1}{4}\Big/\dfrac{1}{2}$，所以取第二个约束对应的基变量 x_2 为出基变量，就可以得到一个新的基可行解。在表 2-17 中，把 x_1 对应的列变成单位向量，系数矩阵第二行对应的元素为 1，则可以得到该基可行解的单纯形表如表 2-19 所示。

表 2-19 原问题的最优单纯形表

基变量	x_1	x_2	x_3	x_4	x_5	
	0	−1/2	0	−11/4	−9/4	31/4
x_3	0	−1/2	1	0	−1/4	1/4
x_1	1	2	0	1/2	−3/2	1/2

由于检验数都小于等于 0，所以对应的基可行解就是原问题的最优解，最优值为 31/4，对应的最优解为 $(1/2, 0, 1/4, 0, 0)^T$。

提　示

(1) 人工变量的个数根据需要添加，如果原规划系数矩阵中包含部分单位向量，则可以少添加部分人工变量，只要能使系数矩阵中出现单位矩阵即可。
(2) 辅助规划的目标函数是新增的人工变量之和，不含原有变量。

延伸阅读 2-2

线性规划的多项式时间算法

线性规划问题小的只有几十到几百个变量，而大的问题则可能有几十万到几百万个变量，虽然计算机越来越快，总有解决不了的问题，因而从20世纪50—60年代数学家致力于改进单纯形算法，使其能够解决越来越大的问题，这一时期是单纯形算法独领风骚的时代。

这一时期数学家开始思考算法的好坏，大致上说，计算机是通过有限的四则运算(加、减、乘、除)来求得问题的答案，给定一个问题，计算机最多需要多少次运算才能解决该问题呢？当然这与问题的规模有关，问题越大变量越多，需要的运算次数就越多。这种运算次数与问题规模的依赖关系就成为判断一种算法好与坏的标准。按照这个标准，单纯形算法是一个坏的算法，这一结论是由美国华盛顿大学的两位教授在1971年得出的。这在当时的理论界引起了轰动，我们使用已久的单纯形算法竟然是个"坏"算法！

那么究竟有没有解决线性规划的好算法呢？1979年一位名不见经传的苏联数学家哈奇扬(L.G. Khachian)，发明了一种新算法来解决线性规划问题，他从理论上证明了这种椭球算法是一种好算法，把线性规划有没有好算法的问题彻底解决了，当时的《纽约时报》刊登了这一消息，哈奇扬本人也因此一炮走红。

第五节 求 解 软 件

学习单纯形算法是培养运筹学的基本理论素养，实际中的问题规模都比较大，一般不会用单纯形算法进行人工计算，需要借助软件求解线性规划模型。

求解线性规划的软件主要有三类：一类是专门求解数学规划的专业软件，如LINGO软件；一类是科学计算软件，如Matlab、Scilab等；还有一类是通用数据分析与处理软件，如Excel的规划求解工具等。LinGo等专业软件具有求解速度快、精度高等优点，Excel具有适用范围广、数据处理方便等优点，本节主要介绍LINGO软件和Excel的规划求解工具。

一、LINGO软件

LINGO(Linear INteractive and General Optimizer，交互式的线性和通用优化求解器)由美国Lindo系统公司(Lindo System Inc.)推出，可以用于求解数学规划，也可以用于一些线性和非线性方程组的求解等，其功能十分强大，是求解优化模型的最佳选择。其特色在于内置建模语言，提供十几个内部函数，可以允许决策变量是整数(即整数规划，包括0、1整数规划)，方便灵活，而且执行速度非常快。

1. 下载和安装

LINGO软件分为企业版和学生版，学生版可以在Lindo系统公司的网页(http://www.lindo.com)上注册后通过邮件方式获得。学生版的功能和企业版相同，只不过求解问题的规模有所限制，LINGO 9.0学生版最多可以求解有300个变量和150个约束的规划问题，其整数变量限制是30个，一般遇到的问题规模不会超过上述限制。

下载后双击安装程序，就可以进入安装过程，安装过程中可以选择默认设置，安装后会在桌面显示软件图标，单击图标可以进入程序。

2. 窗口与界面

首次进入时会弹出 LINGO License Key 对话框，单击 Demo 按钮即可，如图 2-9 所示。

图 2-9　输入序列号对话框

随后出现几个对话框，单击 OK 按钮和第一个按钮就进入主页面，如图 2-10 所示。

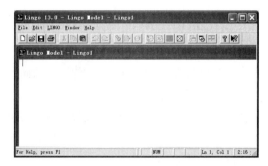

图 2-10　LINGO 主界面

LINGO 软件的界面和一般软件的界面类似，只是增加了 LINGO 的命令菜单和按钮，最常用的就是求解按钮，如图 2-11 所示。

图 2-11　求解按钮

3. 模型输入

模型输入是求解模型的第一步，LINGO 模型的输入方式有两种，这里只介绍最简单的模型输入方式，即直接书写方式。LINGO 模型的输入规则如下。

(1) 要以"model:"开始，以"end"结束，在中间输入目标和约束。

(2) 目标的输入以"max="或"min="开始，目标函数或约束输完后以";"结束。

(3) 变量的名称以字母开始，由字母、数字和-等符号组成。

例如，考虑下列线性规划：

$$\min\ 3x_1 + 2x_2 + x_3$$

$$\text{s.t.} \begin{cases} x_1 + 2x_2 + x_3 \leqslant 15 \\ 2x_1 + 5x_3 \geqslant 18 \\ 2x_1 + 4x_2 + x_3 \leqslant 10 \\ x_j \geqslant 0 \quad j = 1,2,3 \end{cases}$$

其模型输入为:

```
model:
min=3*x1+2*x2+x3;
x1+2*x2+x3<=15;
2*x1+5*x3>=18;
2*x1+4*x2+x3<=10;
End
```

提 示

(1) LINGO 的输入必须在英文半角状态下输入。

(2) LINGO 没有下标,可以用字母后面跟数字表示。

(3) LINGO 没有 ≤ 或 ≥ 号,用 <= 和 >= 分别代表两种不等号。

(4) 在系数与变量之间要有"*"表示乘号。

(5) 变量大于等于零为默认要求,不用输入。如果要输入自由变量,需要用函数@free( ) 定义,每次只能定义一个。

(6) LINGO 内部函数必须以"@"开始。

(7) 输入有上下界的变量用@BND(下界,变量,上界)。

4. 结果输出

单击求解按钮就会弹出如图 2-12 所示的对话框。

图 2-12 模型报告对话框

说明该模型的类型求解状态等信息,单击 Close 按钮就进入结果报告窗口,如图 2-13 所示。

```
Global optimal solution found.
Objective value:                              3.600000
Infeasibilities:                              0.000000
Total solver iterations:                             1

Model Class:                                        LP

Total variables:                3
Nonlinear variables:            0
Integer variables:              0

Total constraints:              4
Nonlinear constraints:          0

Total nonzeros:                11
Nonlinear nonzeros:             0


                        Variable           Value        Reduced Cost
                              X1        0.000000            2.600000
                              X2        0.000000            2.000000
                              X3        3.600000            0.000000

                             Row   Slack or Surplus          Dual Price
                               1        3.600000           -1.000000
                               2       11.40000            0.000000
                               3        0.000000           -0.2000000
                               4        6.400000            0.000000
```

图 2-13 结果输出窗口

第一行说明该模型得到全局最优解；第二行给出最优值，中间部分介绍了模型的基本参数。在右下角部分有 Variable 和 Value 列，下面分别对应变量和变量的最优取值，对应列中模型最优解为 X1=0、X2=0、X3=3.6，最优值为 3.6。

提 示

本节只介绍了 LINGO 最简单的输入方式，该方式学习起来比较简单，但输入比较麻烦，特别是当变量和约束比较多时。LINGO 还有一种集合输入方式，具体见附录一。该方法学习起来比较难，但对于输入复杂的模型比较方便。

二、Excel 的规划求解

Microsoft Excel 是最常用的数据分析与处理软件，其使用方法见参考文献[12]。Microsoft Excel 中求解数学规划的工具是规划求解宏命令，一般在安装 Microsoft Excel 时不安装规划求解宏命令，在首次使用前必须装载。

装载宏命令的方法是在 Excel 的"工具"菜单中选择"加载宏"命令，会弹出图 2-14 所示对话框。

图 2-14 "加载宏"对话框

在列表框中选中"规划求解"复选框,如图 2-14 所示。然后单击"确定"按钮,软件就会引导加载该宏命令。

加载"规划求解"宏命令后就可以使用该宏命令求解数学规划,考虑求解线性规划

$$\max \quad x_1 + 2x_2 + 4x_3$$

$$\text{s.t.} \begin{cases} 2x_1 + 3x_2 + 4x_3 \geqslant 2 \\ 2x_1 + x_2 + 6x_3 = 3 \\ x_1 + 3x_2 + 5x_3 \leqslant 5 \\ x_1, x_2, x_3 \geqslant 0 \end{cases}$$

用"规划求解"宏命令求解上述规划步骤如下。

1. 模型输入

首先必须把上述规划的有关数据输入到 Excel,由于 Excel 中不能书写变量 x_1、x_2、x_3,因而使用可变单元格表示变量,一个单元格代表一个分量,开始时给定一个取值(该取值不要求为可行解)。然后把单元格区域 C3:E3、C6:E8 和 G6:G8 输入"价值向量""系数矩阵"和"变量",具体如图 2-15 所示。

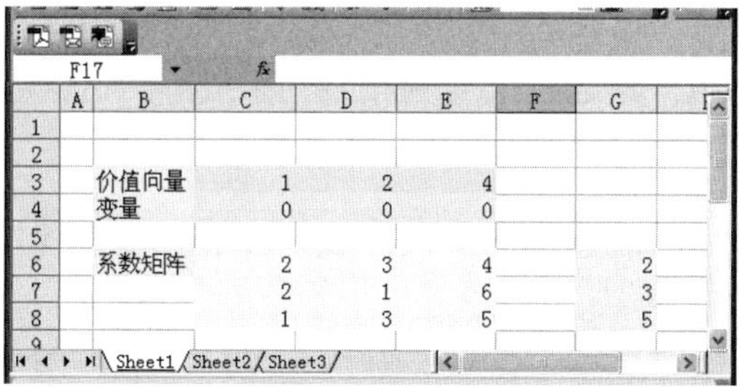

图 2-15 输入数据

然后需要把线性规划中目标函数和约束左端的函数输入到某个单元格中,在单元格 F4 中输入"SUMPRODUCT(C3:E3,C4:E4)",SUMPRODUCT 是 Excel 内部函数,计算向量内积的函数,两个大小相同区域 C3:E3 和 C4:E4 对应单元格相乘,然后求和,在这里是输入目标函数;在单元格 F6 到单元格 F8 中分别输入"SUMPRODUCT(C6:E6,C$4:E$4)""SUMPRODUCT(C7:E7,C$4:E$4)"和"SUMPRODUCT(C8:E8,C$4:E$4)",是输入约束左端函数,具体如图 2-16 所示。

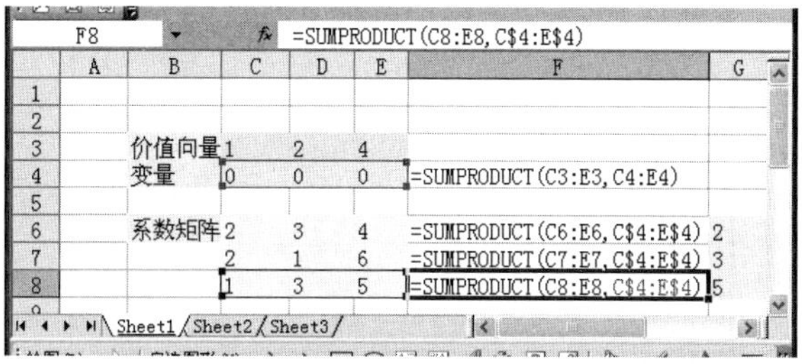

图 2-16 输入目标函数和约束左端函数

2. 加载模型

把模型输入 Excel 中后，还必须把模型加载到"规划求解宏命令中"，具体方法如下。

(1) 在"工具"菜单中选择"规划求解"命令，就会弹出"规划求解参数"对话框，如图 2-17 所示。

图 2-17　"规划求解参数"对话框

该对话框是规划求解命令的主界面，在此界面中可以加载规划模型、参数设置和求解等基本操作。

(2) 输入目标函数，在"设置目标单元格"框中存放目标函数计算公式的单元格"F4"，在"等于"后选中"最大值"单选按钮(如果规划为求最小的话就选"最小值")，如图 2-18 所示。

图 2-18　输入目标

(3) 输入变量，在"可变单元格"框中输入表示变量的单元格"$C$4:$E$4"，连续区域用冒号，间断区域用逗号隔开。具体如图 2-19 所示。

图 2-19　输入变量

(4) 输入约束,单击约束右端的"添加"按钮,就会弹出"添加约束"对话框,如图 2-20 所示。

图 2-20　输入约束窗口

在"单元格引用位置"框中输入计算约束左端的函数值的单元格,在中间的符号中选择不等号或等号,在约束中输入约束右端向量对应的单元格,这样就可以输入一个约束,如图 2-21 所示。

图 2-21　输入第一个约束

如果还有新约束,单击"添加"按钮可继续输入新约束,如果没有新约束则单击"确定"按钮返回"规划求解参数"对话框。输入结果如图 2-22 所示。

图 2-22　约束输入结果

变量非负限制可以在选项中设置,也可作为约束输入。选中某个约束后单击"更改"或"删除"按钮,可实现约束的更改和删除。

3．参数设置

在计算之前可以通过选项按钮对有关参数进行设置,具体方法是单击"选项"按钮,弹出图 2-23 所示的"规划求解选项"对话框。

由于是线性规划,变量都大于等于 0,需要选定采用线性模型和假定非负,如果问题规模较大,需要增加计算时间和迭代次数。后面的选项是对非线性规划的,不需要改变。设置好选项后单击"确定"按钮,返回图 2-22 所示对话框。

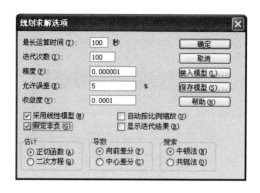

图 2-23　设置参数

4. 求解

单击图 2-22 中的"求解"按钮就可以求解数学规划，计算结束会弹出图 2-24 所示对话框。

图 2-24　求解报告

显示找到了最优可行解，最后计算结果在工作表中显示，如图 2-25 所示。单击"确定"按钮就可以返回工作表。

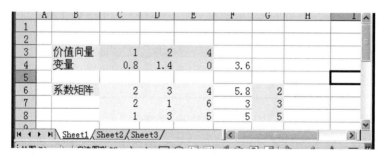

图 2-25　计算结果

如果需要查看结果报告，单击图 2-24 右面"报告"框中的报告条目即可。

提　示

(1) Excel 计算精度根据需要设定，在精度范围内自动停止，如设置精度为 0.0001，则自动认为 0.9999 等同于 1。

(2) Excel 计算速度没有 LINGO 快，对于非线性规划，其计算结果也不如 LINGO 好。

但 LINGO 的教学版有变量限制，特别是对整数变量的限制比较严格；而 Excel 没有这个限制，可以处理几十个变量的中等规模问题。

（3）如果问题规模较大时计算次数或者计算时间超过了选项中设置的值，计算就会终止，此时输出的是最后一步的计算结果。

第六节　灵敏度分析

一、灵敏度分析的概念

前面讨论了线性规划问题，即

$$\min \ \boldsymbol{c}^{\mathrm{T}}\boldsymbol{x}$$
$$\text{s.t.} \begin{cases} \boldsymbol{A}\boldsymbol{x} = \boldsymbol{b} \\ \boldsymbol{x} \geq 0 \end{cases}$$

的求解方法，目标函数中价值系数 c_j、约束条件中的 a_{ij} 和 b_i 都是当作确定的常量给出的，并在此基础上求出最优解和最优值。

但在现实世界里，c_j、a_{ij} 和 b_i 都会受到内部或外部因素的影响而发生变化，当这些系数发生变化时原来的最优解就不一定再是最优解，其目标函数值可能会变得很坏，甚至于在某些情况下不再可行。在实际应用中，仅仅求出线性规划问题的最优解和最优值是不够的，还需要清楚以下几个问题。

(1) 当线性规划问题的一个或几个常数发生变化时，原来的最优解有什么变化？
(2) 当系数在什么范围内变化时，原来的最优解或最优值不会变化？
(3) 如果系数发生变化并引起最优解的变化，通过什么方法可以较快地求得最优解和最优值？这种分析系数变化对最优解影响的方法就是灵敏度分析。

第一个问题和第三个问题可以通过计算软件解决，对变化后的线性规划用软件重新计算，就可以得到新的最优解。这里主要关注的是第二个问题，也就是对于给定最优解，系数在什么范围内变化时还是最优解。也就是使得给定最优解还是最优解的系数取值范围，称其为该最优解的最优稳定区间。最优解的稳定范围非常重要，如果系数发生很小的变化，原最优解就不再是最优解，则需要改变决策，那么该最优解存在的意义就不大。

不同的系数发生变化的情况不一样，其对最优解的影响也不同，目标函数的系数往往是由外部因素影响，如产品价格、原料价格等，这种变化会经常发生，而且是不可控的，右端向量是资源的可用量，由市场供给情况和自身资金情况决定，它的改变具有主动性和可控性。约束系数矩阵往往表示单位消耗量，由生产工艺和技术水平决定，在短时间内不会发生变化，因而这里主要分析目标函数的价值向量和右端向量的改变对最优解的影响。

例 2-8　某物流公司提供 A、B、C 这 3 种服务，单位服务所需要的人工、仓库面积及利润以及两种资源的限量见表 2-20。试确定使总利润最大化的生产计划。

表 2-20 利润、资源表

单位服务消耗资源量 \ 服务 \ 资源	服务 A	服务 B	服务 C	资源限量
人工	1/2	2	1	24
仓库面积	1	2	4	60
单位服务的利润	6	14	13	

解：设 3 种服务的产量分别为 x_1、x_2、x_3，总利润为 $6x_1+14x_2+13x_3$，则可得到该问题的线性规划模型为

$$\max\ 6x_1+14x_2+13x_3$$
$$\text{s.t.}\begin{cases}0.5x_1+2x_2+x_3\leq 24\\ x_1+2x_2+4x_3\leq 60\\ x_1,x_2,x_3\geq 0\end{cases}$$

引入松弛变量 x_4、x_5，化为标准型，即

$$\min\ -6x_1-14x_2-13x_3$$
$$\text{s.t.}\begin{cases}0.5x_1+2x_2+x_3+x_4=24\\ x_1+2x_2+4x_3+x_5=60\\ x_1,x_2,x_3\geq 0\end{cases}$$

用单纯形法求解，最优解的单纯形表如表 2-21 所示。

表 2-21 最优单纯形表

基变量	x_1	x_2	x_3	x_4	x_5	
	0	−9	0	−11	−1/2	−294
x_1	1	6	0	4	−1	36
x_3	0	−1	1	−1	1/2	6

最优解为 $x^*=(36,0,6,0,0)^T$，最优值为 294，即提供 A 服务 36 个单位，B 服务 0 个单位，C 服务 6 个单位，可获得利润 294。

在该问题中，单位服务利润和资源限量都是可能发生变化的，如果同时考虑多个系数的变化会使得分析起来非常困难，因而在分析时只考虑单个系数的变化对最优解的影响，也就是考虑一个系数变化时假设其他系数不变。

二、价值向量的灵敏度分析

对一般的线性规划，根据单纯形算法可知，最优解的单纯形表如表 2-22 所示。

表 2-22 最优解单纯形表

x_B	x_N	
0	$c_B^T B^{-1} N - c_N^T$	$c_B^T B^{-1} b$
I	$B^{-1} N$	$B^{-1} b$

由于最优解单纯形表的典式中不含价值向量，只有检验数中出现价值向量，因而价值向量中系数的改变只会影响检验数。

假设目标函数中某个变量 x_k 的系数，由 C_k 变为 $c_k' = c_k + \Delta c_k$（其中，Δc_k 可以是正的，也可以是负的），其余系数保持不变。从检验数的求解公式

$$\zeta_N = c_B^T B^{-1} N - c_N^T$$

可知，价值系数的变化可能出现在基变量价值系数向量 c_B，也可能出现在非基变量价值系数向量 c_N，出现在不同地方分析的方法是不一样的。

1. x_k 为非基变量

这时价值系数的变化出现在非基变量价值系数向量 c_N 中，从检验数的求解公式可知，非基变量的价值系数发生变化只会影响它自己的检验数，而不会影响其他变量的检验数。非基变量 x_k 的检验数由原来 $\zeta_k = c_B^T B^{-1} N_k - c_k$ 变为

$$\zeta_k' = c_B^T B^{-1} N_k - c_k' = c_B^T B^{-1} N_k - c_k + c_k - c_k' = \zeta_k - (c_k' - c_k) = \zeta_k - \Delta c_k$$

为使最优解在系数改变后还是最优解，只需要求检验数还满足小于等于 0 即可，即

$$\zeta_k' = \zeta_k - \Delta c_k \leqslant 0 \tag{2-8}$$

或

$$\zeta_k \leqslant \Delta c_k \tag{2-9}$$

即

$$\zeta_k + c_k \leqslant c_k'$$

最优解的最优稳定范围是该系数大于等于 $\zeta_k + c_k$。

2. x_k 为基变量

这时价值系数的变化出现在基变量价值系数向量 c_B 中，从检验数的求解公式可知，基变量的价值系数发生变化会影响所有非基变量的检验数。所有非基变量的检验数由原来 $\zeta_j = c_B^T B^{-1} N_j - c_j$ 变为

$$\zeta_j' = c_B'^T B^{-1} N_j - c_j = (c_B'^T - c_B^T + c_B^T) B^{-1} N_j - c_j$$
$$= (c_B'^T - c_B^T) B^{-1} N_j + c_B^T B^{-1} N_j - c_j = (c_B'^T - c_B^T) B^{-1} N_j + \zeta_j$$

记单纯形表中非基变量对应典式的系数矩阵为 $P = B^{-1} N$，则 $B^{-1} N_j$ 就是该矩阵非基变量 x_j 对应的列，而此时新的检验数为

$$\zeta_j' = (c_k' - c_k) P_{kj} + \zeta_j$$

式中，P_{kj} 为该基变量对应典式的行中非基变量 x_j 的系数。

若对所有的非基变量都满足

$$\zeta'_j = (c'_k - c_k)P_{kj} + \zeta_j \leq 0 \tag{2-10}$$

则原最优解还是最优解。通过求解不等式组，可以找出最优解的最优稳定范围。

例 2-9　在例 2-8 中，B 服务的单位利润需要增加到多少时物流公司才会决定提供该种服务？

解： 当前最优解中 B 服务为 0，要想提供 B 服务，必须改变最优解，因而首先找出当前最优解对于 B 服务的单位利润的最优稳定范围，当该参数的变化超过该范围时再求新的最优解。

由于原问题是求最大，因而先考虑标准形式的系数改变范围，由式(2-9)可知，当 B 服务的系数增量为

$$c'_2 \geq \zeta_2 + c_2 = -9 - 14 = -23 \text{ 或者 } -c'_2 \leq 23$$

时，原最优解保持不变。即当 B 服务的单位利润从 14 增加到 23 以上时，原来的最优解就要发生变化。

现在假设 B 服务的单位利润变为 24，由式(2-8)可知

$$\zeta'_k = 1 \geq 0$$

此时，原最优解不再是最优解，但是基可行解，其单纯形表变为如表 2-23 所示。

表 2-23　初始单纯形表

基变量	x_1	x_2	x_3	x_4	x_5	
	0	1	0	−11	−1/2	−294
x_1	1	6	0	4	−1	36
x_3	0	−1	1	−1	1/2	6

进行迭代的最优解的单纯形表如表 2-24 所示。

表 2-24　最优解单纯形表

基变量	x_1	x_2	x_3	x_4	x_5	
	−1/6	0	0	−35/3	−1/3	−300
x_2	1/6	1	0	2/3	−1/6	6
x_3	1/6	0	1	−1/3	1/3	12

最优解变为 $x_2 = (0, 6, 12, 0, 0)^T$，最优值为 300，即提供 A 服务 0 个单位、B 服务 6 个单位、C 服务 12 个单位，可获得利润 300。

三、右端向量的灵敏度分析

约束方程中右端常数项的变化，反映到上述例子中就是资源限量发生变化。假设约束方程右端的常数项由 b 变为 $b' = b + \Delta b$，其余系数保持不变。从前面的分析可知，常数项的变化不会引起检验数的变化，只会引起基变量值的变化，即

$$x^* = \begin{bmatrix} B^{-1}b' \\ 0 \end{bmatrix}$$

需要注意的是，只要约束方程中右端常数项发生变化，线性规划问题的最优解肯定要发生变化，但基变量不一定发生变化。

若 $B^{-1}b' > 0$，则原最优基还是基可行解，而其检验数没有变化，因而对应基可行解还是最优基解；反之，则最优解的检验数虽然还小于等于 0，但不再是可行解，此时需要求新的最优基可行解。

当只有一个右端常数改变，如设第 k 个约束的常数变化(由 b_k 变为 b'_k)，其对应的基变量为 x_k。则基变量的取值会变为

$$x'_B = B^{-1}b' = B^{-1}(b'+b-b) = B^{-1}b + B^{-1}(b'-b) = x_B + B^{-1}(b'-b)$$
$$b' - b = (0,\cdots,b'_k - b_k,\cdots,0)^T$$

首先求出 B^{-1}，记为 Q，第 i 个基变量的取值为

$$x'_i = x_i + Q_{ik}(b'_k - b_k)$$

然后令每一个基变量取值大于等于 0，就可以求出当前最优解的最优稳定范围。

例 2-10 在例 2-8 中，(1)若人工的限量从 24 增加到 28，分析最优解的变化；(2)分析人工的限量在什么范围内变化时原最优基不变？

解：(1) 常数项发生了变化：

$$b = \begin{bmatrix} 24 \\ 60 \end{bmatrix} \qquad b' = \begin{bmatrix} 28 \\ 60 \end{bmatrix}$$

$$B^{-1}b' = \begin{bmatrix} 4 & -1 \\ -1 & \frac{1}{2} \end{bmatrix} \begin{bmatrix} 28 \\ 60 \end{bmatrix} = \begin{bmatrix} 52 \\ 2 \end{bmatrix}$$

由于基变量的值还是非负的，因此不影响最优基，只是最优解变为 $x^* = (52,0,2,0,0)^T$，最优值为 338。

(2) 设：

$$b' = \begin{bmatrix} b'_1 \\ 60 \end{bmatrix}$$

要使最优基不变，只要 $B^{-1}b' \geq 0$ 就可以了，即

$$B^{-1}b' = \begin{bmatrix} 4 & -1 \\ -1 & \frac{1}{2} \end{bmatrix} \begin{bmatrix} b'_1 \\ 60 \end{bmatrix} = \begin{bmatrix} 4b'_1 - 60 \\ -b'_1 + 30 \end{bmatrix}$$

整理可得

$$\begin{cases} 4b'_1 - 60 \geq 0 \\ -b'_1 + 30 \geq 0 \end{cases}$$

解上述不等式组，得

$$15 \leq b'_1 \leq 30$$

即人工的限量在上述范围内变化时，原最优基不变。

四、Excel 中的敏感性报告

在 Excel 的规划求解中有灵敏度分析的功能，分析的结果在灵敏性报告中，在输出结果时先选定敏感性报告，然后再单击"确定"按钮，如图 2-26 所示。

图 2-26 计算结果

在输出计算结果的同时就会输出敏感性报告，对于例 2-10，灵敏性分析结果如图 2-27 所示。

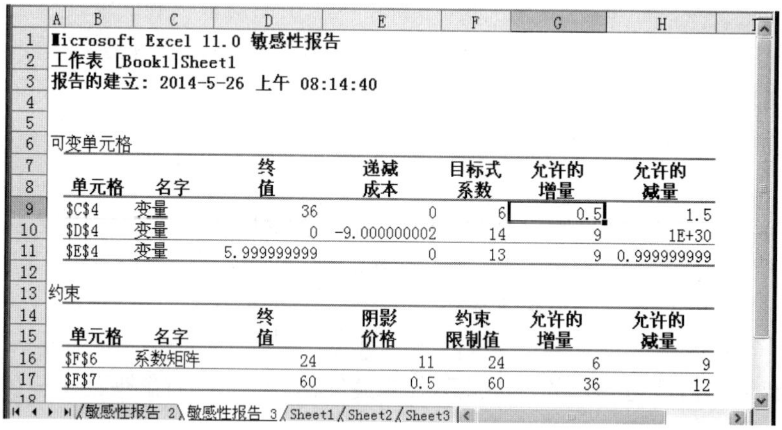

图 2-27 计算结果

在图 2-27 中，可变单元格部分中允许的增量和允许的减量就是价值向量允许增加和减少的量。例如，第二个变量的允许增量为 9，最大取值是 23。约束部分允许的增量和允许的减量就是右端向量允许增加和减少的量。例如，第一个约束允许的增量为 6，允许的减量为 9，所以第一个约束右端变量允许的取值范围是[15,30]，与前面理论计算的结果一致。

第七节 应用案例分析——生产计划问题

一、问题描述

某公司有甲、乙两个工厂，生产 A、B 两种产品，生产需经过制造和装备两条生产线，制造工艺不同，两个产品的制造生产线不能混用，但转配生产线可以合用。由于生产效率不同，两个生产企业生产总工时、单位产品需要的工时数和生产成本不同，具体见表2-25。

表2-25 生产情况表

工　厂		工厂甲		工厂乙	
		产品A	产品B	产品A	产品B
生产成本		5	6	4	5
制造工时		1.5	2	1	2
装配工时		3	2	2.5	1.5
工时定额	制　造	12000	16000	8000	22000
	装　配	30000		40000	

两种产品均销往南、北两个地区，南、北两个市场能销售的最大量、单价和销售费用各不相同，同时工厂到市场的距离不同，因而单位运费也不相同，有关数据如表2-26所示。

表2-26 市场销售情况表

市　场		南方市场		北方市场	
		产品A	产品B	产品A	产品B
最大销量/单位		900	12000	7500	6000
单价/元		12	17	13	18
单位销售费用		4	5	3	4
单位运输费用	工厂甲	1	1	2	2
	工厂乙	2	2	1	2

要求给出工厂的生产计划和市场的销售计划以及运输方案，使得总费用最小。

二、问题分析

该问题涉及因素较多，主要包括以下几个。

- 产品：类型、总费用、总销售收益、总利润。
- 销地：最大销售量、单位销售价格、单位销售费用、销售数量、运入量、总销售费用。
- 产地：单位成本、制造工时可利用量、组装工时可利用量、单位使用工时、生产的数量、制造工时使用量、组装工时使用量、运出量、总生产费用。
- 产销：单位运输费用、从产地到销地的运量、总运输费用。

各因素之间存在着以下关系。

- 运出量=运到销地数量之和，运入量=从产地运入数量之和。
- 生产数量=运出量，销售数量=运入量。
- 总销售费用=单位销售费用×销售数量。
- 总生产费用=单位成本×生产的数量。
- 总运输费用=单位运输费用×运量。
- 工时使用量=单位使用工时×生产的数量。

- 工时使用量≤工时可用量，销售数量≤最大销售量。
- 总费用=总运输费用+总生产费用+总销售费用。
- 总收益=单位销售价格×销售数量。
- 总利润=总收益-总费用。

通过上述关系可以看出，变化的量包括从工厂运到各销地数量、运出量、运入量、生产数量、销售数量、总销售费用、总生产费用、总运输费用、工时使用量、总费用、总收益和总利润等。在这些变化量中其他变化量都可以用从工厂运到各销地数量来表示，因而这一组变化量是直接改变量，即变量，其他的量都可以用变量表示出来。

三、线性规划模型

1. 变量

由于产品的生产数量和销售数量都与从生产地运往销售地的数量存在着内在的联系，因而变量可以设为从生产地运到销售地的数量，即产品 A 从产地到销地的运输数量 $x_{ij}(i=1,2; j=1,2)$，产品 B 从产地到销地的运输数量 $y_{ij}(i=1,2; j=1,2)$。

2. 约束条件

对应的约束包括以下内容。

(1) 生产工时约束为

$$1.5(x_{11}+x_{12}) \leq 12000$$
$$2(y_{11}+y_{12}) \leq 16000$$
$$(x_{21}+x_{22}) \leq 8000$$
$$2(y_{21}+y_{22}) \leq 22000$$
$$2.5(x_{21}+x_{22})+1.5(y_{21}+y_{22}) \leq 40000$$
$$3(x_{11}+x_{12})+2(y_{11}+y_{12}) \leq 30000$$

(2) 销售数量约束为

$$y_{12}+y_{22} \leq 6000$$
$$y_{11}+y_{21} \leq 12000$$
$$x_{12}+x_{22} \leq 7500$$
$$x_{11}+x_{21} \leq 900$$

3. 目标函数

总利润为 $2x_{11}+3x_{12}+2x_{21}+5x_{22}+5y_{11}+6y_{12}+5y_{21}+7y_{22}$。

因而对应的数学规划为

$$\max \quad 2x_{11} + 3x_{12} + 2x_{21} + 5x_{22} + 5y_{11} + 6y_{12} + 5y_{21} + 7y_{22}$$

$$\text{s.t.} \begin{cases} 1.5x_{11} + 1.5x_{12} \leqslant 12000 \\ x_{21} + x_{22} \leqslant 8000 \\ 2y_{11} + 2y_{12} \leqslant 16000 \\ y_{21} + y_{22} \leqslant 11000 \\ 3x_{11} + 3x_{12} + 2y_{11} + 2y_{12} \leqslant 30000 \\ 2.5x_{21} + 2.5x_{22} + 1.5y_{21} + 1.5y_{22} \leqslant 40000 \\ y_{11} + y_{21} \leqslant 12000 \\ y_{12} + y_{22} \leqslant 6000 \\ x_{11} + x_{21} \leqslant 900 \\ x_{12} + x_{22} \leqslant 7500 \\ x_{11}, x_{12}, x_{21}, x_{22}, y_{11}, y_{12}, y_{21}, y_{22} \geqslant 0 \end{cases} \quad (2\text{-}11)$$

提 示

(1) 建立模型的基础是对问题分析清楚，明确问题的基本要素和要素之间的关系，不要上来就考虑建立模型。

(2) 对于复杂的问题需要做一些基本假设，简化非关键因素或者题目中没有提到的因素，本题中蕴含着不考虑库存的基本假设，题目中没有提到单位存货费，也就是说不用考虑库存，而如果考虑库存会使问题更为复杂。

(3) 设变量是建立模型的关键，同样的问题不同的变量设置方法会得到不同的模型，如果变量设不好会增加建模的难度，甚至写不出来。对于简单的问题可以直接给出变量，对于复杂的问题则需要从要素分析入手寻找变量。

(4) 题目中没有说产品的类型，可以认为产品数量为非负的实数，不用加整数限制，如果需要加整数限制，题目中会提出。

四、模型计算

该模型是一个线性规划，可以用 LINGO 软件求解，输入模型如图 2-28 所示。

```
model:
max=2*x11+3*x12+2*x21+5*x22+5*y11+6*y12+5*y21+7*y22;
x11+x21<=900;
x12+x22<=7500;
y11+y21<=12000;
y12+y22<=6000;
1.5*x11+1.5*x12<=12000;
2*y11+2*y12<=16000;
x21+x22<=8000;
2*y21+2*y22<=22000;
3*x11+3*x12+2*y11+2*y12<=30000;
2.5*x21+2.5*x22+1.5*y21+1.5*y22<=40000;
end
```

图 2-28 模型输入窗口

计算结果如图 2-29 所示。

```
Global optimal solution found at iteration:         5
Objective value:                              141300.0
               Variable           Value       Reduced Cost
                    X11         900.0000         0.000000
                    X12         0.000000         2.000000
                    X21         0.000000         0.000000
                    X22         7500.000         0.000000
                    Y11         8000.000         0.000000
                    Y12         0.000000         1.000000
                    Y21         4000.000         0.000000
                    Y22         6000.000         0.000000
                    Row     Slack or Surplus   Dual Price
                      1         141300.0         1.000000
                      2         0.000000         2.000000
                      3         0.000000         5.000000
                      4         0.000000         5.000000
                      5         0.000000         7.000000
                      6         10650.00         0.000000
                      7         0.000000         0.000000
                      8         500.0000         0.000000
                      9         2000.000         0.000000
                     10         11300.00         0.000000
```

图 2-29　结果输出窗口

最优解为 x_{11}=900、x_{22}=7500、y_{11}=8000、y_{21}=4000、y_{22}=6000，其余为 0，最优值为 141300。

通过建立模型和软件计算求出了最优解，最大的利润是 141300 元。利润不能再增加是因为受到了产品价格和资源的限制，要想在此基础上进一步提高利润，必须提高价格或增加工时供给和市场需求等资源限制，由于价格是市场决定的，这里主要考虑改变资源限制。这就产生一个新的问题，应该优先改变哪些资源供给量是最经济的？

最经济的调整方案就是增加资源限制，使得最优的利润增加最多的方案。为了寻找最经济的调整方案，可以单独改变规划的每个右端常数 1 个单位，分别求出最优利润，计算相对于原来最优利润的增加量，增加量最大的方案就是最经济方案。例如，在数学规划式 (2-11) 中把第一个约束的右端常数 12000 改为 12001，其他右端常数不变，重新计算得最优值为 141302，比原来的最优值增加了 2 个单位。同理，可以计算出单独改变每个约束右端常数 1 个单位带来的最优利润的增加量，如表 2-27 所示。

表 2-27　利润增加表

约束	1	2	3	4	5	6	7	8	9
利润增加量	2	5	5	7	0	0	0	0	0

由表 2-27 可知，单独改变第四个约束对应的资源限制带来的边际利润增加量最大，因而应该优先增加第四个约束的资源限制。而增加第 5~9 个约束的资源限制对总利润没有贡献，进一步分析会发现当前最优解这些约束的资源有剩余，所以再增加是无效的。

第八节　对偶理论*

在上一节中，为了进一步增加利润，需要分别计算单独每个约束右端常数改变一个单位的最优解，有几个约束就需要重新计算几次数学规划，这样会比较麻烦，特别是对于约束个数比较多的规划，有没有能够一次就可以计算出表 2-27 中所有结果的方法呢？

细心观察表 2-27 和图 2-29 就会发现，Dual Price 这一列的数值和表中的数值是一致的，

---

* 第八节为选讲内容，不影响后面的学习。

只不过第一行对应的是目标函数,从第二行开始对应第一个约束,以此类推。也就是说,单独改变每个约束右端常数 1 个单位带来的最优利润的增加量就是 Dual Price,那么这个 Dual Price 是什么呢?

Dual Price 称为对偶价格,要想理解对偶价格就需要学习对偶规划和对偶变量,因为这里的对偶价格就是对偶规划的对偶变量。

一、对偶规划

1. 对偶规划的由来

对偶规划可以从单纯形算法中推出来,考虑标准形式的线性规划

$$\min \ \boldsymbol{c}^\mathrm{T}\boldsymbol{x} \\ \text{s.t.} \begin{cases} \boldsymbol{Ax} = \boldsymbol{b} \\ \boldsymbol{x} \geqslant 0 \end{cases} \tag{2-12}$$

对于最优的基可行解 $\bar{\boldsymbol{x}}$,设其基阵为 $\boldsymbol{B}$。根据第三节最优性原理可知其典式为

$$x_\mathrm{B} + \boldsymbol{B}^{-1}N x_\mathrm{N} = \boldsymbol{B}^{-1}\boldsymbol{b}$$

检验数为 $\xi_\mathrm{N} = \boldsymbol{c}_\mathrm{B}^\mathrm{T} \boldsymbol{B}^{-1} N - \boldsymbol{c}_\mathrm{N}^\mathrm{T}$,对应的最优解为 $\begin{pmatrix} \boldsymbol{B}^{-1}\boldsymbol{b} \\ 0 \end{pmatrix}$,最优值 $\boldsymbol{c}^\mathrm{T}\bar{\boldsymbol{x}} = \boldsymbol{c}_\mathrm{B}^\mathrm{T}\boldsymbol{B}^{-1}\boldsymbol{b}$。

令 $\boldsymbol{w} = (\boldsymbol{c}_\mathrm{B}^\mathrm{T}\boldsymbol{B}^{-1})^\mathrm{T}$,最优值 $\boldsymbol{c}^\mathrm{T}\bar{\boldsymbol{x}} = \boldsymbol{w}^\mathrm{T}\boldsymbol{b}$。显然,向量 $\boldsymbol{b}$ 的分量改变一个单位,最优值的改变量就是向量 $\boldsymbol{w}$ 对应的分量,也就是说,向量 $\boldsymbol{w}$ 就是表 2-27 中的数据,也就是对偶价格。

每个基阵 $\boldsymbol{B}$ 都可以得到一个向量 $\boldsymbol{w} = (\boldsymbol{c}_\mathrm{B}^\mathrm{T}\boldsymbol{B}^{-1})^\mathrm{T}$,因为是考察最优值的改变情况,因而只考虑最优的基可行解 $\bar{\boldsymbol{x}}$ 对应的向量 $\boldsymbol{w}$。因为是最优的基可行解,因而其检验数小于等于 $\boldsymbol{0}$,即

$$\xi_N = \boldsymbol{c}_\mathrm{B}^\mathrm{T}\boldsymbol{B}^{-1}N - \boldsymbol{c}_\mathrm{N}^\mathrm{T} \leqslant 0$$

可以写成 $\boldsymbol{w}^\mathrm{T}N - \boldsymbol{c}_\mathrm{N}^\mathrm{T} \leqslant 0$,又由于 $\boldsymbol{w}^\mathrm{T}\boldsymbol{B} = \boldsymbol{c}_\mathrm{B}^\mathrm{T}\boldsymbol{B}^{-1}\boldsymbol{B} = \boldsymbol{c}_\mathrm{B}^\mathrm{T}$,即 $\boldsymbol{w}^\mathrm{T}\boldsymbol{B} - \boldsymbol{c}_\mathrm{B}^\mathrm{T} = 0$。所以,可知最优解对应的向量 $\boldsymbol{w}$ 满足

$$\boldsymbol{w}^\mathrm{T}(\boldsymbol{B}, N) - (\boldsymbol{c}_\mathrm{B}^\mathrm{T}, \boldsymbol{c}_\mathrm{N}^\mathrm{T}) \leqslant 0$$

即

$$\boldsymbol{w}^\mathrm{T}\boldsymbol{A} \leqslant \boldsymbol{c}^\mathrm{T}$$

最优基可行解对应向量 $\boldsymbol{w}$ 满足上述不等式,对于任意的一个向量 $\boldsymbol{y}$ 如果满足上述不等式,即

$$\boldsymbol{y}^\mathrm{T}\boldsymbol{A} \leqslant \boldsymbol{c}^\mathrm{T} \tag{2-13}$$

由于最优解 $\bar{\boldsymbol{x}}$ 满足规划的约束,即有

$$\begin{cases} \boldsymbol{A}\bar{\boldsymbol{x}} = \boldsymbol{b} \\ \bar{\boldsymbol{x}} \geqslant 0 \end{cases}$$

由于 $\bar{\boldsymbol{x}} \geqslant 0$,因而不等式(2-13)两边同乘以 $\bar{\boldsymbol{x}}$,不等式不变号,可得

$$\boldsymbol{y}^\mathrm{T}\boldsymbol{A}\bar{\boldsymbol{x}} \leqslant \boldsymbol{c}^\mathrm{T}\bar{\boldsymbol{x}}$$

即

$$y^T b \leqslant c^T \overline{x} = w^T b$$

也就是说在所有满足不等式(2-13)的向量中，向量 w 是使得 $y^T b$ 最大的向量，因而向量 w 是下列规划的最优解：

$$\max \quad y^T b$$
$$\text{s.t.} \{ y^T A \leqslant c^T \tag{2-14}$$

通过求解规划(2-14)就可以找出规划(2-12)对偶价格 w，因而称其为规划(2-12)的对偶规划，向量 y 为对偶变量。规划(2-14)也可以写成

$$\max \quad b^T y$$
$$\text{s.t.} \{ A^T y \leqslant c$$

根据上面推导过程可得以下定理。

定理 2-9 原规划最优解对应的对偶价格 w 就是对偶规划的最优解，而且最优值与原规划的最优值相等。

2. 规范形式线性规划的对偶规划

对比规划和对偶规划，它们在形式上具有一定的对应性，规范形式的线性规划与其对偶规划的形式对应性会更好，下面考虑规范形式线性规划的对偶规划。考虑以下规划：

$$\min \quad c^T x$$
$$\text{s.t.} \begin{cases} Ax \geqslant b \\ x \geqslant 0 \end{cases} \tag{2-15}$$

现在我们已经知道了标准形式的线性规划的对偶规划，要求规划(2-15)的对偶规划，一个自然的想法是把其化成标准形式，然后套用标准形式的对偶规划。

规划(2-15)的标准形式为

$$\min \quad c^T x$$
$$\text{s.t.} \begin{cases} Ax - z = b \\ x, z \geqslant 0 \end{cases} \tag{2-16}$$

可写成

$$\min \quad (c^T, 0) \begin{pmatrix} x \\ z \end{pmatrix}$$
$$\text{s.t.} \begin{cases} (A, -I) \begin{pmatrix} x \\ z \end{pmatrix} = b \\ \begin{pmatrix} x \\ z \end{pmatrix} \geqslant 0 \end{cases} \tag{2-17}$$

式中，$\begin{pmatrix} x \\ z \end{pmatrix}$ 为变量；$(A, -I)$ 为系数矩阵；$\begin{pmatrix} c \\ 0 \end{pmatrix}$ 为价值向量；b 为右端向量。

因而套用标准形式的对偶规划，可知其对偶规划为

$$\max \boldsymbol{b}^\mathrm{T} \boldsymbol{y}$$
$$\text{s.t.} \begin{cases} (\boldsymbol{A}, -\boldsymbol{I})^\mathrm{T} \boldsymbol{y} \leqslant \begin{pmatrix} \boldsymbol{c} \\ 0 \end{pmatrix} \end{cases}$$

即可写成

$$\max \boldsymbol{b}^\mathrm{T} \boldsymbol{y}$$
$$\text{s.t.} \begin{cases} \boldsymbol{A}^\mathrm{T} \boldsymbol{y} \leqslant \boldsymbol{c} \\ \boldsymbol{y} \geqslant 0 \end{cases} \tag{2-18}$$

规划(2-15)的对偶规划是规划(2-18)，它们在形式上具有很好的对应性。
(1) 原规划求最小对应对偶规划求最大。
(2) 原规划约束大于等于不等式对应对偶规划约束小于等于不等式。
(3) 原规划系数矩阵的转置对应对偶规划的系数矩阵。
(4) 原规划右端向量对应对偶规划的价值向量。
(5) 原规划价值向量对应对偶规划的右端向量。

正是由于规范形式的对偶规划形式对应性非常好，在讨论对偶规划的性质时往往采用线性规划的规范形式，同理可以证明规划(2-18)的对偶规划是规划(2-15)，也就是这两个规划互为对偶规划。

3. 一般形式线性规划的对偶规划

在实际问题中建立的线性规划模型往往是一般形式的，如果要给出它的对偶规划可以先转化为规范形式或者标准形式，然后再给出其对偶规划。但这样比较麻烦，可以按下面的方法直接写出任意线性规划的对偶规划。

第一步不等式规范化。对于求最小的问题要求不等式都化成大于等于号，对于求最大的问题要求不等式都化成小于等于号。约束中的常数放在约束的右端，变量放在约束的左端。

第二步设对偶变量。原规划一个约束对应着一个对偶变量，有几个约束就有几个对偶变量；

第三步写对偶规划的目标。如果原规划求最大对偶规划就求最小，如果原规划求最小对偶规划就求最大，对偶规划的目标函数是就是每个约束的右端常数与对应对偶变量相乘后求和；

第四步写对偶规划的约束。原规划每个变量对应对偶规划一个约束，有几个变量对偶规划就有几个约束。约束的左端是原规划变量在原规划每个约束中的系数与对应对偶变量的相乘后求和，约束的右端是原规划变量在原规划目标函数中的系数。如果对应原规划变量是自由变量，则对偶规划的约束是等式，如果原规划变量是非负变量，则对偶规划约束是不等式约束。如果对偶规划求最大，不等式用小于等于号，如果对偶规划是求最小，不等式用大于等于号。

第五步确定对偶变量的限制，如果原规划对应约束为等式约束，则对应对偶变量为自由变量；如果原规划对应约束为不等式约束，则对应对偶变量为非负变量。

下面通过一个例子具体说明上述规则的使用方法。

例 2-11 给出下列线性规划的对偶规划，即

$$\max\ 2x_1 + x_2 - x_3$$

$$\text{s.t.} \begin{cases} x_1 + 2x_2 + x_3 \leqslant 8 \\ 2x_1 - x_2 + x_3 \geqslant 2 \\ x_1 + x_3 = 6 \\ x_1, x_3 \geqslant 0 \end{cases}$$

解：

第一步不等式规范化。由于该规划是求最大的问题，因而需要把不等式约束化为小于等于号，只需要把第二个不等式约束转化，两边同乘-1 变不等号即可，即

$$\max\ 2x_1 + x_2 - x_3$$

$$\text{s.t.} \begin{cases} x_1 + 2x_2 + x_3 \leqslant 8 &\longleftrightarrow y_1 \\ -2x_1 + x_2 - x_3 \leqslant -2 &\longleftrightarrow y_2 \\ x_1 + x_3 = 6 &\longleftrightarrow y_3 \\ x_1, x_3 \geqslant 0 \end{cases}$$

第二步设对偶变量。原规划有 3 个约束，因而对偶规划有 3 个对偶变量，分别设为 y_1, y_2, y_3。

第三步写对偶规划的目标，原规划求最大对偶规划就求最小，因而对偶规划的目标为

$$\min\ 8y_1 - 2y_2 + 6y_3$$

第四步写对偶规划的约束，原规划有 3 个变量，所以对偶规划就有 3 个约束，x_1 对应对偶规划的第一个约束，该约束的左端是 x_1 在原约束中的系数与对应对偶变量的乘积的和，为 $y_1 - 2y_2 + y_3$，右端是 x_1 在原规划目标函数中的系数 2，由于 x_1 是非负变量，所以该约束是不等式约束，由于对偶规划是求最小，因而对应的不等式用大于等于号，因而第一个约束为

$$y_1 - 2y_2 + y_3 \geqslant 2$$

同理，可以得出第二个和第三个约束为

$$2y_1 + y_2 = 1$$
$$y_1 - y_2 + y_3 \geqslant -1$$

式中，x_2 为自由变量，所以第二个约束是等式约束。

第五步确定对偶变量的限制。由于原规划第三个约束为等式约束，所以第三个对偶变量是自由变量，其他两个为非负变量。

因而对偶规划为

$$\min \ 8y_1 - 2y_2 + 6y_3$$
$$\text{s.t.} \begin{cases} y_1 - 2y_2 + y_3 \geqslant 2 \\ 2y_1 + y_2 = 1 \\ y_1 - y_2 + y_3 \geqslant -1 \\ y_1, \ y_2 \geqslant 0 \end{cases}$$

提　示

(1) 第一步约束规范化是容易遗漏的，在有些教材里没有这一步，但其对偶变量就会有正有负，容易混淆。

(2) 第一步在约束规范化时只需要考虑不等式，等式不用转化。

(3) 设对偶变量时原规划的变量非负限制不看成是约束，不对应对偶变量。

(4) 按不同的规则写的对偶规划形式上可能不一样，但通过简单的等价转化就可以变成一致。

二、对偶理论

对偶规划与原规划不仅形式上具有良好的对应性，它们的最优解和最优值之间也有密切的关系，这就是对偶性质。

1. 互补松弛定理

考虑下列线性规划和其对偶规划，即

$$\min \ \boldsymbol{c}^\mathrm{T}\boldsymbol{x}$$
$$\text{s.t.} \begin{cases} \boldsymbol{A}\boldsymbol{x} \geqslant \boldsymbol{b} \\ \boldsymbol{x} \geqslant \boldsymbol{0} \end{cases} \tag{2-19}$$

$$\max \ \boldsymbol{b}^\mathrm{T}\boldsymbol{y}$$
$$\text{s.t.} \begin{cases} \boldsymbol{A}^\mathrm{T}\boldsymbol{y} \leqslant \boldsymbol{c} \\ \boldsymbol{y} \geqslant \boldsymbol{0} \end{cases} \tag{2-20}$$

对于规划(2-19)的可行解 $\boldsymbol{x}$ 和规划(2-20)的可行解 $\boldsymbol{y}$，分别满足两个规划的约束，因而由 $\begin{cases} \boldsymbol{A}\boldsymbol{x} \geqslant \boldsymbol{b} \\ \boldsymbol{y} \geqslant \boldsymbol{0} \end{cases}$，可得

$$\boldsymbol{y}^\mathrm{T}\boldsymbol{A}\boldsymbol{x} \geqslant \boldsymbol{y}^\mathrm{T}\boldsymbol{b} \tag{2-21}$$

由 $\begin{cases} \boldsymbol{A}^\mathrm{T}\boldsymbol{y} \leqslant \boldsymbol{c} \\ \boldsymbol{x} \geqslant \boldsymbol{0} \end{cases}$，可得

$$\boldsymbol{y}^\mathrm{T}\boldsymbol{A}\boldsymbol{x} \leqslant \boldsymbol{c}^\mathrm{T}\boldsymbol{x} \tag{2-22}$$

由式(2-21)和式(2-22)可得

$$\boldsymbol{y}^\mathrm{T}\boldsymbol{b} \leqslant \boldsymbol{c}^\mathrm{T}\boldsymbol{x}$$

上述推导过程只是用到了两个规划的可行条件，因而对任意可行解都成立，即有以下

定理。

定理 2-10 规划(2-20)的任意可行解 y 的目标函数值小于等于规划(2-19)的任意可行解 x 的目标函数值。

根据定理 2-9 可知原规划和对偶规划的最优值相等，结合定理 2-10 可得以下定理。

定理 2-11 原规划(2-19)的可行解 $\bar{x}$ 和对偶规划(2-20)的可行解 $\bar{y}$ 分别是原规划和对偶规划最优解的充分必要条件是 $\bar{y}^T b = c^T \bar{x}$。

证明：如果 $\bar{x}$ 是规划(2-19)的最优解和 $\bar{y}$ 是对偶规划(2-20)的最优解，则 $c^T \bar{x}$ 等于规划式(2-19)的最优值，$\bar{y}^T b$ 等于规划(2-20)的最优值，根据定理 2-9 可得 $\bar{y}^T b = c^T \bar{x}$。

反之，由于 $\bar{y}$ 是对偶规划(2-20)的可行解，对原规划(2-19)的任意可行解 x，根据定理 2-10 可知 $\bar{y}^T b \leq c^T x$，由于 $\bar{y}^T b = c^T \bar{x}$，所以 $c^T \bar{x} \leq c^T x$，即 $\bar{x}$ 的目标函数值小于等于任意可行解的目标函数值，因而可得 $\bar{x}$ 是规划(2-19)的最优解。

同理，可得 $\bar{y}$ 是对偶规划(2-20)的最优解。

根据这个定理可以进一步推出著名的互补松弛定理。

定理 2-12(互补松弛定理) 原规划(2-19)的可行解 $\bar{x}$ 和对偶规划(2-20)的可行解 $\bar{y}$ 分别是原规划和对偶规划最优解的充分必要条件使它们满足

$$\begin{cases} \bar{y}^T(A\bar{x} - b) = 0 \\ (A^T\bar{y} - c)^T \bar{x} = 0 \end{cases} \tag{2-23}$$

证明：如果 $\bar{x}$ 和 $\bar{y}$ 满足

$$\begin{cases} \bar{y}^T(A\bar{x} - b) = 0 \\ (A^T\bar{y} - c)^T \bar{x} = 0 \end{cases}$$

则可得

$$\bar{y}^T A \bar{x} = \bar{y}^T b \text{ 和 } \bar{y}^T A \bar{x} = c^T \bar{x}$$

因而可得 $\bar{y}^T b = c^T \bar{x}$，根据定理 2.11 可知 $\bar{x}$ 原规划(2-19)的最优解和 $\bar{y}$ 是对偶规划(2-20)的最优解。

反之，如果 $\bar{x}$ 原规划(2-19)的最优解和 $\bar{y}$ 是对偶规划(2-20)的最优解，则分别为原规划和对偶规划的可行解，因而满足式(2-21)和式(2-22)，即

$$\bar{y}^T A \bar{x} \geq \bar{y}^T b \text{ 和 } \bar{y}^T A \bar{x} \leq c^T \bar{x}$$

可写成

$$\bar{y}^T b \leq \bar{y}^T A \bar{x} \leq c^T \bar{x} \tag{2-24}$$

根据定理 2.11 可知 $\bar{y}^T b = c^T \bar{x}$，而 $\bar{y}^T b = \bar{y}^T A \bar{x} = c^T \bar{x}$，所以它们满足

$$\begin{cases} \bar{y}^T(A\bar{x} - b) = 0 \\ (A^T\bar{y} - c)^T \bar{x} = 0 \end{cases}$$

用 $(Ax - b)_i$ 表示向量 $Ax - b$ 的第 i 个分量，则 $\bar{y}^T(A\bar{x} - b) = \sum_{i=1}^{m}(A\bar{x} - b)_i \bar{y}_i$。由于 $\begin{cases}(Ax-b)_i \geq 0 \\ y_i \geq 0\end{cases}$，所以 $(Ax - b)_i y_i \geq 0$ $(i = 1, 2, \cdots, m)$，也可写成 $((Ax)_i - b_i) y_i \geq 0$ $(i = 1, 2, \cdots, m)$。

因而 $\bar{\boldsymbol{y}}^T(\boldsymbol{A}\bar{\boldsymbol{x}}-\boldsymbol{b}) = \sum_{i=1}^{m}(\boldsymbol{A}\bar{\boldsymbol{x}}-\boldsymbol{b})_i \bar{\boldsymbol{y}}_i = 0$ 等价于 $((\boldsymbol{A}\bar{\boldsymbol{x}})_i - \boldsymbol{b}_i)\bar{\boldsymbol{y}}_i = 0$ $(i=1,2,\cdots,m)$，同理 $(\boldsymbol{A}^T\bar{\boldsymbol{y}}-\boldsymbol{c})^T\bar{\boldsymbol{x}} = 0$ 等价于 $((\boldsymbol{A}^T\bar{\boldsymbol{y}})_j - \boldsymbol{c}_j)\bar{\boldsymbol{x}}_j = 0 (j=1,2,\cdots,n)$。因而式(2-23)等价于

$$\begin{cases} ((\boldsymbol{A}\bar{\boldsymbol{x}})_i - \boldsymbol{b}_i)\bar{\boldsymbol{y}}_i = 0 & i=1,2,\cdots,m \\ ((\boldsymbol{A}^T\bar{\boldsymbol{y}})_j - \boldsymbol{c}_j)\bar{\boldsymbol{x}}_j = 0 & j=1,2,\cdots,n \end{cases}$$

这个等式组就是原规划的每个约束左端减右端的差 $(\boldsymbol{A}\boldsymbol{x})_i - \boldsymbol{b}_i$ 乘以对应对偶变量 $\boldsymbol{y}_i$ 等于 0 和对偶规划的每个约束左端减右端的差 $(\boldsymbol{A}^T\bar{\boldsymbol{y}})_j - \boldsymbol{c}_j$ 乘以对应原变量 $\bar{\boldsymbol{x}}_j$ 等于 0。

由于 $((\boldsymbol{A}\bar{\boldsymbol{x}})_i - \boldsymbol{b}_i)\bar{\boldsymbol{y}}_i = 0$，如果 $\bar{\boldsymbol{y}}_i > 0$，则 $(\boldsymbol{A}\bar{\boldsymbol{x}})_i - \boldsymbol{b}_i = 0$；反之，如果 $(\boldsymbol{A}\bar{\boldsymbol{x}})_i - \boldsymbol{b}_i > 0$ 则 $\bar{\boldsymbol{y}}_i = 0$，也就是说一个为严格不等式时另一个必为等式，严格大于零称为松的，严格等于零称为紧的，因而式(2-23)称为互补松弛条件，对应的定理称为互补松弛定理。

2. 互补松弛定理的应用

互补松弛定理是对偶理论中最重要的一个结论，具有广泛的应用，可以用于求解线性规划，可以证明很多结论，还可以用于设计一些算法。设计算法在后面的章节会学到，这里先介绍一下用互补松弛条件求解线性规划的方法。

利用互补松弛定理求线性规划的基本思想如下。

根据一些变量取值，找出取值大于零的分量和在约束左端严格不等的约束，这些分量和约束在互补松弛条件中对应的另一部分必然全部等于零，这就可以得到一组方程，解方程组就可以得到另一组变量的取值。

下面结合一个例子详细说明求解过程。

例 2-12 求解下列线性规划，即

$$\min\ x_1 + 2x_2 + 3x_3$$
$$\text{s.t.} \begin{cases} -x_1 + 2x_2 - x_3 \leqslant 3 \\ -2x_1 + x_2 + x_3 \geqslant 2 \\ x_1, x_2, x_3 \geqslant 0 \end{cases}$$

解：分析发现该线性规划有 2 个约束、3 个变量，不能用图解法，可以写成标准形式后用单纯形算法。

进一步分析发现其对偶规划会有 3 个约束、2 个变量，因而其对偶规划可以用图解法，能不能先求对偶规划然后根据对偶规划的最优解求原规划呢？

首先写出对偶规划，即

$$\max\ -3y_1 + 2y_2$$
$$\text{s.t.} \begin{cases} y_1 - 2y_2 \leqslant 1 \\ -2y_1 + y_2 \leqslant 2 \\ y_1 + y_2 \leqslant 3 \\ y_1, y_2 \geqslant 0 \end{cases}$$

用图解法可得该规划最优解为 $\left(\dfrac{1}{3}, 2\dfrac{2}{3}\right)$，最优值为 $\dfrac{13}{3}$。为了求解原规划的最优解，先写出互补松弛条件，即

$$\begin{cases} (y_1 - 2y_2 - 1)x_1 = 0 \\ (-2y_1 + y_2 - 2)x_2 = 0 \\ (y_1 + y_2 - 3)x_3 = 0 \\ (-x_1 + 2x_2 - x_3 - 3)y_1 = 0 \\ (-2x_1 + x_2 + x_3 - 2)y_2 = 0 \end{cases}$$

由于对偶规划最优解 $\left(\dfrac{1}{3}, 2\dfrac{2}{3}\right) > 0$，所以由 $(-x_1 + 2x_2 - x_3 - 3)y_1 = 0$ 可得 $-x_1 + 2x_2 - x_3 - 3 = 0$，同理可得 $-2x_1 + x_2 + x_3 - 2 = 0$。

同时 $\left(\dfrac{1}{3}, 2\dfrac{2}{3}\right)$ 代入到对偶规划第一个约束是严格小于 1，因而由互补松弛条件第一个等式可得 $x_1 = 0$，所以得到方程组

$$\begin{cases} x_1 = 0 \\ -x_1 + 2x_2 - x_3 - 3 = 0 \\ -2x_1 + x_2 + x_3 - 2 = 0 \end{cases}$$

解方程组可得

$$\begin{cases} x_1 = 0 \\ x_2 = \dfrac{5}{3} \\ x_3 = \dfrac{1}{3} \end{cases}$$

该解满足原规划可行条件，所以就是原规划的最优解。

总结一下上面的过程，首先求出对偶规划最优解，然后找出对偶规划最优解大于零的分量和严格不等的约束，写出互补松弛条件，根据这些严格不等的函数可以推出关于原规划变量的方程，解这个方程组就可以求出原规划的一个解，如果该解满足原规划可行条件就是原规划最优解。这是因为原规划可行解和对偶规划可行解满足互补松弛条件后分别是最优解，这里需要满足原规划可行条件、对偶规划可行条件和互补松弛条件。

如果已知原规划的最优解，也可以类似地求出对偶规划的最优解。如果原规划和对偶规划的最优解都不知道，也可以通过分组讨论的方式利用互补松弛条件求最优解。例如，对上例的互补松弛条件中可以对第一个条件讨论，即分 $y_1 - 2y_2 - 1 < 0$ 和 $y_1 - 2y_2 - 1 = 0$ 两种情况，而由 $y_1 - 2y_2 - 1 < 0$ 可得 $x_1 = 0$。两种情况都可以得到一个等式，然后再讨论第二个条件，依次进行。

共得 32 种组合，每种组合可以得到 5 个方程，联立就可以解 5 个变量。一些方程组可能无解，有些方程组的解可能不满足原约束或者对偶约束，这时就可以舍弃，如果某个方程组的解既满足原约束也满足对偶约束，就是要求的最优解。

在实际计算时可能不需要 32 组方程都求解，因为在分组过程中可能推出明显不可行的分支，就无须继续分支。在上述过程中共计算了 9 个分支，具体计算过程如图 2-30 所示。

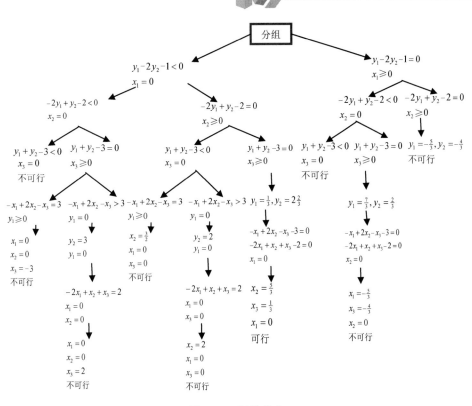

图 2-30 讨论分支

 提　示

(1) 如果对偶规划有最优解，则原规划一定有最优解，而且最优值相等。也就是说，此时方程组一定有解。

(2) 方程组有可能有多个解满足原可行条件，这时原规划最优解不唯一。

习　题

1. 某工厂生产甲、乙、丙三种产品，需要消耗设备工时、原料 A 和原料 B 等 3 种资源，每生产单位产品甲、乙、丙所需要的 3 种资源量以及计划期内每种资源的可用资源上限如表 2-28 所示。

表 2-28　资源消耗表

单位产品所需资源　　产品　　资源	甲	乙	丙	资源限量
设备工时	1	1	2	1400
原料 A	1	2	1	1200
原料 B	3	2	1	1800
单位利润	3	5	4	

经测算,每生产单位产品甲、乙、丙的利润分别为 3 元、5 元和 4 元。工厂希望计划期内生产利润最大,试建立该生产计划问题的数学规划模型。

2. 把下列线性规划转化为标准形式

$$\max\ 2x_1 + 3x_2 + x_3$$

$$\text{s.t.} \begin{cases} 1.5x_1 + 3x_2 \leqslant 1200 \\ x_2 + x_3 \leqslant 800 \\ 3x_1 + 3x_2 + 2x_3 \geqslant 100 \\ x_2, x_3 \geqslant 0,\ x_1 \text{为自由变量} \end{cases}$$

3. 用图解法求解下列线性规划。

(1) $\max\ x_1 + 3x_2$

$$\text{s.t.} \begin{cases} 5x_1 + 10x_2 \leqslant 30 \\ x_1 + x_2 \geqslant 2 \\ x_2 \leqslant 2 \\ x_1, x_2 \geqslant 0 \end{cases}$$

(2) $\max\ 2x_1 + 3x_2 + x_3$

$$\text{s.t.} \begin{cases} x_1 + x_2 + x_3 = 6 \\ -x_1 + x_2 \geqslant 3 \\ x_1, x_2, x_3 \geqslant 0 \end{cases}$$

4. 给出下列线性规划的两个不同的基可行解,并写出对应的基阵和基变量。

(1) $\min\ x_1 + x_2 + x_3$

$$\text{s.t.} \begin{cases} x_1 + x_3 = 3 \\ x_1 + x_2 + 2x_3 = 4 \\ x_1, x_2, x_3 \geqslant 0 \end{cases}$$

(2) $\max\ 4x_1 + 3x_2$

$$\text{s.t.} \begin{cases} 3x_1 + 2x_2 \leqslant 6 \\ x_1 + 5x_2 \leqslant 5 \\ x_1, x_2 \geqslant 0 \end{cases}$$

5. 给出下列线性规划的一个基可行解,并写出对应的典式和检验数。

$$\min\ x_1 + x_2 + x_3$$

$$\text{s.t.} \begin{cases} x_1 + 2x_3 = 6 \\ 2x_1 - 3x_2 + x_4 = 3 \\ x_1 - x_2 + 2x_3 = 4 \\ x_1, x_2, x_3 \geqslant 0 \end{cases}$$

6. 给一个线性规划,即

$$\min\ 2x_1 - x_2 + x_3 + x_5$$

$$\text{s.t.} \begin{cases} x_1 + 2x_3 + x_5 = 4 \\ 2x_1 - 3x_2 + x_4 = 6 \\ x_1 - x_2 + 2x_3 + x_4 = 8 \\ x_1, x_2, x_3, x_4, x_5 \geqslant 0 \end{cases}$$

现得到其某个基可行解的单纯形表,如表 2-29 所示。

表 2-29 单纯形表

基变量	x_1	x_2	x_3	x_4	x_5	
检验数	−0.5	0	a	0	0	b
	2	−2	0	0	1	2
	2	−3	0	c	0	6
	−0.5	1	1	0	d	1

根据单纯形表的特征，试求。

(1) 未知参数 a、b、c、d。

(2) 该基可行解。

(3) 该基可行解的目标函数值。

7. 用单纯形算法求解下列线性规划。

(1) $\min\ -2x_1 + x_2 - x_3$
s.t. $\begin{cases} 3x_1 + x_2 + x_3 \leqslant 6 \\ x_1 - x_2 + 2x_3 \leqslant 4 \\ x_1 + x_2 - x_3 \leqslant 2 \\ x_1, x_2, x_3 \geqslant 0 \end{cases}$

(2) $\max\ x_1 + 3x_2 + 2x_3$
s.t. $\begin{cases} -x_1 + 2x_2 + 2x_3 \leqslant 4 \\ x_1 - x_2 + 2x_3 \leqslant 4 \\ x_1 + 2x_2 + x_3 \leqslant 2 \\ x_1 \geqslant 1, x_2 \geqslant 0, x_3 \geqslant 0 \end{cases}$

(3) $\max\ 2x_1 + x_2 + 2x_3$
s.t. $\begin{cases} 3x_1 - x_2 + x_3 \leqslant 6 \\ x_1 + x_2 - x_3 \leqslant 2 \\ x_1, x_2, x_3 \geqslant 0 \end{cases}$

(4) $\min\ 3x_1 + 2x_2 + x_3$
s.t. $\begin{cases} 3x_1 + x_3 \leqslant 1 \\ x_1 + x_2 + x_3 = 4 \\ -x_1 + x_3 \leqslant 2 \\ x_1, x_2, x_3 \geqslant 0 \end{cases}$

8. 用两阶段算法求解下列线性规划。

(1) $\min\ 2x_1 + x_2 + 2x_3$
s.t. $\begin{cases} 3x_1 - x_2 + x_3 = 6 \\ x_1 + x_2 - x_3 = 2 \\ x_1, x_2, x_3 \geqslant 0 \end{cases}$

(2) $\min\ -x_1 - 3x_2 + 2x_3$
s.t. $\begin{cases} -x_1 + 2x_2 + 2x_3 \geqslant 4 \\ x_1 - x_2 + 2x_3 \geqslant 4 \\ x_1 + 2x_2 + x_3 \geqslant 2 \\ x_1 \geqslant 0, x_2 \geqslant 0, x_3 \geqslant 0 \end{cases}$

(3) $\min\ 3x_1 + 2x_2 + x_3$
s.t. $\begin{cases} 3x_1 + x_3 \geqslant 1 \\ x_1 + x_2 + x_3 = 4 \\ -x_1 + x_3 \geqslant 2 \\ x_1, x_2, x_3 \geqslant 0 \end{cases}$

(4) $\min\ -2x_1 + x_2 - x_3$
s.t. $\begin{cases} 3x_1 + x_2 + x_3 = 6 \\ x_1 - x_2 + 2x_3 = 4 \\ x_1 + x_2 - x_3 = 2 \\ x_1, x_2, x_3 \geqslant 0 \end{cases}$

9. 已知某线性规划问题。

$\min\ -5x_1 + 8x_2 + 4x_3$
s.t. $\begin{cases} x_1 + 2x_2 + 2x_3 \leqslant 4 \\ 2x_1 - x_2 + 3x_3 \leqslant 6 \\ x_1, x_2, x_3 \geqslant 0 \end{cases}$

(1) 求出最优解和最优值。

(2) b_2 在什么范围内变化时原最优基不变？

(3) c_3 由 4 变为-8，问最优解是否变化？若变化，求出新的最优解和最优值。

(4) b_1 由 4 变为 2，求出新的最优解和最优值。

10. 用 LINGO 求解下列线性规划。

$$\min\ -5x_1 + 8x_2 + 4x_3 + 6x_4 + 2x_5$$

$$\text{s.t.} \begin{cases} x_1 + 2x_2 + 2x_3 + x_4 - x_5 = 4 \\ -x_1 + 2x_2 - 2x_3 + x_4 \leq 6 \\ 2x_1 - x_2 + x_3 - 2x_4 + x_5 \geq 2 \\ x_2, x_3, x_4 \geq 0, -2 \leq x_5 \leq 8 \end{cases}$$

11. 写出下列规划的对偶规划*。

(1) $\min\ -x_1 - 3x_2 + 2x_3$

$$\text{s.t.} \begin{cases} -x_1 + 2x_2 + 2x_3 \geq 4 \\ x_1 - x_2 + 2x_3 \geq 4 \\ x_1 + 2x_2 + x_3 \geq 2 \\ x_1 \geq 0, x_2 \geq 0, x_3 \geq 0 \end{cases}$$

(2) $\max\ 2x_1 + x_2 - 2x_3$

$$\text{s.t.} \begin{cases} 3x_1 - x_2 + x_3 = 6 \\ x_1 + x_2 - x_3 \leq 4 \\ -x_1 + 2x_2 + x_3 \geq 2 \\ x_1, x_2 \geq 0 \end{cases}$$

12. 用互补松弛定理求解下列规划*。

(1) $\min\ -x_1 - 3x_2 + 2x_3$

$$\text{s.t.} \begin{cases} -x_1 + 2x_2 + 2x_3 \geq 4 \\ x_1 - x_2 + 2x_3 \geq 4 \\ x_1 + 2x_2 + x_3 \geq 2 \\ x_1 \geq 0, x_2 \geq 0, x_3 \geq 0 \end{cases}$$

(2) $\max\ 2x_1 + x_2 - 2x_3$

$$\text{s.t.} \begin{cases} 3x_1 - x_2 + x_3 = 6 \\ x_1 + x_2 - x_3 \leq 4 \\ -x_1 + 2x_2 + x_3 \geq 2 \\ x_1, x_2 \geq 0 \end{cases}$$

案例分析题

光明制造厂经营报告书

双层卷焊钢管是光明制造厂从意大利引进的主导民用品，生产流程为钢带镀铜→镀铜带精剪→制管。产品广泛应用于汽车、机床、大型机械油气管制造。全国市场占有率为15%，年实现利润350万元。

为扩大市场占有率，进一步提高企业知名度，为下一步上市做好准备，该厂拟对双层卷焊钢管分厂实行资产经营，要求有关部门拿出一份经营报告书，要求对以下几个问题做出明确分析。

(1) 分析最大盈利能力。

(2) 如何安排生产计划。

(3) 因镀铜用钢带需从比利时进口，钢带入厂价格为每吨8000元。外商要求年前必须提供年订货数量，并需用外汇支付。

生产过程中各项经济指标如下：

(1) 钢带镀铜。废品率为1%，废品每吨回收扣除废品镀铜过程中各项生产费用后净收入为1000元。职工工资实行计件工资，每吨合格品的工资为675元。

(2) 镀铜带精剪。废品率为2%，废品每吨回收扣除废品镀铜精剪过程中各项生产费用后净收入为零。职工工资实行计件工资，每吨合格品的工资为900元。

(3) 制管废品率。直径 4.76mm 钢管的废品率为 8%，直径 6mm 钢管的废品率为 8.5%，直径 8mm 钢管的废品率为 9%，直径 12mm 钢管的废品率为 10.5%。废品每吨回收扣除废品镀铜、精剪、制管过程中各项生产费用净收入为 700 元，职工工资实行计件工资，合格品 900 元/吨，如表 2-30 所示。

表 2-30　销售价格

类　型	直径 4.76mm 的钢管	直径 6mm 的钢管	直径 8mm 的钢管	直径 10mm 的钢管	直径 12mm 的钢管
价格/(元/吨)	16000	16100	16000	16100	16300

成本折旧费用为 200 万元，生产费用与合格钢管产量成正比，为 1200 元/吨，企业管理费用也与合格钢管产量成正比，为 1000 元/吨。

特殊说明：

(1) 钢带镀铜后镀镁很薄，镀铜带与钢带质量可近似认为一致。

(2) 生产过程中废料很少，可忽略不计。

销售部门经过严密的市场分析后，结合明年订货情况给厂长提供了以下信息：下年度共需生产钢管 2800 吨，其中：直径 4.76mm 的钢管不少于 50%；直径 6mm 的钢管至少占 10%、至多占 30%；直径 8mm 的钢管有 300 吨的老主顾订货，必须予以满足；直径 10mm 的钢管订货历史上一直与直径 6mm 的钢管有联动关系，一般为直径 6mm 钢管的一半；直径 12mm 的钢管属于冷门产品，一年必须有 100 吨备货，但市场预测绝对不会突破 200t。

如何确定钢带订货量，使外商供货，既能满足生产，又能尽量为工厂节约费用。请根据上述问题的描述给出最优生产计划。

(资料来源：韩伯棠. 管理运筹学[M]. 北京：高等教育出版社，2000)

第三章

整数规划

　　线性规划的变量可以取所有的实数,最优解的变量取值可能是小数,但现实中很多问题的决策方案不能是小数。例如,决策变量表示人数或设备数时,决策的取值就必须是整数,变量要求为整数的数学规划就是整数规划。加上整数要求后问题的求解会变得困难,单纯形算法不再适用,需要设计新的算法。本章主要介绍整数规划的模型、算法和计算软件,并通过案例分析介绍整数规划在管理决策中的应用。

第一节 整数规划问题与模型

一、整数规划问题

首先通过实例看一下整数规划的问题和模型。

例 3-1 生产计划。

中国重汽的某个工厂用 3 种设备生产 5 种汽车配件，每种汽车配件在 3 个设备上的加工工时不同，现已知 3 种设备的总工时(h)、生产每种产品需要占用的各种设备的加工工时(h/件)以及 3 种产品的利润(元/件)，如表 3-1 所示。

表 3-1 工时需求表

	配件 1	配件 2	配件 3	配件 4	配件 5	总工时
设备 A	5	1	3	2	4	1800
设备 B	0	3	4	1	5	2500
设备 C	3	2	1	3	2	2200
利 润	24	18	21	17	22	

试给出该工厂的最优生产计划，使总利润最大化。

1. 问题分析

该问题是个简单的生产计划问题，变量设为生产 5 种配件的数量，约束是每种设备的需要的总工时不超过可用的加工工时，目标函数是总利润最大，设生产 5 种配件的数量分别为 $x_1, x_2, \cdots, x_5$，则总利润为 $24x_1 + 18x_2 + 21x_3 + 17x_4 + 22x_5$，3 种设备加工工时约束分别为

$$5x_1 + x_2 + 3x_3 + 2x_4 + 4x_5 \leqslant 1800$$
$$3x_2 + 4x_3 + x_4 + 5x_5 \leqslant 2500$$
$$3x_1 + 2x_2 + x_3 + 3x_4 + 2x_5 \leqslant 2200$$

由于汽车配件个数不能为小数，因而要求变量为整数。

2. 数学规划模型

综上分析，该问题的数学规划模型为

$$\max \quad 24x_1 + 18x_2 + 21x_3 + 17x_4 + 22x_5$$

$$\text{s.t.} \begin{cases} 5x_1 + x_2 + 3x_3 + 2x_4 + 4x_5 \leqslant 1800 \\ 3x_2 + 4x_3 + x_4 + 5x_5 \leqslant 2500 \\ 3x_1 + 2x_2 + x_3 + 3x_4 + 2x_5 \leqslant 2200 \\ x_1, x_2, x_3, x_4, x_5 \geqslant 0, \text{为整数} \end{cases}$$

该数学规划的约束左端和目标函数都是线性函数，与线性规划的唯一区别就在于变量要求为整数。

例 3-2 厂址选择问题。

在 5 个地点中选 3 处建生产同一产品的工厂，在这 5 个地点建厂所需投资、占用农田、建成以后的生产能力等数据如表 3-2 所示。

表 3-2 场地数据表

地　点	1	2	3	4	5
所需投资	320	280	240	210	180
占用农田	20	18	15	11	8
生产能力	70	55	42	28	11

现在有总投资 800 万元，占用农田指标 60 亩，应如何选择厂址，使建成后总生产能力最大。

该问题是要确定 3 个工厂的位置，也可以说是确定每个备选地是否建工厂，很自然想到用逻辑变量 1 和 0 表示是否建，设变量 $x_1, x_2, \cdots, x_5$ 表示是否在对应备选地建工厂，如果建工厂变量就取 1；否则取 0。实际选择的地点个数就是 $x_1 + x_2 + x_3 + x_4 + x_5$。

对于第一个备选地而言，如果建工厂则可以产生 70 万吨的生产能力；否则生产能力为 0。所以其生产能力可以表示为 $70x_1$，总生产能力为 $70x_1 + 55x_2 + 42x_3 + 28x_4 + 11x_5$。类似可得所需资金总额为 $320x_1 + 280x_2 + 240x_3 + 210x_4 + 180x_5$，所需农田总数为 $20x_1 + 18x_2 + 15x_3 + 11x_4 + 8x_5$，因而数学规划模型为

$$\max\ 70x_1 + 55x_2 + 42x_3 + 28x_4 + 11x_5$$

$$\text{s.t.} \begin{cases} 320x_1 + 280x_2 + 240x_3 + 210x_4 + 180x_5 \leq 800 \\ 20x_1 + 18x_2 + 15x_3 + 11x_4 + 8x_5 \leq 60 \\ x_1 + x_2 + x_3 + x_4 + x_5 = 3 \\ x_1, x_2, x_3, x_4, x_5 = 0, 1 \end{cases}$$

二、整数规划模型

上面两个例子的数学规划中变量都要求为整数，要求变量取整数值的数学规划称为整数规划。约束和目标函数都是线性的整数规划，就称为整数线性规划，本章如不特别说明，整数规划就是指整数线性规划。

所有变量都取整数的规划称为纯整数规划，其模型可写为

$$\min\ \boldsymbol{c}^{\mathrm{T}}\boldsymbol{x}$$

$$\text{s.t.} \begin{cases} \boldsymbol{A}\boldsymbol{x} \geq \boldsymbol{b} \\ \boldsymbol{x} \geq \boldsymbol{0},\ \boldsymbol{x} \text{ 为整数} \end{cases}$$

部分变量取整数的规划称为混合整数规划，其模型可写为

$$\min \ c^T x$$
$$\text{s.t.} \begin{cases} Ax \geq b \\ x \geq 0 \\ x_i \text{为整数} \quad i=1,2,\cdots,p \end{cases}$$

所有变量都取 0、1 两个值的规划称为 0-1 规划，部分变量取 0、1 两个值的规划称为 0-1 混合规划。其模型可写为

$$\min \ c^T x$$
$$\text{s.t.} \begin{cases} Ax \geq b \\ x_i = 0,1 \quad i=1,2,\cdots,p \\ x_i \geq 0 \quad i=p+1,\cdots,n \end{cases}$$

如果把整数规划变量的整数要求去掉，就可以得到一个线性规划，该线性规划以放松要求得到，称其为整数规划的放松线性规划。整数规划与放松线性规划的关系用以下例子说明。

设整数规划为

$$\max \ x_1 + 4x_2$$
$$\text{s.t.} \begin{cases} x_1 + 3x_2 \leq 14 \\ -x_1 + 2x_2 \leq 5 \\ x_1, x_2 \geq 0, \text{为整数} \end{cases}$$

其对应的放松线性规划问题为

$$\max \ x_1 + 4x_2$$
$$\text{s.t.} \begin{cases} x_1 + 3x_2 \leq 14 \\ -x_1 + 2x_2 \leq 5 \\ x_1, x_2 \geq 0 \end{cases}$$

线性规划的可行域如图 3-1 中阴影部分所示。

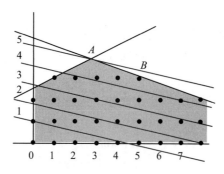

图 3-1 整数规划的可行域

由图解法可知，线性规划的最优解位于图中的 A 点，即 $(x_1, x_2)=(13/5, 19/5)=(2.6, 3.8)$，线性规划最优解的目标函数值为 $z=89/5=17.8$。

而相应地整数规划的可行解是图中线性规划可行域中整数网格的交点。整数规划的最

优解位于图的 B 点，即(x_1, x_2)=(5,3)，整数规划最优解的目标函数值为 z=17。

由以上例子可以看到，简单地将线性规划的非整数的最优解，用四舍五入或舍去尾数的办法得到整数解。一般情况下，并不是整数规划的最优解。整数规划的求解方法要比线性规划复杂得多。

 提 示

(1) 由图 3-1 可知，整数规划的可行解集合不再是连续区域，一般情况下整数点的个数会非常多。

(2) 整数规划最优解不一定在放松线性规划可行域的顶点上达到，求解的范围应该是整个整数解集合，相对于单纯形算法在顶点上找最优解，寻找范围扩大了很多，因而求解难度也增加了很多。

(3) 由于整数规划的可行域真包含于放松线性规划的可行域，因而一般情况下放松线性规划的最优值要优于整数规划的最优值。

(4) 一般来说，放松线性规划的最优解不是整数规划的最优解，而对于特殊情况下，如果放松线性规划的最优解是满足整数要求，则一定是整数规划的最优解。

第二节　分支定界算法

前面介绍了整数规划模型，本节主要考虑整数规划的求解算法和软件求解方法。由于一般整数解的个数很多，枚举法不能用于求解整数规划，整数规划的最优解不一定是基可行解，因而单纯形算法也不适用，需要根据整数规划的特点设计新的算法。

求解整数规划常用的方法包括分支定界法和割平面法，割平面算法需要使用对偶单纯形算法，因而这里只介绍分支定界法(Branch and Bound，B&B)。

一、算法的基本思想

分支定界算法是针对枚举法的不足提出的改进算法，枚举法是对全部可行解都考虑，假设经过枚举已经得到一些整数解，可以找出当中最好的整数解。如果对某个可行解子集合，能确定该子集合的所有解都不如当前最好整数解好，也就是说，这个子集合不会得到更好的解，这时该子集合就不需要枚举了，可以有效减少枚举的个数。例如，图 3-2 中点 A 是已得到的最好整数点，子集合 B 的每个解都不如点 A 好，这时子集合 B 就不需要再枚举，直接舍去即可。

为了实现上述想法，可以每步把可行子集合分成两部分，对每个子集合求可行解目标函数值的下界(如果是最大问题求上界)，如果下界也比已知最好解的目标函数值大，那么该子集合的每个解得目标函数值都会比已知最好解的目标函数值大，所以该子集合就不会有比当前最好整数解更好的解，就可以把其舍去；否则继续分支。

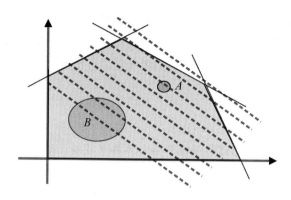

图 3-2 分支与定界图示

如果在求分支下界的过程中恰好得到该分支的最优整数解，该分支也不需要再继续分支了，此时就把该分支的最优解与当前最好整数解比较，如果比当前最好整数解的目标函数值好，就替换当前最好整数解。

求解过程如图 3-3 所示。

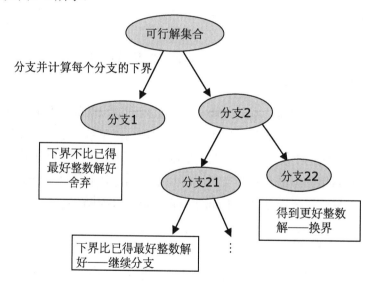

图 3-3 分支定界过程

二、关键技术

实现上述算法需要解决求分支的下界、进行分支和获得当前最好整数解等几个关键技术问题。

1. 分支求下界

根据前面分析可知，放松线性规划的最优值要优于整数规划的最优值，因而对于每个分支，先用单纯形算法或图解法求解放松线性规划，用放松线性规划的最优值作为下界。比如对于下列整数规划，即

$$\min c^T x$$
$$\text{s.t.} \begin{cases} Ax = b \\ x \geq 0, \ x \text{ 为整数} \end{cases}$$

通过求其放松线性规划,即

$$\min c^T x$$
$$\text{s.t.} \begin{cases} Ax = b \\ x \geq 0 \end{cases}$$

可得整数规划最优值的下界。

2．分支方法

最初时先求原整数规划的放松线性规划,得到最优解 x^*。如果其最优解 x^* 是整数解,则是整数规划的最优解,不用再分支。如果最优解 x^* 不是整数解,则至少有一个分量不是整数,任取其中一个不满足整数要求的分量,比如 x_k^* 不是整数,则取该数的下整数(小于该数的最大整数)$\lfloor x_k^* \rfloor$ 和上整数(大于该数的最小整数)$\lceil x_k^* \rceil$,则在二者之间没有任何满足整数要求的解,令

$$x_k \leq \lfloor x_k^* \rfloor \text{ 或 } x_k \geq \lceil x_k^* \rceil$$

就可以把可行域分成两部分,如图 3-4 所示。

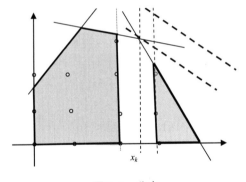

图 3-4　分支

把上述限制分别加到整数规划中,就可得两个新的子规划,即

$$\text{s.t.} \begin{cases} Ax = b \\ x_k \leq \lfloor x_k^* \rfloor \\ x \geq 0, x \text{ 为整数} \end{cases} \quad \text{和} \quad \text{s.t.} \begin{cases} Ax = b \\ x_k \geq \lceil x_k^* \rceil \\ x \geq 0, x \text{ 为整数} \end{cases}$$

两个子规划是线性约束的整数规划,继续求解其放松线性规划,如果放松线性规划的最优解是整数解,则得到该分支的最优整数解;否则按上述方法继续分支。

3．当前最好整数解

在算法开始时没有得到整数解,因而令当前最好整数解的目标函数值为 $+\infty$,作为当前

的界，记为 P。当计算某个分支时得到一个最优解整数，则用其最优值与 P 进行比较，如果其最优值小于 P，则把该整数解作为当前最好整数解，其最优值作为新的界，赋值给 P。

三、算法步骤

步骤 1 令初始界 $P = +\infty$，初始分支集合只包含整数规划，即 $\Omega = \{S = \{x | Ax = b, x \geqslant 0,$ 为整数$\}\}$，分支集合元素个数 $k = 1$。

步骤 2 如果 $k = 0$，则停止计算，输出当前最好整数解；否则从分支集合中取出一个分支，令 $k = k - 1$，求解对应的放松线性规划。如果该线性规划没有可行解转步骤 2，如果该线性规划的最优解满足整数要求转步骤 3，如果该线性规划的最优解不满足整数要求转步骤 4。

步骤 3 如果该线性规划的最优值小于界 P，则令最优整数解为当前得到的最好整数解，令界 P 等于该线性规划的最优值，转步骤 2。

步骤 4 如果该线性规划的最优值小于界 P，取不满足整数要求的分量分支，把两个新产生分支放入分支集合中，令 $k = k + 2$，转步骤 2；否则转步骤 2。

例 3-3 用分支定界法求解以下整数规划，即

$$\min \ -2x_1 - 3x_2$$

$$\text{s.t.} \begin{cases} 5x_1 + 7x_2 \leqslant 35 \\ 4x_1 + 9x_2 \leqslant 36 \\ x_1, x_2 \geqslant 0,\text{为整数} \end{cases}$$

解：令 $P = +\infty$，先求放松的线性规划

$$\min \ -2x_1 - 3x_2$$

$$\text{s.t.} \begin{cases} 5x_1 + 7x_2 \leqslant 35 \\ 4x_1 + 9x_2 \leqslant 36 \\ x_1, x_2 \geqslant 0 \end{cases}$$

用图解法，如图 3-5 所示。

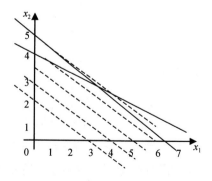

图 3-5 图解法

用图解法求得其最优解为 $\left(3\dfrac{12}{17}, 2\dfrac{6}{17}\right)$，最优值为 $-14\dfrac{8}{17}$。

取 $x_2 = 2\frac{6}{17}$ 分割可行域，得到以下两个子问题，即

$$\min \ -2x_1 - 3x_2 \qquad \min \ -2x_1 - 3x_2$$
$$\text{s.t.} \begin{cases} 5x_1 + 7x_2 \leq 35 \\ 4x_1 + 9x_2 \leq 36 \\ x_2 \leq 2 \\ x_1, x_2 \geq 0, 为整数 \end{cases} \quad 和 \quad \text{s.t.} \begin{cases} 5x_1 + 7x_2 \leq 35 \\ 4x_1 + 9x_2 \leq 36 \\ x_2 \geq 3 \\ x_1, x_2 \geq 0, 为整数 \end{cases}$$

对应分支 1 和分支 2，如图 3-6 所示。

取分支 1，解对应的放松线性规划的最优解为 $\left(4\frac{1}{5}, 2\right)$，最优值为 $-14\frac{2}{5}$。取 $x_1 = 4\frac{1}{5}$ 对可行域进行分割，得两个子规划，即

$$\min \ -2x_1 - 3x_2 \qquad \min \ -2x_1 - 3x_2$$
$$\text{s.t.} \begin{cases} 5x_1 + 7x_2 \leq 35 \\ 4x_1 + 9x_2 \leq 36 \\ x_2 \leq 2 \\ x_1 \leq 4 \\ x_1, x_2 \geq 0, 为整数 \end{cases} \quad 和 \quad \text{s.t.} \begin{cases} 5x_1 + 7x_2 \leq 35 \\ 4x_1 + 9x_2 \leq 36 \\ x_2 \leq 2 \\ x_1 \geq 5 \\ x_1, x_2 \geq 0, 为整数 \end{cases}$$

得到两个新的分支 3 和分支 4，如图 3-7 所示。

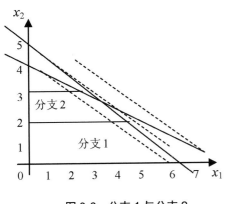
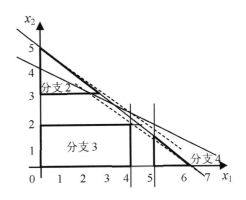

图 3-6 分支 1 与分支 2　　　　　　　图 3-7 分支 3 与分支 4

取分支 3，解对应的放松线性规划，得其最优解为 $(4, 2)$，最优值为 -14。该分支最优解为整数解，不需要再分支，由于最优值小于 $P = +\infty$，所以该整数解为当前最好整数解，令 $P = -14$。

取分支 2，解对应的放松线性规划，得其最优解为 $\left(2\frac{1}{4}, 3\right)$，最优值为 $-13\frac{1}{2}$。由于最优值大于 $P = -14$，无需再分支。

取分支 4，解对应的放松线性规划，得其最优解为 $\left(5, 1\frac{3}{7}\right)$，最优值为 $-14\frac{2}{7}$。由于最优

值小于 $P=-14$，取 $x_2=1\frac{3}{7}$ 对可行域进行分割得到子规划，即

$$\min\ -2x_1-3x_2 \qquad \min\ -2x_1-3x_2$$
$$\text{s.t.}\begin{cases}5x_1+7x_2\leqslant 35\\4x_1+9x_2\leqslant 36\\x_2\leqslant 2\\x_1\geqslant 5\\x_2\leqslant 1\\x_1,x_2\geqslant 0,\text{为整数}\end{cases} \text{和} \quad \text{s.t.}\begin{cases}5x_1+7x_2\leqslant 35\\4x_1+9x_2\leqslant 36\\x_2\leqslant 2\\x_1\geqslant 5\\x_2\geqslant 2\\x_1,x_2\geqslant 0,\text{为整数}\end{cases}$$

得分支 5 和分支 6，如图 3-8 所示。

分支 6 的可行域是空集，停止分支。分支 5 的最优解为 $x_1=5\frac{3}{5}$，$x_2=1$，$z=-14\frac{1}{5}$，取 $x_1=5\frac{3}{5}$ 对可行域进行分割，得到子问题，即

$$\min\ -2x_1-3x_2 \qquad \min\ -2x_1-3x_2$$
$$\text{s.t.}\begin{cases}5x_1+7x_2\leqslant 35\\4x_1+9x_2\leqslant 36\\x_2\leqslant 1\\x_1=5\\x_1,x_2\geqslant 0,\text{为整数}\end{cases} \text{和} \quad \text{s.t.}\begin{cases}5x_1+7x_2\leqslant 35\\4x_1+9x_2\leqslant 36\\x_2\leqslant 1\\x_1\geqslant 6\\x_1,x_2\geqslant 0,\text{为整数}\end{cases}$$

得分支 7 和分支 8，分支 7 为一个线段，分支 8 是个三角形，如图 3-9 所示。

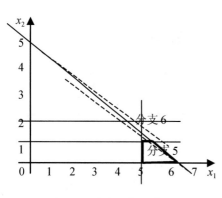

图 3-8 分支 5 与分支 6

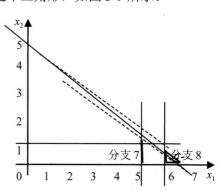

图 3-9 分支 7 和分支 8

取分支 7，解对应的放松线性规划，得其最优解为 $x_1=5$、$x_2=1$，最优值为 $z=-13$，该最优解为整数解，停止分支，由于最优值大于界 $P=-14$，保持原有界。

取分支 8，解对应的放松线性规划，得其最优解为 $x_1=6$、$x_2=\frac{5}{7}$，最优值为 $z=-14\frac{3}{7}$，取 $x_2=\frac{5}{7}$ 对可行域进行分割，得两个新的子规划，即

$$\min -2x_1 - 3x_2$$
$$\text{s.t.} \begin{cases} 5x_1 + 7x_2 \leq 35 \\ 4x_1 + 9x_2 \leq 36 \\ x_2 \leq 0 \\ x_1 \geq 6 \\ x_1, x_2 \geq 0, \text{为整数} \end{cases} \quad \text{和} \quad \min -2x_1 - 3x_2$$
$$\text{s.t.} \begin{cases} 5x_1 + 7x_2 \leq 35 \\ 4x_1 + 9x_2 \leq 36 \\ x_2 = 1 \\ x_1 \geq 6 \\ x_1, x_2 \geq 0, \text{为整数} \end{cases}$$

得分支 9 和分支 10，分支 10 为空集，分支 9 为一线段，如图 3-10 所示。

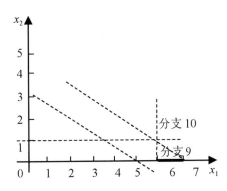

图 3-10 分支 9 和分支 10

取分支 9，解对应的放松线性规划，得其最优解为 $x_1=7$、$x_2=0$，最优值为 $z=-14$，保持原有界。取分支 10 的可行域是空集，停止分支。

至此，已将所有可能分解的子问题都分解到底，最后得到两个目标函数值相等的最优整数解，即 $(x_1, x_2)=(4, 2)$ 和 $(x_1, x_2)=(7,0)$，它们的目标函数值都是-14。

提 示

(1) 如果某个分支对应放松线性规划有可行解而没有最优解，则存在两种情况：①可行集中没有整数解，该分支直接去掉，继续考虑其他分支；②该分支有整数解，必然有无穷多整数解，则整数规划没有最优解。

(2) 有两个或多个分量不满足整数要求时，取其中任何一个都可以，每次只按一个分量分支。

(3) 对于混合整数规划，只考虑要求为整数的分量，只需要求为整数的分量取值都为整数，即为满足要求的解，无需再分支。

四、软件求解方法

在 LINGO 软件中求解整数规划与求解线性规划的方法基本类似，只需在线性规划的基础上增加定义整数变量的函数即可。在 LINGO 软件定义中，一般整数变量用内部函数@GIN(variable_ name)；定义 0-1 整数变量用内部函数@BIN(variable_name)，括号内为需要定义的变量名称。例如，求解下列整数规划，即

$$\max\ 3x_1 + 5x_2 + 4x_3$$

$$\text{s.t.}\begin{cases} 2x_1 + 3x_2 \leqslant 1500 \\ 2x_2 + 4x_3 \leqslant 800 \\ 3x_1 + 2x_2 + 5x_3 \leqslant 2000 \\ x_1, x_2, x_3 \geqslant 0, \\ x_1, x_3 \text{为整数} \end{cases}$$

LINGO 软件的输入如图 3-11 所示。单击"求解"按钮可得最优解，如图 3-12 所示。

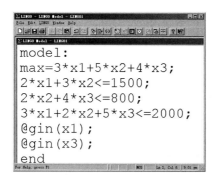

图 3-11　模型输入

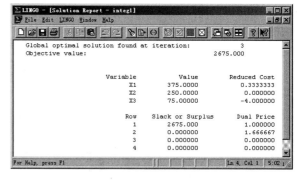

图 3-12　计算结果

模型计算结果的输出内容与求解线性规划相同。

提　示

(1) 内部函数必须以@开始，定义整数变量的函数应放在 end 之前。

(2) 一次只能定义一个整数变量，如需要定义多个整数变量，则需要多次调用函数。

第三节　应用案例分析

一、背包问题

某人出国留学打点行李，现有 3 个旅行包，容积大小分别为 1000mL、1500mL 和 1000mL，根据需要列出需带物品清单，其中一些物品是必带物品，共有 3 件，其体积大小分别为 400mL、300mL、640mL。尚有 7 件可带可不带物品，如果不带将在目的地购买，通过网络查询可以得知其在目的地的价格(单位为美元)。这些物品的容量及价格分别见表 3-3，试给出一个合理的安排方案把物品放在 3 个旅行包里。

表 3-3　物品体积与价格表

物　品	4	5	6	7	8	9	10
体积/mL	200	350	500	430	320	120	650
价格/美元	15	45	100	70	50	75	200

1. 问题分析

对每个物品要确定是否带，同时要确定放在哪个包裹里，如果增加一个虚拟的包裹把不带的物品放在里面，则问题就转化为确定每个物品放在哪个包裹里。如果直接设变量为每个物品放在包裹的编号，则每个包裹所含物品的总容量就很难写成变量的函数。为此设变量为第 i 个物品是否放在第 j 个包裹中，有

$$x_{ij}=1,0 \quad i=1,2,\cdots,10;\ j=1,2,3$$

每个包裹实际放的物品容量不能超过容量限制，即

$$\sum_{i=1}^{10} c_i x_{ij} \leqslant r_j \quad j=1,2,3$$

前 3 个物品必须放在某个包裹中，且仅能放在一个包裹中，即

$$\sum_{j=1}^{3} x_{ij}=1 \quad i=1,2,3$$

后面 7 个物品最多放在一个包裹里，即

$$\sum_{j=1}^{3} x_{ij} \leqslant 1 \quad i=4,5,\cdots,10$$

目标是未带物品购买费用最小，等价于后 7 种物品中携带的物品价值最大，存放包裹数为 0，则表示未带，所以有未带物品购买费用为 $\sum_{i=4}^{10} p_i \left(1-\sum_{j=1}^{3} x_{ij}\right)$，携带的物品价值为 $\sum_{i=4}^{10} p_i \left(\sum_{j=1}^{3} x_{ij}\right)$。

2. 模型与求解

该问题的数学规划模型为

$$\max \sum_{i=4}^{10} p_i \left(\sum_{j=1}^{3} x_{ij}\right)$$

$$\text{s.t.} \begin{cases} \sum_{j=1}^{3} x_{ij} \leqslant 1 & i=4,5,\cdots,10 \\ \sum_{i=1}^{10} c_i x_{ij} \leqslant r_j & j=1,2,3 \\ \sum_{j=1}^{3} x_{ij}=1 & i=1,2,3 \\ x_{ij}=0,1 & i=1,2,\cdots,10;\ j=1,2,3 \end{cases}$$

Excel 规划求解也可以解整数规划，本题用 Excel 规划求解模型输入更简单，先把基础数据和公式输入，如图 3-13 所示。

	B	C	D	E	F	G	H	I	J	K	L	M	N
3	物品	1	2	3	4	5	6	7	8	9	10		
4	体积	400	300	640	200	350	500	430	320	120	650		
5	价格					15	45	100	70	50	75	200	容积
6	第一个包	0	0	0	0	0	1	0	1	1	0	=SUMPRODUCT(C4:L4,C6:L6)	1000
7	第二个包	1	0	1	0	0	0	1	0	0	0	=SUMPRODUCT(C4:L4,C7:L7)	1500
8	第三个包	0	1	0	0	0	0	0	0	0	1	=SUMPRODUCT(C4:L4,C8:L8)	1000
9	是否带	=SUM(C6:C8)	=SUM(D6:D8)	=SUM(E6:E8)	=SUM(F6:F8)	=SUM(G6:G8)	=SUM(H6:H8)	=SUM(I6:I8)	=J6+J7+J8	=K6+K7+K8	=L6+L7+L8	=SUMPRODUCT(C5:L5,C9:L9)	

图 3-13 数据输入

然后在模型求解中装载模型,如图 3-14 所示。

图 3-14 模型载入

整数变量是通过约束输入中选择 int(整数变量)和 bin(0-1 整数变量)来实现。计算结果如图 3-15 所示。

	物品	1	2	3	4	5	6	7	8	9	10	
	体积	400	300	640	200	350	500	430	320	120	650	
	价格					15	45	100	70	50	75	200	包容积
	第一个包	0	0	0	0	0	1	0	1	1	0	940	1000
	第二个包	1	0	1	0	0	0	1	0	0	0	1470	1500
	第三个包	0	1	0	0	0	0	0	0	0	1	950	1000
	是否带	1	1	1	0	0	1	1	1	1	1	495	

图 3-15 求解结果

计算结果为:第一个包裹装物品 6、物品 8、物品 9;第二个包裹装物品 1、物品 3、物品 7;第三个包裹装物品 2 和物品 10;剩余物品为物品 4 和物品 5。未带物品的价值为 60 美元。

二、人力资源分配问题

某个中型百货商场对售货人员(周工资 200 元)的需求进行统计,如表 3-4 所列。

表 3-4 人员需求表

星 期	一	二	三	四	五	六	日
人 数	12	15	12	14	16	18	19

为了保证销售人员充分休息,销售人员每周工作 5 天,休息 2 天。问应如何安排销售人员的工作时间,使得所配售货人员的总费用最小?

1. 问题分析

为了便于处理问题，作以下假设。

- 每天工作 8h，不考虑夜班的情况。
- 每个人的休息时间为连续的两天时间。
- 每天安排的人员数不得低于需求量，但可以超过需求量。

因素：不可变因素，包括需求量、休息时间、单位费用；可变因素，包括安排的人数、每人工作的时间、总费用。

方案：确定每天工作的人数，由于连续休息两天，当确定每个人开始休息的时间，就等于知道工作的时间，因而确定每天开始休息的人数就知道每天开始工作的人数，从而求出每天工作的人数。

变量：每天开始休息的人数 $x_i (i=1,2,\cdots,7)$。

约束条件：

(1) 每人休息时间 2 天，自然满足。

(2) 每天工作人数不低于需求量，第 i 天工作的人数就是从第 $i-2$ 天往前数 5 天内开始工作的人数，所以有约束

$$x_2 + x_3 + x_4 + x_5 + x_6 \geqslant 12$$
$$x_3 + x_4 + x_5 + x_6 + x_7 \geqslant 15$$
$$x_4 + x_5 + x_6 + x_7 + x_1 \geqslant 12$$
$$x_5 + x_6 + x_7 + x_1 + x_2 \geqslant 14$$
$$x_6 + x_7 + x_1 + x_2 + x_3 \geqslant 16$$
$$x_7 + x_1 + x_2 + x_3 + x_4 \geqslant 18$$
$$x_1 + x_2 + x_3 + x_4 + x_5 \geqslant 19$$

(3) 变量非负约束，即 $x_i \geqslant 0 (i=1,2,\cdots,7)$。

目标：总费用最小，总费用与使用的总人数成正比。由于每个人必然在且仅在某一天开始休息，所以总人数等于 $\sum_{i=1}^{7} x_i$。

2. 模型与求解

该问题的数学规划模型为

$$\min\ 200 \sum_{i=1}^{7} x_i$$

$$\text{s.t.} \begin{cases} x_2 + x_3 + x_4 + x_5 + x_6 \geqslant 12 \\ x_3 + x_4 + x_5 + x_6 + x_7 \geqslant 15 \\ x_4 + x_5 + x_6 + x_7 + x_1 \geqslant 12 \\ x_1 + x_2 + x_5 + x_6 + x_7 \geqslant 14 \\ x_1 + x_2 + x_3 + x_6 + x_7 \geqslant 16 \\ x_1 + x_2 + x_3 + x_4 + x_7 \geqslant 18 \\ x_1 + x_2 + x_3 + x_4 + x_5 \geqslant 19 \\ x_i \geqslant 0 \quad i=1,2,\cdots,7 \end{cases}$$

利用 LINGO 软件求解，模型输入如图 3-16 所示。

```
model:
min=200*x1+200*x2+200*x3+200*x4+
    200*x5+200*x6+200*x7;
  x2+x3+x4+x5+x6>=12;
  x3+x4+x5+x6+x7>=15;
  x1+x4+x5+x6+x7>=12;
  x1+x2+x5+x6+x7>=14;
  x1+x2+x3+x6+x7>=16;
  x1+x2+x3+x4+x7>=18;
  x1+x2+x3+x4+x5>=19;
@gin(x1);@gin(x2);@gin(x3);@gin(x4);
  @gin(x5);@gin(x6);@gin(x7);
End
```

图 3-16　模型输入

求解结果如图 3-17 所示。

```
Global optimal solution found at iteration:           9
Objective value:                              4400.000

             Variable         Value       Reduced Cost
                   X1      5.000000           200.0000
                   X2      2.000000           200.0000
                   X3      8.000000           200.0000
                   X4      0.000000           200.0000
                   X5      4.000000           200.0000
                   X6      0.000000           200.0000
                   X7      3.000000           200.0000

                  Row   Slack or Surplus       Dual Price
                    1         4400.000         -1.000000
                    2         2.000000          0.000000
                    3         0.000000          0.000000
                    4         0.000000          0.000000
                    5         0.000000          0.000000
                    6         2.000000          0.000000
                    7         0.000000          0.000000
                    8         0.000000          0.000000
```

图 3-17　计算结果

提　示

(1) 如果取消连续休息两天的假设，则工作模式有 21 种，可以类似建立模型求解。

(2) 通过列出可能的工作方式，然后确定采取每种方式的个数是建立数学规划模型的另一种方法，该方法在很多问题中可以使用，如线材切割问题、平面装箱问题等。

习　题

1. 某工厂生产甲、乙、丙三种设备，需要经过三个加工作业，每个加工作业需要一种生产线，每生产一台设备对生产线加工工时的需求量以及计划期内每种生产线的总工时如表 3-5 所示。

表 3-5 工时需求量

生 产 线	甲	乙	丙	工时总量
生产线 1	10	10	20	140
生产线 2	12	20	10	120
生产线 3	15	21	10	180

经测算，生产每台产品甲、乙、丙的利润分别为 3 万元、5 万元和 4 万元。工厂希望计划期内生产利润最大，试建立该生产计划问题的数学规划模型。

2. 某公司承担一个项目，该项目的完成需要 3 个工作岗位，经过内部海选确定了 5 个候选人，有些候选人可以胜任两个或两个以上的岗位。但不同人承担岗位的工作效率不同，对应的绩效也有差异。经过能力的考核可以得出每个人承担各项工作的绩效打分，如表 3-6 所示。

表 3-6 岗位工作绩效

岗位 \ 人员	人员 1	人员 2	人员 3	人员 4	人员 5
岗位 1	10	4	0	5	0
岗位 2	1	0	9	8	0
岗位 3	0	8	0	0	7

每个工位只需要 1 个人，同时每个人也只能在一个岗位上工作，请给出工作安排方案，使得总体绩效最大。

3. 某物流公司拟用集装箱装运甲、乙两种货物，每箱的体积、重量、可获利润以及托运所受限制见表 3-7。

表 3-7 货物情况表

货 物	体积每箱/m³	质量/(百斤/箱)	利润/(百元/箱)
甲	8	2	100
乙	8	6	200
托运限制	24	13	

问两种货物各装运多少箱，才可获得最大利润？

4. 用分支定界法求解下列整数规划问题。

(1) $\min\ -2x_1 + 4x_2$
s.t. $\begin{cases} x_1 + 2x_2 \leq 8 \\ -x_1 + 2x_2 \leq 4 \\ x_1, x_2 \geq 0, 为整数 \end{cases}$

(2) $\max\ 2x_1 + 4x_2$
s.t. $\begin{cases} x_1 + 2x_2 \leq 6 \\ -x_1 + 2x_2 \leq 3 \\ 3x_1 - x_2 \geq 3 \\ x_1, x_2 \geq 0, 为整数 \end{cases}$

(3) $\min\ 2x_1 - 4x_2$
$$\text{s.t.} \begin{cases} x_1 + 2x_2 + x_3 = 6 \\ -2x_1 + x_2 \leq 2 \\ 2x_1 - x_2 \leq 2 \\ x_1, x_2, x_3 \geq 0, \text{为整数} \end{cases}$$

(4) $\min\ -2x_1 - 5x_2$
$$\text{s.t.} \begin{cases} x_1 + 2x_2 \leq 7 \\ -x_1 + 2x_2 \leq 3 \\ 3x_1 + x_2 \geq 3 \\ x_1 \geq 0, \text{为整数} \\ x_2 \geq 0 \end{cases}$$

5. 用 LINGO 求解下列线性规划：

$$\min\ 3x_1 + 2x_2 + 4x_3 + 6x_4 + 2x_5$$
$$\text{s.t.} \begin{cases} 2x_1 + x_2 + 2x_3 + x_4 - x_5 = 4 \\ -2x_1 + x_2 - 2x_3 + x_4 \leq 5 \\ x_1 - 2x_2 + x_3 - 2x_4 + x_5 \geq 2 \\ x_1, x_2, x_3, x_4 \geq 0 \\ x_1, x_2 \text{为整数} \\ x_5 = 0, 1 \end{cases}$$

案例分析题

某市的一家会议服务公司负责承办某专业领域的一届全国性会议，会议筹备组要为与会代表预订宾馆客房，租借会议室，并租用客车接送代表。由于预计会议规模庞大，而适于接待这次会议的几家宾馆的客房和会议室数量均有限，所以只能让与会代表分散到若干家宾馆住宿。为了便于管理，除了尽量满足代表在价位等方面的需求之外，所选择的宾馆数量应该尽可能少，并且距离上比较靠近。

根据这届会议代表回执，整理出来的有关住房的信息见表3-8。

表3-8 本届会议的代表回执中有关住房要求的信息　　　　　　　　单位：人

性别	合住1	合住2	合住3	独住1	独住2	独住3
男	154	104	32	107	68	41
女	78	48	17	59	28	19

说明：表头第一行中的数字1、2、3分别指每天每间120~160元、161~200元、201~300元三种不同价格的房间。合住是指要求两人合住一间。独住是指可安排单人间或一人单独住一个双人间。

从以往几届会议情况看，有一些发来回执的代表不来开会，同时也有一些与会的代表事先不提交回执，相关数据见表3-9。

表3-9 以往几届会议代表回执和与会情况

类　型	第一届	第二届	第三届	第四届
发来回执的代表数量	315	356	408	711
发来回执但未与会的代表数量	89	115	121	213
未发回执而与会的代表数量	57	69	75	104

需要说明的是,虽然客房房费由与会代表自付,但是如果预订客房的数量大于实际用房数量,筹备组需要支付一天的空房费,而若出现预订客房数量不足,则将造成非常被动的局面,引起代表的不满。

筹备组经过实地考察,筛选出8家宾馆作为备选,它们的名称用代号1~8表示,有关客房及会议室的规格、间数、价格等数据见表3-10。

表3-10 8家备选宾馆的有关数据

宾馆代号	客　房			会　议　室		
	规　格	间　数	价格/天	规　模	间　数	价格/半天
1	普通双标间	50	180元	200人	1	1500元
	商务双标间	30	220元	150人	2	1200元
	普通单人间	30	180元	60人	2	600元
	商务单人间	20	220元			
2	普通双标间	50	140元	130人	2	1000元
	商务双标间	35	160元	180人	1	1500元
	豪华双标间A	30	180元	45人	3	300元
	豪华双标间B	35	200元	30人	3	300元
3	普通双标间	50	150元	200人	1	1200元
	商务双标间	24	180元	100人	2	800元
	普通单人间	27	150元	150人	1	1000元
4	普通双标间	50	140元	150人	2	900元
	商务双标间	45	200元	50人	3	300元
5	普通双标间A	35	140元	150人	2	1000元
	普通双标间B	35	160元	180人	1	1500元
	豪华双标间	40	200元	50人	3	500元
6	普通单人间	40	160元	160人	1	1000元
	普通双标间	40	170元	180人	1	1200元
	商务单人间	30	180元			
	精品双人间	30	220元			
7	普通双标间	50	150元	140人	2	800元
	商务单人间	40	160元	60人	3	300元
	商务套房(1床)	30	300元	200人	1	1000元
8	普通双标间A	40	180元	160人	1	1000元
	普通双标间B	40	160元	130人	2	800元
	高级单人间	45	180元			

请你们通过数学建模方法,从经济、方便、代表满意等方面为会议筹备组制订一个预订宾馆客房的合理方案。

(资料来源:http://www.mcm.edu.cn/html_cn/block/8579f5fce999cdc896f78bca5d4f8237.html)

第四章

动态规划

  线性规划和整数线性规划考虑的问题都是某一个时刻的静态问题,而一些决策问题与时间有关系,整个决策分若干个阶段,不同阶段之间相互关联,形成多阶段决策问题。求解多阶段决策问题的主要方法是动态规划,该方法依据最优化原理给出多阶段决策问题的递推关系式,然后根据不同问题的递推关系式的特点考虑求解算法。

第一节 多阶段决策问题

一、多阶段决策问题实例

在实际中多阶段决策问题很多，下面通过几个例子来看一下这类问题的特点和描述方法。

例 4-1 多阶段资源分配问题。

设有数量为 x 的某种资源，将它投入两种生产方式即 A 和 B 中，以数量 y 投入生产方式 A 可得到收入 $g(y)$，以数量 y 投入生产方式 B 可得到收入 $h(y)$，其中 $g(y)$ 和 $h(y)$ 是已知函数，并且 $g(0) = h(0) = 0$。再假设投入两种生产方式后可以回收再生产，回收率分别为 a 与 b（$0<a<1$，$0<b<1$），问 n 期内应如何安排生产使总收益最大？

问题分析：

该问题的决策共分 n 个阶段，每个阶段需要决定的就是两种生产方式资源投入的数量，由于投入当期产生收益并且可以回收再投入，因而最佳的投入必然是所有资源都投入其中，不会出现这一期不用留在后面使用的情况。因而每个阶段决策之前需要决定一种生产方式的投入量，剩余的资源全部投入另一种生产中。

对于该问题关键是要明确每个阶段的可用资源量和投入生产 A 的资源量，假设在第 i 阶段可用资源量为 x_i，其中 x_1 就是最初的资源量 x，投入生产 A 的资源量为 y_i，则投入生产 B 的资源量为 $x_i - y_i$，该阶段的收益就为 $g(y_i) + h(x_i - y_i)$，阶段结束时可回收的资源量为 $ay_i + b(x_i - y_i)$。每个阶段结束时回收的资源就是下一阶段可以利用的资源量，因而有

$$x_{i+1} = ay_i + b(x_i - y_i) \quad i = 1, 2, \cdots, n-1$$

例如，在第一阶段生产后回收的总资源为 $x_2 = ay_1 + b(x - y_1)$，再将 x_2 投入生产方式 A 和 B，则又可得到收入 $g(y_2) + h(x_2 - y_2)$，回收资源 $x_3 = ay_2 + b(x_2 - y_2)$。这些资源又可以作为下一阶段的可用资源投入生产，依此类推，可以得到每个阶段的收益，而总收益是各阶段收益之和，即

$$\sum_{i=1}^{n} g(y_i) + h(x_i - y_i)$$

不同的决策使得每个阶段的收益和可回收的资源量不同，进而影响下个阶段的收益和可回收资源量。因此，总收益与每个阶段的决策息息相关，由各阶段的决策共同决定，总希望找到各阶段合适的决策使得 n 个阶段的总收益最大。

例 4-2 生产和存储控制问题。

某工厂生产某种季节性商品，需要制订下一年度的生产计划，假定这种商品的生产周期需要两个月，全年共有 6 个生产周期，需要做出各个周期中的生产计划。设已知各周期对该商品的需要量如表 4-1 所示。

表 4-1　各周期商品的需要量　　　　　　　　　　　　　　　　　　单位：百台

周　　期	1	2	3	4	5	6
需 求 量	5	5	10	30	50	8

假设这个工厂根据需要可以日夜两班生产或只是日班生产，当开足日班时，每一个生产周期能生产商品 15 百台，每生产一个单位商品的成本为 100 千元。当开足夜班时，每一生产周期能生产的商品也是 15 百台，但是由于增加了辅助性生产设备和生产辅助费用，每生产一单位商品的成本为 120 千元。由于生产能力的限制，可以在需求淡季多生产一些商品储存起来以备需求旺季使用，但存储商品是需要存储费用的，假设每单位商品存储一周期需要 2 千元，已知开始时存储为零，年终也不存储商品备下年使用，问应该如何作生产和存储计划，才能使总的生产和存储费用最小？

问题分析：

该问题需要确定每个周期生产产品的数量，如果把每个周期看成一个阶段，则共有 6 个阶段，每个阶段的决策变量就是产品的生产数量，而生产数量要根据周期开始时的库存量和该周期的需求量确定，而生产数量的不同又会影响周期结束时的库存量，它们之间的关系为

周期末的库存量=周期初的库存量+生产量-需求量

周期初的库存量=上期末的库存量

通过上述公式，各周期之间建立了密切的联系。

设第 i 个周期的生产量为 x_i，周期末(满足需要以后)的存储量为 u_i，由于单位为台，所以变量为整数，同时要求满足

$$\begin{cases} u_1 = x_1 - 5 \\ u_2 = u_1 + x_2 - 5 \\ u_3 = u_2 + x_3 - 10 \\ u_4 = u_3 + x_4 - 30 \\ u_5 = u_4 + x_5 - 50 \\ u_6 = u_5 + x_6 - 8 \\ u_6 = 0 \end{cases}$$

同时要求存储量 u_i 不能为负数，生产量 x_i 不能超过最大产能 30。

费用包括生产费用和存储费用，其中生产费用是产量的函数，如果产量 x_i 不超过 15 的话，费用为 $100x_i$，如果超过的话超过部分按每单位 120 千元计算费用，即

$$f(x_i) = \begin{cases} 100x_i, & \text{若 } x_i \leqslant 15 \\ 1500 + 120(x_i - 15), & \text{若 } x_i > 15 \end{cases}$$

存储费用等于存储数量与单位费用的乘积，每周期存储数量等于上周期末的存量，由于第一周期初没有存货，所以从第二周期开始有存储费用，存储费用为 $\sum_{i=1}^{5} 2u_i$，所以总费用

为

$$\sum_{i=1}^{6} f(x_i) + \sum_{i=1}^{5} 2u_i$$

这样就可以得到该问题的数学规划模型为

$$\min \sum_{i=1}^{6} f(x_i) + \sum_{i=1}^{5} 2u_i$$

$$\text{s.t.} \begin{cases} u_1 = x_1 - 5 \\ u_2 = u_1 + x_2 - 5 \\ u_3 = u_2 + x_3 - 10 \\ u_4 = u_3 + x_4 - 30 \\ u_5 = u_4 + x_5 - 50 \\ u_6 = u_5 + x_6 - 8 \\ u_6 = 0 \\ u_i \geq 0, 30 \geq x_i \geq 0 \quad i = 1, 2, \cdots, 6 \\ u_i, x_i \text{为整数} \quad i = 1, 2, \cdots, 6 \end{cases}$$

由于生产费用函数 $f(x_i)$ 是一个分段线性函数，因而该规划不是线性规划，如果变量比较多时求解会比较困难。

如果把每个周期看成一个阶段，周期开始时的库存量就是决定该阶段决策的主要因素，而每个阶段的决策则是每个阶段的生产数量。在需求已知的情况下，由每个阶段初始库存量和该阶段生产量共同决定期末的库存量，也就是下一阶段初始库存量，各个阶段是相互关联的。每个阶段的费用包括生产费用和库存费用，生产和库存问题就是要确定每个阶段的生产量使得总费用最小。因而，该问题具有多阶段决策问题的特征，可以考虑用动态规划方法求解。

二、多阶段决策问题

上述问题具有以下共同特征。

(1) 问题具有多阶段决策的特征。阶段可以按时间划分，如多阶段资源分配问题中的阶段，也可以按空间划分，如最短路中的空间顺序的先后。

(2) 每一阶段都有相应的"状态"与之对应，描述状态的量称为"状态变量"。在资源分配中状态变量为阶段开始时可用资源量，生产库存问题中状态变量为期初库存量。

(3) 每一阶段都面临一个决策，选择不同的决策将会导致下一阶段不同的状态。同时，不同的决策将会导致这一阶段不同的目标函数值。在资源分配中决策变量为投入生产 A 的资源量，生产库存问题中决策变量为生产量。

(4) 每一阶段的状态与上一个阶段的状态和决策相关，由它们共同决定，这种关系称为状态转移关系，各阶段通过状态转移关系发生密切的联系。在资源分配中状态转移关系为

$$x_{i+1} = ay_i + b(x_i - y) \quad i = 1, 2, \cdots, n-1$$

生产库存问题中状态转移关系为

周期末的库存量=周期初的库存量+生产量-需求量

周期初的库存量=上期末的库存量

归纳上述问题的共性，可以得到多阶段决策问题的定义如下。

有一个系统的决策，可以分成若干个阶段，任意一个阶段 k，系统的状态可以用 x_k 表示(可以是数量、向量、集合等)。在每一阶段 k 的每一状态都有一个决策集合 $Q_k(x_k)$，在 $Q_k(x_k)$ 中选定一个决策 $q_k \in Q_k(x_k)$，状态 x_k 就转移到新的状态 $x_{k+1} = T_k(x_k, q_k)$，并且得到效益 $R(x_k, q_k)$。目的就是每一个阶段都在它的决策集合中选择一个决策，使所有阶段的总效益达到最大。

从上述定义中可以看出，一个多阶段决策问题的基本要素包括以下几个。

(1) 阶段 k。表示决策顺序的离散量，有些问题的阶段是确定的，而有些问题的阶段是不确定的，有一个决策停止条件，一旦满足条件，决策过程结束，这类问题称为不确定周期的多阶段决策问题。

(2) 状态变量 x_k。表示每一状态可以取不同值的变量。

(3) 决策变量 $q_k \in Q_k(x_k)$。从某一状态向下一状态过渡时所做的选择，所有阶段的决策合起来称为一个策略。

(4) 状态转移方程 $x_{k+1} = T_k(x_k, q_k)$。某一状态以及该状态下的决策，与下一状态之间的函数关系。

(5) 获得函数。每个阶段都有获得函数 $R_k(x_k, q_k)$。从状态 x_k 出发，选择决策 $q_k \in Q_k(x_k)$ 所产生的第 k 阶段的获得。总获得函数是各阶段获得函数的总和 $\sum_k R_k(x_k, q_k)$ 或者乘积 $\prod_k R_k(x_k, q_k)$。

求解一个多阶段决策问题首先需要明确问题的 5 个基本要素，并用数学语言把基本要素描述出来。

提 示

(1) 阶段数可以是确定的，也可以是不确定的，也就是满足某个条件就会停止。

(2) 决策变量的取值范围由状态变量决定。

(3) 获得函数有时是支出，此时要求越小越好；也有些问题的获得函数是各阶段的获得乘积。

第二节　最优化原理

多阶段决策问题的求解要比线性规划或者整数线性规划复杂，求解算法的基本理论依据是最优化原理。下面利用最短路问题引出最优化原理，然后利用最优化原理给出求解最短路问题的方法，进一步总结出求解一般多阶段决策问题的方法和步骤。

一、最优化原理

为了描述和求解多阶段决策问题，下面以最短路问题为例展开讨论。

某运输公司承接一项运输任务，是从城市 A 到城市 E，现有两城市之间的交通示意图，每条道路都要经过中间 3 个城市，城市之间的路程在图 4-1 中标出，单位是百公里。

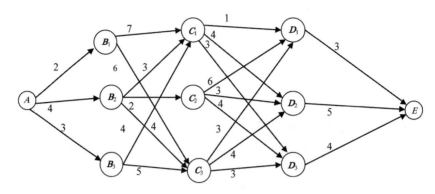

图 4-1　交通示意图

路程越短耗油就越少，从成本的角度考虑，公司希望在图 4-1 中找一条从城市 A 到城市 E 的最短路线。

对于该问题，人们最直观的想法是每一步都选择最短的线路，如在城市 A 的 3 种可能线路中选择最短的线路到达城市 B_1，类似在城市 B_1 选择路程最短的城市 C_3，在城市 C_3 选择路程最短的城市 D_1，然后从城市 D_1 到达城市 E，这样连起来就形成了一个完整的路线，如图 4-2 所示，该路线长度为 14 百公里。

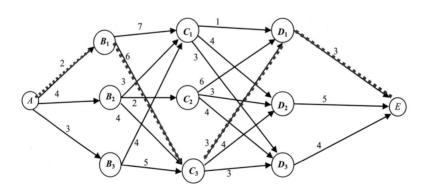

图 4-2　贪心算法的线路图

每一步都选择最短线路的方法就是贪心算法，这也是实际中人们常采用的方法，这样得到的路线是比较好的路线，但不一定是最短的，对于该图可以得到一个比它好的线路：$A \to B_2 \to C_1 \to D_1 \to E$，如图 4-3 所示。

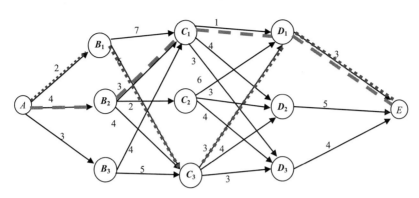

图 4-3 更好的线路图

该线路的长度为 1100 公里，显然比通过贪心算法得到的结果要好。

该问题也可以写成整数规划模型，该问题的变量就是在所有城市之间的线路中选择一些线路，约束是所选的线路构成一条从城市 A 到城市 E 的路，而问题的目标函数是所选线路的长度之和。

提 示

该问题建立数学规划的难点是写出约束条件，也就是如何确保选择的线路构成一条从城市 A 到城市 E 的路。可以从对比一条路经过的城市和没有经过的城市的特点入手，这里主要是用最短路引出最优化原理，所以就不详细给出数学规划模型了，留给读者自己写出，在第六章将给出更一般最短路问题的数学规划模型。

寻找从城市 A 到城市 E 的最短路可以逐步确定，先确定从城市 A 达城市 B_1、城市 B_2 和城市 B_3 中的哪一个，然后再选择下一个城市，依次确定 3 个城市，最后到达城市 E。整个过程经过 3 次决策，每次决策的结果会影响下一次选择。如果第一次选择城市 B_1，则下次只能选择城市 C_1 和城市 C_3，因而该问题可以看成是多阶段决策问题。

为了寻找最短路，首先分析最短路的特点，在图 4-1 中从 A 到 E 的路径个数有限，因而最短路一定存在，并且必然经过中间 3 个点，设从 A 到 E 的最短路为

则该路从点 B_i 到 E 的部分为从 B_i 到 E 的最短路；否则就存在一条从 B_i 到 E 的路比该路短，不妨设为

则可以得到一条新的 A 到 E 的路，即

显然，该路的长度小于原最短路的长度，这与最短路矛盾。同理，如果从 A 到 E 的最短路经过某个点 i，则该路上从 i 到 E 的部分就是从点 i 到 E 的最短路。推而广之，即可以

得到最优化原理。

一个过程的最优策略具有这样的性质，即无论其初始状态及其初始决策如何，其以后诸决策对以第一个决策所形成的状态作为初始状态而言，必须构成最优策略。

二、最短路问题

对于图 4-1 所示的最短路问题而言，不论最短路第一个经过的点是点 B_1、点 B_2 还是点 B_3，该路从第一个经过的点到点 E 之间的部分就是从该点到 E 的最短路。由于从点 A 出发只有 3 种选择，因而如果知道点 B_1、点 B_2 和点 B_3 到点 E 的最短路，则通过比较 3 种选择的路长度就可以找到从点 A 到点 E 的最短路。

用 $f(i)$ 表示点 i 到点 E 的最短路的长度，$d(ij)$ 表示从点 i 到点 j 之间的距离，若点 A 到点 E 的最短路第一个经过的点为 B_i，则显然有

$$f(A) = f(B_i) + d(AB_i)$$

如果不知道第一个点是哪个，则可以通过比较找出最小的，即

$$f(A) = \min(2 + f(B_1), 4 + f(B_2), 3 + f(B_3))$$

只要知道 $f(B_1)$、$f(B_2)$、$f(B_3)$，就可以求出 $f(A)$。这样就把求点 A 到点 E 的最短路转化为求从点 B_1、点 B_2 和点 B_3 到点 E 的最短路，依次类推，有

$$f(B_2) = \min(3 + f(C_1), 2 + f(C_2), 4 + f(C_3))$$
$$f(B_1) = \min(7 + f(C_1), 6 + f(C_3))$$
$$f(B_3) = \min(4 + f(C_1), 5 + f(C_3))$$

为了求出点 B_1、点 B_2 和点 B_3 到 E 点的最短路，就需要求出点 C_1、点 C_2 和点 C_3 到点 E 的最短路，有

$$f(C_1) = \min(1 + f(D_1), 4 + f(D_2), 3 + f(D_3))$$
$$f(C_2) = \min(6 + f(D_1), 3 + f(D_2), 4 + f(D_3))$$
$$f(C_3) = \min(3 + f(D_1), 4 + f(D_2), 3 + f(D_3))$$

为了求出点 C_1、点 C_2 和点 C_3 到点 E 的最短路，就需要求出点 D_1、点 D_2 和点 D_3 到点 E 的最短路，而由于点 D_1、点 D_2 和点 D_3 到点 E 中间不经过其他点，所以有

$$f(D_1) = 3$$
$$f(D_2) = 5$$
$$f(D_3) = 4$$

这样，把这些数代入上面公式，就可以依次求出

$$f(C_1) = \min(1 + 3, 4 + 5, 3 + 4) = 4$$
$$f(C_2) = \min(6 + 3, 3 + 5, 4 + 4) = 8$$
$$f(C_3) = \min(3 + 3, 4 + 5, 3 + 4) = 6$$
$$f(B_1) = \min(7 + 4, 6 + 6) = 11$$
$$f(B_2) = \min(3 + 4, 2 + 8, 4 + 6) = 7$$

$$f(B_3) = \min(4+4, 5+6) = 8$$
$$f(A) = \min(2+11, 4+7, 3+8) = 11$$

从而求出从 A 到 E 的最短路径。计算过程如图 4-4 所示。

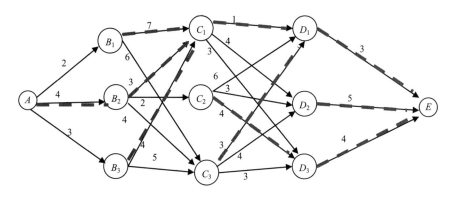

图 4-4 最优线路图

以上过程是从前往后计算，也称为正向推导。同样，该问题可以从后面往前算，这时就需要把 $f(i)$ 定义为城市 i 到城市 A 的最短路的长度，问题要求的是 $f(E)$，其中

$$f(E) = \min(3+f(D_1), 5+f(D_2), 4+f(D_3))$$

依此类推，由最后一步可知

$$f(B_1) = 2$$
$$f(B_2) = 4$$
$$f(B_3) = 3$$

类似前面，代入每个前面的公式就可以求出 $f(E)$。

提 示

(1) 从图 4-4 中可以看出本算法只是列举了部分线路，计算效率高于枚举法。
(2) 各个阶段都要求出每个可能状态下的最优获得。
(3) 正向推导和反向推导都可以求出最优线路的长度，但其中间计算过程不同，所求最短路可能不相同。

三、动态规划递推关系式

以上计算最短路的过程是根据最优化原理进行的，把求解从 A 到 E 的最短路径问题转化成求解点 B_1、点 B_2 和点 B_3 到点 E 的最短路，这样决策阶段数就会减少1，依此类推，最后一个阶段的结果可以直接求出。这种方法也可以用于求解一般多阶段决策问题。对于一般多阶段决策问题，用 $f_k(x)$ 表示在状态为 x 时经过 k 决策的最优获得，要求的是 $f_n(x_1)$，即在初始状态为 x_1 时经过 n 决策的最优获得。经过第一阶段决策 $q_1 \in Q_1(x_1)$ 后状态变成 $x_2 = T_1(x_1, q_1)$，还剩 $n-1$ 阶段决策。如果以 x_2 为初始状态，进行 $n-1$ 阶段决策就会得到一个新的多阶段决策问题，该决策问题是原问题的一个子过程。如果 q_1 是原问题最优策略对应的第一步决策，根据最优化原理，则最优策略剩余部分必然是以 x_2 为初始状态 $n-1$ 阶段决策的最优策略，也就是说，后面必然按照子问题最优策略决策，所以总最优获得就是 $R_1(x_1,q_1)+f_{n-1}(T_1(x_1,q_1))$。

不同的第一阶段决策对应的值不同，最优的获得必然是其中之一，如果目标是求最大，则有

$$f_n(x_1) = \max_{q_1 \in Q_1(x_1)} R_1(x_1,q_1) + f_{n-1}(T_1(x_1,q_1))$$

同理，有

$$f_{n-1}(x_2) = \max_{q_2 \in Q_2(x_2)} R_2(x_2,q_2) + f_{n-2}(T_2(x_2,q_2))$$

依此类推，直到最后一个阶段，该阶段没有后续阶段，所以有

$$f_1(x_n) = \max_{q_n \in Q_n(x_n)} R_n(x_n,q_n)$$

这样，就可以得到关于该多阶段决策问题的递推关系式，即

$$\begin{cases} f_n(x_1) = \max_{q_1 \in Q_1(x_1)} R_1(x_1,q_1) + f_{n-1}(T_1(x_1,q_1)) \\ f_k(x_{n-k+1}) = \max_{q_{n-k+1} \in Q_{n-k+1}(x_{n-k+1})} R_{n-k+1}(x_{n-k+1},q_{n-k+1}) + \\ \qquad f_{k-1}(T_{n-k+1}(x_{n-k+1},q_{n-k+1})) \quad k=n-1,\cdots,2 \\ f_1(x_n) = \max_{q_n \in Q_n(x_{n1})} R_n(x_n,q_n) \end{cases}$$

对于每一个多阶段决策问题都可以写出该递推关系式，通过求解该递推关系式就可以求出最优策略。解决多阶段决策问题的一般步骤如下。

(1) 明确多阶段决策问题的阶段数。
(2) 确定多阶段决策问题的状态变量和决策变量。
(3) 确定多阶段决策问题的状态转移函数。
(4) 确定多阶段决策问题的获得函数。
(5) 写出递推关系式。
(6) 求解递推关系式。

而比较困难的地方就是求解该递推关系式，现在还没有统一的求解算法，人们针对不同问题设计不同的算法。求解该递推关系式的主要难点在于每个阶段可能状态的最优获得都要求出来，除了第一个阶段状态唯一外，其他阶段都有很多初始状态，要把它们全部列出是比较麻烦的事情。如果是连续状态变量，只能用函数表示，而这种函数表示一般是很困难的。离散状态变量的问题比较简单，可以列举出来，下节重点考虑管理决策中状态变量是离散的问题。

第三节　管理中的多阶段决策问题

一、旅游售货员问题

旅游售货员问题或称货郎担问题(Traveling Salesman Problem，TSP)，是运筹学的一个

经典问题，在物流配送和旅游线路确定中有广泛的应用。

1. 问题描述

一般旅游售货员问题可以描述如下。

设有 n 个城市，其中每两个城市之间都有道路相连，给定任意两个城市之间的权重(可以是距离、时间或者费用)，设城市 i 和城市 j 之间的权重为 C_{ij}，两个城市之间往返权重不一定相等，为了简化问题，这里假设往返权重相等，即 $C_{ij}=C_{ji}$，如图 4-5 所示。

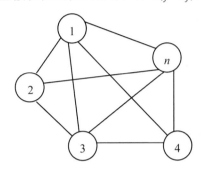

图 4-5 城市路线图

现在要从城市 1 出发周游城市 2，城市 3，……，城市 n，最后回到城市 1。显然，每个城市都要走到，一般来讲，去过的城市就不希望再去，因而该问题的要求是经过每个城市一次且仅一次，最后回到出发地。问题的目标是总路程(或者总费用、总时间)最小，这与所给权重的含义有关。

该问题可以用整数规划方法求解，但变量和约束都比较多，下面考虑用动态规划方法求解该问题。

2. 基本要素

旅游售货员问题的可行方案是一条经过所有城市的闭合回路，从哪一点出发是无所谓的，因此不妨设从城市 1 出发。问题的可行方案是从城市 1 出发经过每个城市一次且仅一次最后回到城市 1，确定可行方案的过程等于每次选一个城市，共选 $n-1$ 次，已选择的城市以后不能再选择，所以前面的决策影响后面的选择，可以看成一个多阶段决策问题。

(1) 阶段。从城市 1 出发需要选 $n-1$ 次城市，因而问题的阶段数就是 $n-1$。

(2) 状态变量。旅游售货员问题与最短路径问题不同，最短路径问题的路线是有方向性的，总是从前往后选择，前面选过的城市后面不会再去选择，而旅游售货员问题的路线是没有方向的，如果不区分已选城市和未选城市的话，不能保证不会选择已选过的城市，因而在旅游售货员问题中，状态变量除了要指明当前所在位置外，还要指明还没有走过哪几个城市。

用 i 表示第 k 个阶段开始时所在的城市，S_k 表示第 k 个阶段开始时尚未访问过的城市的集合，则第 k 个阶段的状态变量 $x_k = (i, S_k)$，其中：

$$x_1 = (1, \{2, 3, \cdots, n\})$$

也就是说，初始状态是站在城市 1，还未走过的城市是城市 2、城市 3、……、城市 n。

(3) 决策变量。第 k 个阶段的决策就是在未走过的城市中选一个，因而决策变量是城市，决策集合就是 S_k。

(4) 状态转移关系。如果第 k 个阶段的决策是 j，则下一个阶段开始就会站在城市 j，还未走过的城市就不包含 j，因而

$$S_{k+1} = S_k \setminus j$$

第 $k+1$ 个阶段的状态变量就会变为

$$x_{k+1} = (j, S_k \setminus j)$$

因而，状态转移关系就是

$$x_k = (i, S_k) \to x_{k+1} = (j, S_k \setminus j)$$

(5) 获得函数。每个阶段的获得就是从城市 i 到决策变量城市 j 的权重，即 c_{ij}，而最后一个阶段的获得还需要加上从最后一个城市回到城市 1 的权重。问题的总获得是各阶段获得之和。

3. 递推关系式

$f(i, S_k)$ 表示从城市 i 出发，经过 S_k 中每个城市一次且仅一次最后返回城市 1 的最短距离，旅游售货员问题就是要求 $f(1, \{2, 3, \cdots, n\})$。假设当期决策为 j，则当期的获得为 c_{ij}，下一阶段的状态为 $x_{k+1} = (j, S_k \setminus j)$，根据最优化原理，以后各阶段必然按最优决策进行，因而以后各阶段的总获得为 $f(j, S_k \setminus j)$，进而有总获得为 $c_{ij} + f(j, S_k \setminus j)$。不同的决策会有不同的总获得，当然希望从 S_k 中选一个使得总获得最小的决策，因而有

$$f(i, S_k) = \min_{j \in S_k} c_{ij} + f(j, S_k \setminus j)$$

最后一步是只有一个城市可选的时候，决策也只有一个，因而有

$$f(i, j) = c_{ij} + c_{j1}$$

根据递推关系式，从最后一步逐级往上求，就可以计算出 $f(1, \{2, 3, \cdots, n\})$。

例 4-3 对于图 4-6 所示的 5 个城市，求解其旅游售货员问题。

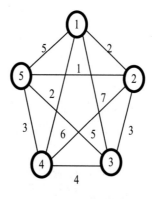

图 4-6　旅游城市图

解：首先写出该问题的递推关系式

$$f(1,\{2,3,4,5\}) = \min\{c_{12} + f(2,\{3,4,5\}), c_{13} + f(3,\{2,4,5\}),$$
$$c_{14} + f(4,\{2,3,5\}), c_{15} + f(5,\{23,4\})\}$$

为了求解 $f(1,\{2,3,4,5\})$，需要计算

$$f(2,\{3,4,5\}) = \min\{c_{23} + f(3,\{4,5\}), c_{24} + f(4,\{3,5\}), c_{25} + f(5,\{3,4\})\}$$
$$f(3,\{2,4,5\}) = \min\{c_{32} + f(2,\{4,5\}), c_{34} + f(4,\{2,5\}), c_{35} + f(5,\{2,4\})\}$$
$$f(4,\{2,3,5\}) = \min\{c_{42} + f(2,\{3,5\}), c_{43} + f(3,\{2,5\}), c_{45} + f(5,\{2,3\})\}$$
$$f(5,\{2,3,4\}) = \min\{c_{52} + f(2,\{3,4\}), c_{53} + f(3,\{2,4\}), c_{54} + f(4,\{2,3\})\}$$

进一步需要计算

$$f(2,\{3,4\}) = \min\{c_{23} + f(3,\{4\}), c_{24} + f(4,\{3\})\}$$
$$f(2,\{3,5\}) = \min\{c_{23} + f(3,\{5\}), c_{25} + f(5,\{3\})\}$$
$$f(2,\{4,5\}) = \min\{c_{24} + f(4,\{5\}), c_{25} + f(5,\{4\})\}$$
$$f(3,\{2,4\}) = \min\{c_{32} + f(2,\{4\}), c_{34} + f(4,\{2\})\}$$
$$f(3,\{2,5\}) = \min\{c_{32} + f(2,\{5\}), c_{35} + f(5,\{2\})\}$$
$$f(3,\{4,5\}) = \min\{c_{34} + f(4,\{5\}), c_{35} + f(5,\{4\})\}$$
$$f(4,\{2,3\}) = \min\{c_{42} + f(2,\{3\}), c_{43} + f(3,\{2\})\}$$
$$f(4,\{2,5\}) = \min\{c_{42} + f(2,\{5\}), c_{45} + f(5,\{2\})\}$$
$$f(4,\{3,5\}) = \min\{c_{43} + f(3,\{5\}), c_{45} + f(5,\{3\})\}$$
$$f(5,\{2,3\}) = \min\{c_{52} + f(2,\{3\}), c_{53} + f(3,\{2\})\}$$
$$f(5,\{2,4\}) = \min\{c_{52} + f(2,\{4\}), c_{54} + f(4,\{2\})\}$$
$$f(5,\{3,4\}) = \min\{c_{53} + f(3,\{4\}), c_{54} + f(4,\{3\})\}$$

最后一阶段为

$$f(2,\{3\}) = c_{23} + c_{31} = 3 + 7 = 10$$
$$f(2,\{4\}) = c_{24} + c_{41} = 5 + 2 = 7$$
$$f(2,\{5\}) = c_{25} + c_{51} = 1 + 5 = 6$$
$$f(3,\{2\}) = c_{32} + c_{21} = 3 + 2 = 5$$
$$f(3,\{4\}) = c_{34} + c_{41} = 4 + 2 = 6$$
$$f(3,\{5\}) = c_{35} + c_{51} = 6 + 5 = 11$$
$$f(4,\{2\}) = c_{42} + c_{21} = 5 + 2 = 7$$
$$f(4,\{3\}) = c_{43} + c_{31} = 4 + 7 = 11$$
$$f(4,\{5\}) = c_{45} + c_{51} = 3 + 5 = 8$$
$$f(5,\{2\}) = c_{52} + c_{21} = 1 + 2 = 3$$
$$f(5,\{3\}) = c_{53} + c_{31} = 6 + 7 = 13$$
$$f(5,\{4\}) = c_{54} + c_{41} = 3 + 2 = 5$$

代入上一阶段的递推关系式，可得

$$f(2,\{3,4\}) = \min\{c_{23} + f(3,\{4\}), c_{24} + f(4,\{3\})\} = \min\{3+6, 5+11\} = 9$$
$$f(2,\{3,5\}) = \min\{c_{23} + f(3,\{5\}), c_{25} + f(5,\{3\})\} = \min\{3+11, 1+13\} = 14$$
$$f(2,\{4,5\}) = \min\{c_{24} + f(4,\{5\}), c_{25} + f(5,\{4\})\} = \min\{5+8, 1+5\} = 6$$
$$f(3,\{2,4\}) = \min\{c_{32} + f(2,\{4\}), c_{34} + f(4,\{2\})\} = \min\{3+7, 5+7\} = 10$$
$$f(3,\{2,5\}) = \min\{c_{32} + f(2,\{5\}), c_{35} + f(5,\{2\})\} = \min\{3+6, 6+3\} = 9$$
$$f(3,\{4,5\}) = \min\{c_{34} + f(4,\{5\}), c_{35} + f(5,\{4\})\} = \min\{4+8, 6+5\} = 11$$
$$f(4,\{2,3\}) = \min\{c_{42} + f(2,\{3\}), c_{43} + f(3,\{2\})\} = \min\{5+10, 4+5\} = 9$$
$$f(4,\{2,5\}) = \min\{c_{42} + f(2,\{5\}), c_{45} + f(5,\{2\})\} = \min\{5+6, 3+3\} = 6$$
$$f(4,\{3,5\}) = \min\{c_{43} + f(3,\{5\}), c_{45} + f(5,\{3\})\} = \min\{4+11, 3+13\} = 15$$
$$f(5,\{2,3\}) = \min\{c_{52} + f(2,\{3\}), c_{53} + f(3,\{2\})\} = \min\{1+10, 6+5\} = 11$$
$$f(5,\{2,4\}) = \min\{c_{52} + f(2,\{4\}), c_{54} + f(4,\{2\})\} = \min\{1+7, 3+7\} = 8$$
$$f(5,\{3,4\}) = \min\{c_{53} + f(3,\{4\}), c_{54} + f(4,\{3\})\} = \min\{6+6, 3+11\} = 12$$

进一步可以计算出

$$f(2,\{3,4,5\}) = \min\{3+11, 5+15, 1+12\} = 13$$
$$f(3,\{2,4,5\}) = \min\{3+6, 4+6, 6+8\} = 9$$
$$f(4,\{2,3,5\}) = \min\{5+14, 4+9, 3+11\} = 13$$
$$f(5,\{2,3,4\}) = \min\{1+9, 6+10, 3+9\} = 10$$

所以

$$f(1,\{2,3,4,5\}) = \min\{2+13, 7+9, 2+13, 5+10\} = 15$$

可得到以下 4 条回路,即

(1) ①→②→⑤→③→④→①。

(2) ①→⑤→②→③→④→①。

(3) ①→④→③→②→⑤→①。

(4) ①→④→③→⑤→②→①。

其中(1)和(4)是同一条回路,(2)和(3)是同一条回路,这两条回路如图 4-7 和图 4-8 所示。

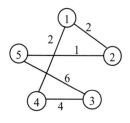

图 4-7 回路一

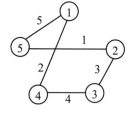

图 4-8 回路二

提 示

(1) 上面是针对权重对称的问题讲述的,该方法对于权重不对称的问题同样适用。

(2) 旅游售货员问题与最短路问题主要区别在于状态变量,旅游售货员问题不仅要知道当前的位置,还需要知道未走的城市。

(3) 动态规划方法只能用于求解规模较小的旅游售货员问题，对于大规模问题，一般用启发式算法或进化算法。

二、背包问题

背包问题在管理中有广泛的应用，不仅可以用于包裹的装箱问题，也可以用于一维切割中。一般背包问题考虑有 n 种物品，每一种物品数量无限。第 i 种物品每件重量为 w_i kg，每件价值 c_i ($i=1,2,\cdots,n$) 元。现有一只可装载重量为 Q kg 的背包。求各种物品应各取多少件放入背包，使背包中物品的价值最高？

1. 数学规划模型

背包问题可以用整数规划方法求解，规划的变量就是决定每种物品装包的数量，设为 y_i ($i=1,2,\cdots,n$)。对应的约束是装包的物品总重量不超过 Q，即

$$\sum_{i=1}^{n} w_i y_i \leqslant Q$$

而目标是使装包物品的总价值最大，即 $\max \sum_{i=1}^{n} c_i y_i$，因而对应的数学规划模型为

$$\max \sum_{i=1}^{n} c_i y_i$$
$$\text{s.t.} \begin{cases} \sum_{i=1}^{n} w_i y_i \leqslant Q \\ y_i \geqslant 0, \text{为整数}, \quad i=1,2,\cdots,n \end{cases}$$

2. 多阶段决策问题的基本要素

背包问题同样可以用动态规划方法求解，首先考虑其基本要素。

(1) 阶段。从物品 1 到物品 n，每次确定一种物品的数量就可以得到一个装包方案，因而问题的阶段数就是 n。

(2) 状态变量。影响选择物品数量的因素主要有两个：一是包裹剩余容量，也就是还可以再装物品的总重量上限；二是还没有装包物品的集合。由于物品已经固定顺序并且按顺序装包，可以用当前考虑第几个物品表示，前面的物品是已经装包的，后面的物品是没有装包的。

第 k 个阶段开始时已经考虑完第 $1,\cdots,k-1$ 种物品，需要考虑第 k 种物品的装包数量，S_k 表示第 k 个阶段开始时包裹剩余容量。则第 k 个阶段的状态变量 $x_k=(k,S_k)$，其中有

$$x_1=(1,Q)$$

也就是说，初始状态是装包物品为 0，剩余重量为 Q。

(3) 决策变量。第 k 个阶段的决策就是确定第 k 种物品的装包数量，设为 y_k，由于剩余重量为 S_k，因而要求

$$w_k y_k \leqslant S_k \text{ 或者 } y_k \leqslant \frac{S_k}{w_k}$$

(4) 状态转移关系。如果第 k 个阶段的决策是 y_k，则第 k 种物品已经装在包裹里，剩余重量为 $S_k - w_k y_k$，下一个阶段开始就会考虑第 $k+1$ 种物品的装包数量，因而第 $k+1$ 个阶段的状态变量就会变为

$$x_{k+1} = (k+1, S_k - w_k y_k)$$

(5) 获得函数。每个阶段的获得就是该阶段所装物品价值总和，即 $c_k y_k$，问题的总获得是各阶段获得之和。

3. 递推关系式

$f(k, S_k)$ 表示从物品 $k, k+1, \cdots, n$ 选择重量不超过 S_k 物品装包的最优装包方案的总获得。背包问题就是要求 $f(1, Q)$。

假设当期决策为 y_k，则当期的获得为 $c_k y_k$，下一阶段的状态为 $x_{k+1} = (k+1, S_k - w_k y_k)$，根据最优化原理，以后各阶段必然按最优决策进行，因而以后各阶段的总获得为 $f(k+1, S_k - w_k y_k)$，进而有总获得为 $c_k y_k + f(k+1, S_k - w_k y_k)$。不同的决策会有不同的总获得，当然希望从可行选择中选择一个使得总获得最小的决策，因而有

$$f(k, S_k) = \max_{y_k \leq \frac{S_k}{w_k}} c_k y_k + f(k+1, S_k - w_k y_k)$$

最后一步只有一种物品可选的时候，决策也只有一个，因而有

$$f(n, S_n) = \max_{y_n \leq \frac{S_n}{w_n}} c_n y_n$$

根据递推关系式，从最后一步逐级往上求，就可以计算出 $f(1, Q)$。

例 4-4 考虑有 4 种物品，其价值和重量如表 4-2 所示。

表 4-2 物品价值与重量

物 品	1	2	3	4
价 值	15	60	35	20
重 量	10	30	20	15

背包可装物品的重量为 60，求最优装包方案。

解： 首先写出该问题的递推关系式为

$$f(1, 60) = \max_{y_1 \leq 6} 15 y_1 + f(2, 60 - 10 y_1)$$

$$= \max\{f(2,60), 15 + f(2,50), 30 + f(2,40), 45 + f(2,30), 60 + f(2,20), 75 + f(2,10), 90 + f(2,0)\}$$

为此需要求解

$$f(2, 60) = \max_{y_2 \leq 2} 60 y_2 + f(3, 60 - 30 y_2)$$

$$= \max\{f(3,60), 60 + f(3,30), 120 + f(3,0)\}$$

$$f(2, 50) = \max_{y_2 \leq 1} 60 y_2 + f(3, 50 - 30 y_2) = \max\{f(3,50), 60 + f(3,20)\}$$

$$f(2, 40) = \max_{y_2 \leq 1} 60 y_2 + f(3, 40 - 30 y_2) = \max\{f(3,40), 60 + f(3,10)\}$$

$$f(2,30) = \max_{y_2 \leq 1} 60y_2 + f(3, 30 - 30y_2) = \max\{f(3,30), 60 + f(3,0)\}$$

$$f(2,20) = \max_{y_2 \leq 0} 60y_2 + f(3, 60 - 30y_2) = f(3,20)$$

$$f(2,10) = 0$$

$$f(2,0) = 0$$

进一步求解得

$$f(3,60) = \max_{y_3 \leq 3} 35y_3 + f(4, 60 - 20y_3)$$

$$= \max\{f(4,60), 35 + f(4,40), 70 + f(4,20), 105 + f(4,0)\}$$

$$f(3,50) = \max_{y_3 \leq 2} 35y_3 + f(4, 50 - 20y_3) = \max\{f(4,50), 35 + f(4,30), 70 + f(4,10)\}$$

$$f(3,40) = \max_{y_3 \leq 2} 35y_3 + f(4, 40 - 20y_3) = \max\{f(4,40), 35 + f(4,20), 70 + f(4,0)\}$$

$$f(3,30) = \max_{y_3 \leq 1} 35y_3 + f(4, 30 - 20y_3) = \max\{f(4,30), 35 + f(4,10)\}$$

$$f(3,20) = \max_{y_3 \leq 1} 35y_3 + f(4, 20 - 20y_3) = \max\{f(4,20), 35 + f(4,0)\}$$

$$f(3,10) = 0, f(3,0) = 0$$

最后一步为

$$f(4,60) = \max_{y_4 \leq 4} 20y_4 = 80, y_4 = 4$$

$$f(4,50) = \max_{y_4 \leq 3} 20y_4 = 60, y_4 = 3$$

$$f(4,40) = \max_{y_4 \leq 2} 20y_4 = 40, y_4 = 2$$

$$f(4,30) = \max_{y_4 \leq 2} 20y_4 = 40, y_4 = 2$$

$$f(4,20) = \max_{y_4 \leq 1} 20y_4 = 20, y_4 = 1$$

$$f(4,10) = 0, f(4,0) = 0$$

代入上一步可得

$$f(3,60) = \max\{80, 35 + 40, 70 + 20, 105\} = 105, y_3 = 3$$

$$f(3,50) = \max\{60, 35 + 40, 70\} = 75, y_3 = 1$$

$$f(3,40) = \max\{40, 35 + 20, 70\} = 70, y_3 = 2$$

$$f(3,30) = \max\{40, 35\} = 40, y_3 = 0$$

$$f(3,20) = \max\{20, 35\} = 20, y_3 = 1$$

$$f(3,10) = 0, f(3,0) = 0$$

代入上一步可得

$$f(2,60) = \max\{105, 60 + 40, 120\} = 120, y_2 = 2$$

$$f(2,50) = \max\{75, 60 + 20\} = 80, y_2 = 1$$

$$f(2,40) = \max\{70, 60\} = 70, y_2 = 0$$

$$f(2,30) = \max\{40, 60\} = 60, y_2 = 1$$

$$f(2,20) = f(3,20) = 20, y_2 = 0$$

$$f(2,10) = 0$$

$$f(2,0) = 0$$

代入上一步可得
$$f(1,60) = \max\{120, 15+80, 30+70, 45+60, 60+20, 75, 90\} = 120, y_1 = 0$$
最优装包方案为装两个第2种物品，最大价值为120。

 提 示

(1) 该方法可以用于求解类似只有一个约束的整数规划问题。

(2) 如果每种物品的个数有限制，也可以做类似处理，只需把变量的取值范围变为可装上限和实有物品数中小者即可。

(3) 如果有多个背包的话，状态变量中剩余重量需要改变为一个向量，表示每个背包剩余的重量，决策变量也会改成每个背包放置的个数。

 延伸阅读

装 箱 问 题

把一些箱子装入容器中是一个在工业生产中经常遇到的数学难题，如集装箱的装箱问题。装箱问题(Bin Packing)是一个经典的组合优化问题，有着广泛的应用，在日常生活中也屡见不鲜。装箱问题的定义如下。

设有许多具有同样结构和负荷的箱子 $B_1, B_2, \cdots$，其数量足够供所达到目的之用。每个箱子的负荷(可为长度、重量等)为 C，今有 n 个负荷为 $w_j (0 < w_j < C, j = 1, 2, \cdots, n)$ 的物品 $J_1, J_2, \cdots, J_n$ 需要装入箱内。装箱问题就是指寻找一种方法，使得能以最小数量的箱子数将全部物品装入箱内。

装箱问题可分为一维装箱问题、二维装箱问题、三维装箱问题3种。

一维装箱问题只考虑一个因素，如重量、体积、长度等，背包问题就是一种一维装箱问题。

二维装箱问题考虑两个因素，一般是长和宽。常见问题包括堆场中考虑长和宽进行各功能区域划分、停车场区位划分、包装材料裁切、服装布料裁切、皮鞋制作中的皮革裁切等。

三维装箱问题考虑3个因素，一般是长、宽、高。装车、装船、装集装箱等要考虑这3个维度都不能超出。

现实生活中常见的应该是三维装箱问题，根据目标的不同，三维装箱问题可分成以下几类。

箱柜装载问题(three-Dimensional Bin Packing Problem，3D-BPP)：给定一些不同类型的方形箱子和一些规格统一的方形容器，问题是要把所有箱子装入最少数量的容器中。

容器装载问题(three-Dimensional Container-Packing Problems，3D-CPP)：在该问题中，所有箱子要装入一个不限尺寸的容器中，目标是要找一个装填，使得容器体积最小。

背包装载问题(three-Dimensional Knapsack Loading Problems，3D-KLP)：每个箱子有一定的价值，背包装载是选择箱子的一部分装入容器中，使得装入容器中的箱子总价值最大。如果把箱子的体积作为价值，则目标转化为使容器浪费的体积最小。

习　题

1. 某工厂要安排某种产品一年中四季度的生产计划。生产费用的经验公式为

$$0.005 元 \times (本季度产量)^2$$

产品的存储费用为每件每季度 1 元。设初始存储量为 0，最大存储量为 1600 件。四季度的市场销售量预测见表 4-3。

表 4-3　销售预测表

季　度	销售量/件	累计销售量/件
一	600	600
二	700	1300
三	500	1800
四	1200	3000

用动态规划确定四季度的生产量和储存量，在满足各季度销售额的条件下使总生产和存储费用为最小。写出该问题的基本要素和递推关系式。

2. 用动态规划求解网络从 A 到 F 的最短路径，路径上的数字表示距离，如图 4-9 所示。

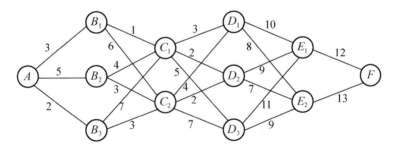

图 4-9　运输网络

3. 用动态规划求解以下背包问题。

考虑有 3 种物品，其价值和重量如表 4-4 所示。

表 4-4　物品价值与重量

物　品	1	2	3
价　值	12	20	15
重　量	2	4	3

背包可装物品的重量为 10，求最优装包方案。

4. 求最小旅行费用周游线路，表 4-5 是 5 个城市中从城市 i 到城市 j 的费用。注意其中两个城市之间往返的费用是不相等的。

表 4-5 5 个城市间的费用表

j \ i	1	2	3	4	5
1	—	9	11	7	8
2	13	—	6	12	4
3	10	8	—	5	9
4	7	12	6	—	2
5	12	9	4	3	—

案例分析题

济南某旅行社组织一个旅行团从济南出发，到青岛、潍坊、日照、临沂等 4 个城市旅游，表 4-6 是 5 个城市中从城市 i 到城市 j 的费用。注意其中两个城市之间往返的费用是不一定相等的。

表 4-6 5 个城市间的费用表　　　　　　　　　　　　　　单位：元

j \ i	济南	青岛	潍坊	日照	临沂
济南	—	110	50	90	80
青岛	110	—	60	40	70
潍坊	50	60	—	50	60
日照	90	40	50	—	30
临沂	80	70	60	30	—

帮助该旅行社找出一个最优行程路线。

第五章

多目标规划

在管理决策中,许多问题的决策者希望通过同一个决策行为实现多个目标。比如在企业生产计划决策中不仅希望利润最大,还希望市场份额最多、成本最小等,这种一个决策有多种目标的问题就是多目标决策问题。线性规划和动态规划等都只是考虑了一个目标问题,不能解决这种多目标决策问题,需要引入新的方法,解决多目标决策问题的数学规划方法主要是多目标规划和目的规划。

与多目标决策问题类似的还有多属性决策问题,层次分析方法是多属性决策中常用的计算权重的方法,因而本章在介绍多目标规划和目的规划的同时,还将介绍层次分析方法。

第一节　多目标规划模型

解决有多个目标的决策问题，需要首先建立数学规划模型，然后考虑模型的求解问题。下面以配送中心选址问题为例，考虑模型的建立和求解问题。

一、多目标规划实例

某个大型企业将物流业务委托给某个物流公司，物流公司将根据企业的情况确定配送中心的数量和位置。已知该企业有 3 个生产工厂生产同一种产品，主要满足 8 个客户的需求。物流公司经过前期调研初步确定 4 个潜在的配送中心的位置，并且已知工厂的供给量、客户的需求量和各点的距离，有关数据如表 5-1 至表 5-4 所示。

表 5-1　工厂供应量　　　　　　　　　　　　　　　　　　单位：t

工厂	工厂 1	工厂 2	工厂 3	合计
年供应量	86760	76020	73368	236148
月均供应量	7230	6335	6114	19679

表 5-2　配送中心备选位置到客户的距离　　　　　　　　　　单位：km

距离 位置 \ 客户	客户 1	客户 2	客户 3	客户 4	客户 5	客户 6	客户 7	客户 8
位置 1	56	25	23	25	31	22	8	5
位置 2	61	31	28	30	35	37	27	25
位置 3	62	40	38	40	46	47	37	14
位置 4	3	93	91	93	99	100	90	88

表 5-3　工厂到配送中心备选位置的距离　　　　　　　　　　单位：km

距离 工厂 \ 备选位置	位置 1	位置 2	位置 3	位置 4
工厂 1	260	308	318	316
工厂 2	240	233	243	178
工厂 3	36	32	338	269

表 5-4　客户需求量　　　　　　　　　　　　　　　　　　　单位：t

客户	客户 1	客户 2	客户 3	客户 4	客户 5	客户 6	客户 7	客户 8
需求量	1500	1120	1513	2196	3463	1587	2224	3008

选择配送中心的位置首要考虑费用和顾客的满意度。已知各位置建设配送中心的运

营费用,包括每月的固定费用和单位产品的可变费用,见表5-5。

表5-5 配送中心备选位置的费用　　　　　　　　　　　　单位:元

位　置	位置1	位置2	位置3	位置4
固定费用	374000	374000	374000	137200
可变费用	350	400	280	300

运输费用率为 5.91 元/(t·km),顾客的满意度与运输时间或者运输距离成反比,距离越长满意度越低。决策者需要在潜在的位置选择一个或多个作为配送中心,目的是使得总费用最小和客户的满意度最大。

1. 问题分析

1) 变量

该问题需要确定的因素包括是否在某个位置建立配送中心,各工厂向配送中心每月提供的货物数量,每个客户由哪个配送中心负责送货。因而变量可设为

$x_{ij}, i=1,2,3$;$j=1,2,3,4$,第 i 个工厂向第 j 个配送中心位置提供的产品数量。

$y_j = 0,1$;$j=1,2,3,4$,第 j 个潜在位置是否建立配送中心。

$z_{jk} = 0,1$;$j=1,2,3,4$;$k=1,2,\cdots,8$,第 j 个潜在位置是否负责第 k 个客户。

2) 约束条件

显然,一个可行方案必须满足以下条件。

(1) 为了管理的便利,每个客户由一个中心负责,即

$$\sum_{j=1}^{4} z_{jk} = 1 \quad k=1,2,\cdots,8$$

(2) 如果不建配送中心,则负责的客户数为零,即

$$\sum_{k=1}^{8} z_{jk} \leqslant 8y_j \quad j=1,2,3,4$$

(3) 配送中心每月进货与出货相等,设第 k 个客户的需求量为 d_k,则有

$$\sum_{k=1}^{8} d_k z_{jk} - \sum_{i=1}^{3} x_{ij} = 0 \quad j=1,2,3,4$$

(4) 工厂的运出量不超过产量,设第 i 个工厂的产量为 q_i,则有

$$\sum_{i=1}^{3} x_{ij} \leqslant q_i \quad i=1,2,3$$

3) 目标函数

该问题的目标有两个。

(1) 总费用最小。总费用包括配送中心的运营费用和货物的运输费用,其中配送中心的运营费用包括固定费用和可变费用,货物的运输费用包括从工厂运往配送中心的费用和从配送中心运往客户的费用。设第 j 个配送中心的固定费用和单位可变费用分别为 c_j、h_j,第 i 个工厂到第 j 个配送中心位置的距离为 a_{ij},第 j 个配送中心位置到第 k 个客户的距离为

b_{jk}，则总费用为

$$\sum_{j=1}^{4}\left(c_j y_j + h_j \sum_{i=1}^{3} x_{ij}\right) + 5.91\sum_{i=1}^{3}\sum_{j=1}^{4} a_{ij} x_{ij} + 5.91\sum_{j=1}^{4}\sum_{k=1}^{8} b_{jk} d_k z_{jk}$$

(2) 顾客满意度最大。假设各客户地位平等，以最不满意的客户的满意度为衡量客户满意度的标准。顾客的满意度与送货的时间成反比，而时间又与距离成正比，因而满意度与距离成反比。这里的距离只需考虑从配送中心到客户的距离，因为工厂运往配送中心的距离会提前发送，假设客户订单下达即可发货。显然，运货距离越小顾客满意度越大，因而可以用客户到货距离最长者达到最小替代满意度最大的目标，即

$$\min \max_{k} \sum_{j=1}^{4} b_{jk} z_{jk}$$

如果令

$$\sum_{j=1}^{4} b_{jk} z_{jk} \leqslant v \quad k=1,2,\cdots,8$$

则有

$$\min \max_{k} \sum_{j=1}^{4} b_{jk} z_{jk} = \min v$$

2. 数学模型

综上分析，该问题以总费用和最大距离最小为目标，对应的数学规划模型为

$$\min \sum_{j=1}^{4}\left(c_j y_j + h_j \sum_{i=1}^{3} x_{ij}\right) + 5.91\sum_{i=1}^{3}\sum_{j=1}^{4} a_{ij} x_{ij} + 5.91\sum_{j=1}^{4}\sum_{k=1}^{8} b_{jk} d_k z_{jk}$$

$$\min v$$

$$\text{s.t.} \begin{cases} \sum_{j=1}^{4} z_{jk} = 1 \quad k=1,2,\cdots,8 \\ \sum_{k=1}^{8} z_{jk} \leqslant 8y_j \quad j=1,2,3,4 \\ \sum_{k=1}^{8} d_k z_{jk} - \sum_{i=1}^{3} x_{ij} = 0 \quad j=1,2,3,4 \\ \sum_{i=1}^{3} x_{ij} \leqslant q_i \quad i=1,2,3 \\ \sum_{j=1}^{4} b_{jk} z_{jk} \leqslant v, k=1,2,\cdots,8 \\ x_{ij}, v \geqslant 0, y_j, z_{jk} = 0,1 \quad i=1,2,3; j=1,2,3,4; k=1,2,\cdots,8 \end{cases}$$

该规划模型的变量和约束条件与前面讲过的线性整数规划一样，不同之处是有两个目标函数，为了和前面的数学规划相区别，有两个或两个以上的就称为多目标规划，对应前面讲过的只有一个目标的规划，称为单目标规划或简称数学规划，通常所说的数学规划如不特别指明就是指单目标规划。

二、一般模型

多目标决策问题很多,各问题的模型不尽相同,一般可用以下数学模型描述,即

$$\min(\max) f_1(x)$$
$$\vdots$$
$$\min(\max) f_p(x)$$
$$\text{s.t.} \quad x \in S$$

式中,$x \in R^n$ 为变量;S 为可行解集合;$f_1(x)$、$f_2(x)$、$\cdots$、$f_p(x)$ 为目标函数,目标可以是求最大也可以是求最小。由于规划有多个目标,统称为多目标规划。

如果用向量函数的形式表示,多目标规划可写成

$$\min(\max) F(x)$$
$$\text{s.t.} \quad \boldsymbol{\Phi}(x) \leqslant G$$

式中,$F(x)$ 为 p 维函数向量;p 为目标函数的个数;$\boldsymbol{\Phi}(x)$ 为 m 维函数向量;G 为 m 维常数向量;m 为约束方程的个数。

如果目标和约束左端的函数都是线性的,则是线性多目标规划,模型可以写为

$$\min(\max) \boldsymbol{Cx}$$
$$\text{s.t.} \begin{cases} \boldsymbol{Ax} \leqslant \boldsymbol{b} \\ \boldsymbol{x} \geqslant 0 \end{cases}$$

式中,C 为 $p \times n$ 阶矩阵;A 为 $m \times n$ 阶矩阵;b 为 m 维的向量;x 为 n 维决策变量向量。

提 示

(1) 多目标规划的目标可以是求最小,也可以是求最大,同一个问题不同目标可以不一样。

(2) 各目标都是在同一个约束下求最优,它不同于在同一约束下分别求各目标最优,那样求得最优解不一定一样,而对于多目标决策问题必须是在同一个方案下实现各目标最优。

(3) 相对于多目标规划,前面讲过的数学规划也称为单目标规划。

三、有效解

如果存在一个可行解,使得所有的目标函数都达到最优,则该可行解是最好的,但这样的可行解往往不存在,各目标之间一般是不一致的,甚至是矛盾的,如图 5-1 所示。

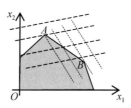

图 5-1 多目标规划图

在图 5-1 中可行解区域是个多边形，两个目标函数的等值线分别在顶点 A 和顶点 B 达到最优，一个目标最优解的同时另一个目标函数值会比较差。当一个目标变好时，另一个目标会变坏，很难使所有的目标都达到最好，这样就不能像单目标规划那样定义最优解的概念。

在配送中心选址问题中，如果以费用最小为目标，最优解如图 5-2 所示。

	C	D	E	F	G	H	I	J	K	L	M	N	O	V
3		中心是否服务客户												
4		客户1	客户2	客户3	客户4	客户5	客户6	客户7	客户8	工厂1	工厂2	工厂3	是否建	总费用
5	位置1	0	1	1	1	0	1	1	0	4142	0	4498	1	3398000
6	位置2	0	0	0	0	1	0	0	0	0	1847	1616	1	1759200
7	位置3	0	0	0	0	0	0	0	0	0	0	0	0	0
8	位置4	1	0	0	0	0	0	0	1	0	4508	0	1	1489600
9	中心数	1	1	1	1	1	1	1	1	4142	6355	6114		25039134
10	服务距离	3	25	23	25	25	32	8	88	1076920	1232775	213640	88	
11	运输费用	4500	28000	34799	54900	86575	50784	17792	264704	1076920	1232775	213640	18392334	

图 5-2 总费用最小方案

最小费用为 25039134 元，对应的最长服务距离为 88km。如果以最长服务距离最短为目标，则最优解如图 5-3 所示。

	C	D	E	F	G	H	I	J	K	L	M	N	O	V
13		中心是否服务客户												
14		客户1	客户2	客户3	客户4	客户5	客户6	客户7	客户8	工厂1	工厂2	工厂3	是否建	总费用
15	位置1	0	1	1	1	0	0	1	0	3472	1433	3736	1	2842550
16	位置2	0	0	0	0	1	0	0	0	1537	897	1030	1	1759200
17	位置3	0	0	0	0	0	1	0	0	1770	3790	535	1	1668600
18	位置4	1	0	0	0	0	0	0	1	452	235	813	1	587200
19	中心数	1	1	1	1	1	1	1	1	7230	6355	6114		33657084
20	服务距离	3	25	23	25	25	22	8	14	2081517	1515711	567102	25	
21	运输费用	4500	28000	34799	54900	86575	34914	17792	42112	2081517	1515711	567102	26807534	

图 5-3 最长距离最小方案

对应的最长服务距离为 25km，最小费用为 33657084 元。显然两个目标的最优解不同，当一个达到最优时另一个目标会比较坏，如何选择成为需要解决的难题。

对于多目标规划，虽然不能定义最优解，但可以排除一些明显不合理或者不可能被选择的可行解。比如，对于两个可行解 $x, y \in S$，如果可行解 y 的每一个目标函数值都不比可行解 x 的目标函数值差，并且至少有一个目标函数值严格优于可行解 x，则显然可行解 x 不会被选择，因为选择可行解 y 要比选择可行解 x 要好。如果以求最小为例，则可行解 x 被选择的前提是不存在可行解 y 使得

$$F(y) \leqslant F(x)$$

这里"$\leqslant$"是向量间的小于等于号，表示每个分量都小于等于并且至少有一个分量是严格小于。

把满足上述条件的可行解 x 称为有效解或者非劣解。如在图 5-4 中两个最优解间线段 AB 上的可行解都是有效解。

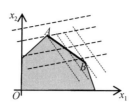

图 5-4 有效解

对于有效解来讲，如果要使其中一些目标值变好，则必然会有另一些目标值变坏。这个要求比较高，有时满足要求的解比较少，或者就不存在，这时需要降低要求，要求不存在每个目标都比该解好的解。如果以求最小为例，也是不存在可行解 y 使得

$$F(y) < F(x)$$

这里"<"是向量间的小于号，表示每个分量都严格小于。

把满足上述条件的可行解 x 称为弱有效解。显然，有效解必然是弱有效解，而弱有效解不一定是有效解。在图 5-4 中，弱有效解和有效解集合是一致的，而当第一个目标函数变化时两者可能就会不一致。

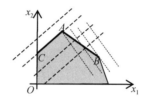

图 5-5 弱有效解

在图 5-5 中，两条粗线标识的线段 AC 和 AB 都是弱有效解，而只有两个目标最优解之间的连线 AB 上的点才是有效解。

提 示

(1) 有效解的概念不同于最优解，最优解一定相等，而有效解同一个目标函数值不一定相等。

(2) 有效解一般是不唯一的，还需要在有效解里寻找最终实施的方案，而这种寻找依不同的决策问题和决策者而不同。

四、求解有效解的方法

对于多目标规划，需要在有效解中选择一个合适的解，求解的方法有很多种，如理想点法、平方和加权法、虚拟目标法、线性加权和法、最小最大法、乘除法和优先级法等。这里介绍其中几种常用的方法。

1. 理想点法

理想点法的基本思想是：以每个单目标最优值为该目标的理想值，使每个目标函数值

与理想值的差的平方和最小。该方法的基本步骤如下。

第一步：求出每个目标函数的理想值，以单个目标函数为目标的单目标规划，求该规划的最优解，即

$$f_j^* = \min_{x \in S} f_j(x) \quad j = 1, 2, \cdots, p$$

第二步：计算每个目标与理想值的差的平方和，作为评价函数，即

$$h(F) = \sqrt{\sum_{j=1}^{p}(f_j - f_j^*)^2}$$

第三步：求评价函数的最优值，即

$$\min_{x \in S} h(F) = \min_{x \in S} \sqrt{\sum_{j=1}^{p}(f_j - f_j^*)^2}$$

该方法需要求解 $p+1$ 个单目标规划，因而该方法使用的条件是每个单目标规划比较容易求解，如果不好求解就不适用。

2. 平方和加权法

平方和加权法的基本思想与理想点法类似，所不同的是用每个目标函数的下界替代其最优值，使目标函数与某一下界的差的平方和最小，具体步骤如下。

第一步：确定每个目标的下界，即

$$f_j^* \leqslant \min_{x \in S} f_j(x) \quad j = 1, 2, \cdots, p$$

第二步：写出评价函数，即

$$h(F) = \sum_{j=1}^{p}(f_j - f_j^*)^2$$

第三步：求评价函数最优，即

$$\min_{x \in S} h(F) = \min_{x \in S} \sum_{j=1}^{p}(f_j - f_j^*)^2$$

该方法是在理想值不太容易求解的情况下的替代方法，它不需要求每个目标的单目标规划，计算量比较小。但由于下界的估计需要一些技巧，使用难度较大。

无论是理想点方法还是平方和加权法都存在一个问题，就是当各目标函数值不是同一个数量级时，这种差距也会不在同一个数量级，因而简单平方和相加会使各目标差距的重要性不一样。一种处理方法是除以理想值或下界后再求平方和。

3. 线性加权和法

线性加权和法的基本思想是根据目标的重要性确定一个权重，以目标函数的加权平均值为评价函数，使其达到最优。该方法的基本步骤如下。

第一步：确定每个目标的权系数，即

$$\sum_{j=1}^{p} \lambda_j = 1 \quad 1 \geqslant \lambda_j \geqslant 0; \quad j = 1, 2, \cdots, p$$

第二步：写出评价函数，即

$$h(F) = \sum_{j=1}^{p} \lambda_j f_j$$

第三步：求评价函数最优，即

$$\min_{x \in S} h(F)$$

该方法应用的关键是要确定每个目标的权重，它反映不同目标在决策者心中的重要程度，重要程度高的权重就大，重要程度低的权重就小。权重的确定一般由决策者给出，因而具有较大的主观性，不同的决策者给的权重可能不同，从而会使计算的结果不同。

4. 优先级法

优先级法的基本思想是根据目标重要性分成不同优先级，先求优先级高的目标函数的最优值，在确保优先级高的目标获得不低于最优值的前提下，再求优先级低的目标函数，具体步骤如下。

第一步：确定优先级。

第二步：求第一级单目标最优 $f_1^* = \min_{x \in S} f_1(x)$。

第三步：以第一级单目标等于最优值为约束求第二级目标最优，即

$$\min_{\substack{x \in S \\ f_1(x) = f_1^*}} f_1(x)$$

第四步：以第二级单目标等于最优值为约束求第三级目标最优。

该方法适用于目标有明显轻重之分的问题，也就是说，各目标的重要性差距比较大，首先确保最重要的目标，然后再考虑其他目标。在同一等级的目标可能会有多个，这些目标的重要性没有明显的差距，可以用加权或理想点方法求解。

  说　明

(1) 可以证明上述每一种方法得到的解都是有效解。

(2) 每一种方法都有自己的适用范围，选择方法时一定要注意是否具备方法需要的条件，如优先级方法必须是各目标的重要性存在明显差距时才能用。

(3) 求有效解最后都转化为求一个或多个单目标规划。

例 5-1　配送中心选址问题。

对于前面介绍的配送中心选址问题，可分别用加权和优先级方法求解。

(1) 加权方法。首先把费用值除以 1000000，使其和最长距离变成同一个数量级。然后确定两个权重分别为 50%，求解规划

$$\min 0.5 \times 0.0000001 \left(\sum_{j=1}^{4} \left(c_j y_j + h_j \sum_{i=1}^{3} x_{ij} \right) + 5.91 \sum_{i=1}^{3} \sum_{j=1}^{4} a_{ij} x_{ij} + 5.91 \sum_{j=1}^{4} \sum_{k=1}^{8} b_{jk} d_k z_{jk} \right) + 0.5v$$

$$\text{s.t.} \begin{cases} \sum_{j=1}^{4} z_{jk} = 1 \quad k = 1, 2, \cdots, 8 \\ \sum_{k=1}^{8} z_{jk} \leqslant 8y_j \quad j = 1, 2, 3, 4 \\ \sum_{k=1}^{8} d_k z_{jk} - \sum_{i=1}^{3} x_{ij} = 0 \quad j = 1, 2, 3, 4 \\ \sum_{j=1}^{3} x_{ij} \leqslant q_i \quad i = 1, 2, 3 \\ \sum_{j=1}^{4} b_{jk} z_{jk} \leqslant v \quad k = 1, 2, \cdots, 8 \\ x_{ij}, v \geqslant 0, y_j, z_{jk} = 0, 1 \quad i = 1, 2, 3; \ j = 1, 2, 3, 4; \ k = 1, 2, \cdots, 8 \end{cases}$$

计算结果如图 5-6 所示。

	C	D	E	F	G	H	I	J	K	L	M	N	O	V
3		中心是否服务客户												
4		客户1	客户2	客户3	客户4	客户5	客户6	客户7	客户8	工厂1	工厂2	工厂3	是否建	总费用
5	位置1	0	1	1	1	0	0	1	0	4142	0	2911	1	2842550
6	位置2	0	0	0	0	1	0	0	1	0	3268	3203	1	2962400
7	位置3	0	0	0	0	0	1	0	0	0	1587	0	1	818360
8	位置4	1	0	0	0	0	0	0	0	0	1500	0	1	587200
9	中心数	1	1	1	1	1	1	1	1	4142	6355	6114		25420372
10	服务距离	3	25	23	25	25	22	8	25	1076920	1414085	207292	25	
11	运输费用	4500	28000	34799	54900	86575	34914	17792	75200	1076920	1414085	207292	######	

图 5-6 加权计算结果

(2) 优先级方法。首先确定以最长距离最小为优先目标，使其达到最小后，再以总费用最小为目标。由图 5-3 可知，第二个目标的最优值为 25，因而在此基础上求规划

$$\min \sum_{j=1}^{4} \left(c_j y_j + h_j \sum_{i=1}^{3} x_{ij} \right) + 5.91 \sum_{i=1}^{3} \sum_{j=1}^{4} a_{ij} x_{ij} + 5.91 \sum_{j=1}^{4} \sum_{k=1}^{8} b_{jk} d_k z_{jk}$$

$$\text{s.t.} \begin{cases} \sum_{j=1}^{4} z_{jk} = 1 \quad k = 1, 2, \cdots, 8 \\ \sum_{k=1}^{8} z_{jk} \leqslant 8y_j \quad j = 1, 2, 3, 4 \\ \sum_{k=1}^{8} d_k z_{jk} - \sum_{i=1}^{3} x_{ij} = 0 \quad j = 1, 2, 3, 4 \\ \sum_{j=1}^{3} x_{ij} \leqslant q_i \quad i = 1, 2, 3 \\ \sum_{j=1}^{4} b_{jk} z_{jk} \leqslant 25 \quad k = 1, 2, \cdots, 8 \\ x_{ij}, v \geqslant 0, y_j, z_{jk} = 0, 1 \quad i = 1, 2, 3, j = 1, 2, 3, 4, k = 1, 2, \cdots, 8 \end{cases}$$

计算结果如图 5-7 所示。

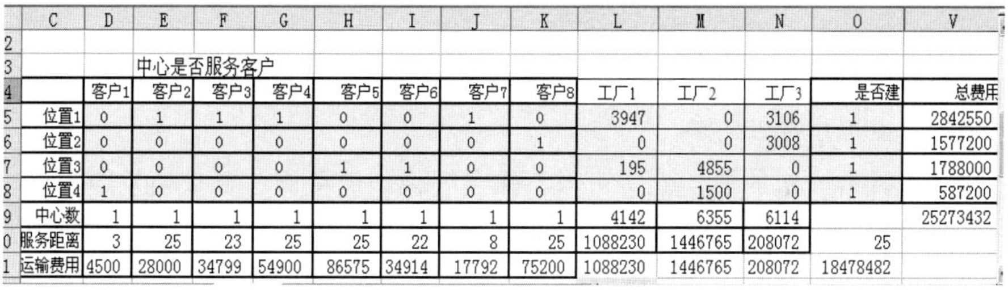

第五章　多目标规划

图 5-7　优先级计算结果

从这里可以看出，在确保最长距离最小的情况下最优的总费用比图 5-2 的结果增加了。

第二节　目的规划

第一节处理的多目标决策问题要求每个目标都达到最优，而现实中还有一些多目标决策，并不要求每个目标都达到最优，只要实现某一个目标值就可以了。比如宏观经济调控的目标往往是 GDP 增长速度不低于某个值、物价指数上涨不超过某个值和新增就业不低于某个值等，这类目标不同于最优目标。为了更好地理解两类问题的差异，首先看下面的例子。

例 5-2　某工厂生产甲、乙两种产品，需要消耗一种原材料和使用一种设备。已知生产单位产品对原料和工时的消耗量、原料和工时的供给量、产品的利润见表 5-6。

表 5-6　原料、产品表

原料＼产品	产品 甲	产品 乙	资源拥有量
原材料/kg	2	1	11
设备工时/h	1	2	10
利润/元	8	10	

对于最优目标的决策问题，该问题就会求获利最大的生产方案。根据线性规划问题所学知识，可以列出其线性规划数学模型为

$$\max\ 8x_1 + 10x_2$$

$$\text{s.t.} \begin{cases} 2x_1 + x_2 \leqslant 11 \\ x_1 + 2x_2 \leqslant 10 \\ x_1, x_2 \geqslant 0 \end{cases}$$

用图解方法可解得最优解为 $x_1^* = 4, x_2^* = 3$，最优值为 62。

实际上工厂在决策时，需要考虑市场等一系列条件。决策者决定不再要求利润最大，而是生产计划能满足以下要求。

(1) 设备工时的需求量不超过供给量。

(2) 原材料的需求量不超过供给量。

(3) 根据市场信息，产品甲的销量有下降的趋势，故考虑产品甲的产量不大于产品乙。

(4) 应尽可能达到并超过计划利润指标 62 元。

在上述要求中，有些是硬性的要求，必须满足，如由设备工时的需求量不超过供给量和原材料的需求量不超过供给量。

而有些要求具有一定的灵活性，可以不满足要求，但希望与要求的差距尽量小。如甲的产量小于等于产品乙的产量和利润大于等于 56 元这两个要求。这些约束实际上是决策者对目标设置的目标值，希望某些目标能够超过或者低于某个限制。

要求决策满足上述所有的要求往往是困难的，比如在满足前 3 个约束下利润最大是 60 元，低于第四个目标值。为了处理这个问题需要区分两种不同的约束。

一、硬约束和软约束

绝对约束是指必须严格满足的等式约束和不等式约束，是决策者不能控制的因素决定的，如在上面问题中(1)和(2)两个要求。不能满足这些约束条件的解称为非可行解，所以这些约束就是硬约束。硬约束与线性规划的约束的含义是一样的，是必须满足的约束。

软约束是相对于硬约束而言的，是决策者定下的决策目标要达到的限值或要求，如上面问题中(3)和(4)两个要求。这些约束不满足也是可以的，因此称这些约束为软约束。软约束是目的规划所特有的约束。

二、偏差变量

由于不能在满足硬约束的前提下满足所有的软约束，因而任何一个满足硬约束的方案都必然使得某些软约束发生偏离，问题要求对软约束目标值的偏离程度尽量少。为了表示对软约束目标值的偏离程度引入偏差变量，它表示实际值与目标值的差。

对于等式软约束，超出目标值或者低于目标值都是偏差。引入正负偏差变量 d^+、d^-。其中 d^+ 表示决策值超过目标值的部分；d^- 表示决策值低于目标值的不足部分，两者均为非负变量。考虑等式软约束 $g(x)=0$，引入正、负偏差变量后变为

$$g(x) - d^+ + d^- = 0$$

因为决策值不可能既超过目标值，同时又未达到目标值，也就是二者最多一个大于 0，不可能同时为正，即 $d^+ \times d^- = 0$。

当目标约束是不等式时，则只需要一个偏差变量。如果目标约束是小于等于号，超出为不满足，因而只有正偏差变量 d^+。如果目标约束是大于等于号，低于该值为不满足，因而只有负偏差变量 d^-。目标约束变为

$$g(x) - d^+ \leq 0 \text{ 或 } g(x) + d^- \geq 0$$

为了使目标约束尽量满足，就要求偏差变量尽量小，对于等式目标约束，则是要求正偏差和负偏差之和达到最小，当其和达到最小时，必然最多只有一个偏差量为正，不需再要求 $d^+ \times d^- = 0$。

三、优先因子

一个规划问题通常有多个目标,但决策者在达到这些目标时,有主次和轻重缓急之分,凡要求第一位的目标赋予优先因子 P_1,要求第二位的目标赋予优先因子 P_2,以此类推,令 $P_1 \gg P_2 \gg P_3 \gg \cdots \gg P_k$,优先因子不代表具体数,只代表目标的优先次序。同一优先级内部不同目标重要性也有区别,可以用赋权的方式加以区别。

目的规划的目标是要求所有目标约束的偏差值尽量小,由于目标的优先级不同,因而函数是按各软约束的正负偏差变量和赋予相应的优先因子而构成的。同一优先级目标的偏差值加权求和,不同级别的按优先级别依次求偏差最小。

假设共分 k 个级别,即 $P_1 \gg P_2 \gg P_3 \gg \cdots \gg P_k$,每个级别中的目标编号集合为 Ω_k $(k=1,2,\cdots,k)$。则目标函数可写为 $\sum_{k=1}^{k} p_k \left(\sum_{l \in \Omega_k} \omega_l (d_l^+ + d_l^-) \right)$。

如果硬约束和软约束的函数都是线性等式,则对应的目的规划为

$$\min \sum_{k=1}^{k} p_k \left(\sum_{l \in \Omega_k} \omega_l (d_l^+ + d_l^-) \right)$$

$$\text{s.t.} \begin{cases} \sum_{i=1}^{m} a_{ij} x_j + d_i^- - d_i^+ = b_i & i = 1, 2, \cdots, q \\ \sum_{i=1}^{m} a_{ij} x_j = b_i & i = q+1, \cdots, m \\ x_j, d_i^+, d_i^- \geq 0 & j = 1, 2, \cdots, n; \ i = 1, 2, \cdots, q \end{cases}$$

其中,前 q 个约束是目标约束,后面的是绝对约束。如果目标约束是不等式约束,则只需写其中一个偏差变量。

四、目的规划的求解

目的规划的模型是一个线性规划或者有优先级的多目标线性规划,有优先级的多目标线性规划本质上是求解多个线性规划,因而目的规划模型建立以后,可以利用线性规划的求解算法或软件求解。

例 5-3 在例 5-2 中,决策者在原料供应和工时限制的基础上考虑:首先是产品乙的产量不低于产品甲的产量;其次是利润额不小于 61 元,求决策方案。

解:按决策者所要求的,原材料和工时限制是硬约束,必须满足,因而有

$$\begin{aligned} 2x_1 + x_2 &\leq 11 \\ x_1 + 2x_2 &\leq 10 \end{aligned}$$

而产品产量关系和利润值要求是软约束,即下属两个约束可以不满足

$$\begin{aligned} x_1 - x_2 &\leq 0 \\ 8x_1 + 10x_2 &\geq 61 \end{aligned}$$

引入偏离因子,两个约束变为

$$x_1 - x_2 - d_1^+ \leqslant 0$$
$$8x_1 + 10x_2 + d_2^- \geqslant 61$$

根据题目表述，第一个软约束优先于第二个软约束，分别赋予这两个目标 P_1、P_2 优先因子，则偏离函数为

$$P_1 d_1^+ + P_2 d_2^-$$

综上可得目的规划模型为

$$\min \ P_1 d_1^+ + P_2 d_3^-$$
$$\text{s.t.} \begin{cases} 2x_1 + x_2 \leqslant 11 \\ x_1 + 2x_2 \leqslant 10 \\ x_1 - x_2 - d_1^+ \leqslant 0 \\ 8x_1 + 10x_2 + d_2^- \geqslant 61 \\ x_1, x_2, d_1^+, d_2^- \geqslant 0 \end{cases}$$

求解该问题先考虑第一级目标最小的规划，即求解

$$\min \ d_1^+$$
$$\text{s.t.} \begin{cases} 2x_1 + x_2 \leqslant 11 \\ x_1 + 2x_2 \leqslant 10 \\ x_1 - x_2 - d_1^+ \leqslant 0 \\ 8x_1 + 10x_2 + d_2^- \geqslant 61 \\ x_1, x_2, d_1^+, d_2^- \geqslant 0 \end{cases}$$

利用 LINGO 求得最优值为 0，然后再考虑第二优先级最小，即

$$\min \ d_2^-$$
$$\text{s.t.} \begin{cases} 2x_1 + x_2 \leqslant 11 \\ x_1 + 2x_2 \leqslant 10 \\ x_1 - x_2 - d_1^+ \leqslant 0 \\ d_1^+ = 0 \\ 8x_1 + 10x_2 + d_2^- \geqslant 61 \\ x_1, x_2, d_1^+, d_2^- \geqslant 0 \end{cases}$$

利用 LINGO 求得最优值为 1 对应的最优解就是该目的规划的解。

 提 示

(1) 目的规划没有最优目标，只有有限目标。

(2) 建立目的规划首先要区分硬约束和软约束，只有软约束才能设置偏离变量。

(3) 对于不等式约束也可以只设一个偏差变量，因为在目标函数中只出现了一个。

第三节　层次分析方法

前两节讲的多目标规划和目的规划的可行解都有很多，也就是可行方案有很多，这时的选择需要借助数学规划处理。而现实中还有一些决策问题的可行方案的个数比较少，往往通过两两比较就可以排出顺序，找出最优的方案。这类问题在比较和排序时考虑的标准往往也是多个，称为多属性或多准则决策。

多属性决策问题处理的方法一般是先建立评价指标体系，然后给出指标体系的权重，再给出每个方案在不同指标下的得分，最后通过加权求和计算出每个方案的总得分，根据总得分进行排序和选择。

层次分析法是20世纪70年代由美国运筹学家萨蒂(T.L.Saaty)提出的，是一种定性与定量分析相结合计算权重的方法。该方法吸收利用行为科学的特点，将决策者的经验判断给予量化，是一种定性与定量相结合的决策与评价方法。对目标(因素)结构复杂而且缺乏必要数据的情况，采用此方法较为实用，因而成为多属性决策和评价的最有效数学方法之一。

一、层次分析方法的基本思想

下面首先看一个例子。

朝阳柴油机厂(以下简称朝柴厂)的供应商遍布全国各地，其供货时间和数量相对比较随机，即朝柴厂发出订货通知就供货，这样会使得朝柴厂方面因需要接收各地的零件而不得不建造较大的储存空间，接收到的零件并不会一次马上消耗掉，因而会造成因储存零件而形成的浪费。并因为各地供货都是小批量的，因而无法形成规模效应，这就使得朝柴厂在运输方面也需要大量的投资。在这种情况下，选择一个配送中心作为自己供货的暂存区就显得尤为重要。

由于朝柴厂的供应商以长三角地区的居多，所以配送中心的选择以长三角地区为主。一般情况下，配送中心担任原料的收集和成品的销售两个任务，但在这次选址中只考虑原料收集任务。利用中心方法根据供应商的分布，初步选定最具实力的 3 个城市，即无锡、常州和昆山。

配送中心的建设是一项规模大、投资多、影响企业发展的系统工程。选择配送中心所在的城市要充分考虑各个城市的综合情况，充分利用各个城市的优势基础和优惠政策，以配送中心的经营成本最低和企业的效益最大化为目标。在选择城市时需要考虑的因素主要包括交通便利性、土地价格、人力资源、物流业发展情况、税收水平 5 个指标，现需要根据上述指标对 3 个城市进行评价，从中选择一个最佳地点。

上面的选址问题与前面讲过的优化问题有很大的差异，它可供选择的方案数量只有 3 个，因此不需要建立数学规划模型，但由于其评价指标比较多，而又不存在一个方案在所有指标上都优于其他方案，这就给选择带来了很大的困难，需要综合考虑各项指标，给出一个整体的评价。

该决策涉及 3 个因素，分别是目标、选择准则和可选方案，分别称为目标层(选择最佳配送中心位置)、准则层(交通便利性、土地价格、人力资源、物流业水平、税收水平等 5 个准则)和方案层(无锡、常州和昆山等 3 个选择地点)。

可以用图 5-8 表示它们之间的关系。

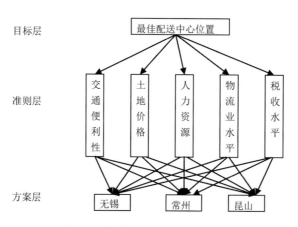

图 5-8　配送中心选择的指标体系

如果能够得到各准则对目标的权重，以及各方案对每一个准则的得分，则可以通过加权求和的方法计算出每个方案相对于所有指标的总得分，从中选择总得分最高的方案即可。

解决问题的关键和难点就在于求出下一层对上一层的权重，以及不同方案在同一指标下的相对得分。因为这些指标中有些是可以量化的，而有些是定性的，指标之间也很难直接比较。

层次分析方法解决问题的思路是不直接求权重，而是先比较两个准则相对于目标层的重要性或两个方案相对于同一个准则的好坏，通过两两比较得出一个比较矩阵，然后通过比较矩阵计算权重，两个因素比较要比多个因素比较容易些。

为了便于理解层次分析方法，首先看一个类似的问题，假设有 n 个物体，如果知道它们的重量向量 $w = (w_1, w_2, \cdots, w_n)^{\mathrm{T}}$，就可以计算出两两比较矩阵，即

$$B = \begin{bmatrix} \dfrac{W_1}{W_1} & \dfrac{W_1}{W_2} & \cdots & \dfrac{W_1}{W_n} \\ \dfrac{W_2}{W_1} & \dfrac{W_2}{W_2} & \cdots & \dfrac{W_2}{W_n} \\ \vdots & \vdots & \ddots & \vdots \\ \dfrac{W_n}{W_1} & \dfrac{W_n}{W_2} & \cdots & \dfrac{W_n}{W_n} \end{bmatrix}$$

显然，有以下关系，即

$$Bw = nw \tag{5-1}$$

从数学上可以证明，n 是矩阵 B 的最大正特征根。也就是说，重量向量是两两比较矩

阵对应最大正特征根的特征向量。假设不知道重量向量，而有一个没有砝码的天平，分别把物品放在天平的两个托盘上可以测出两个物体的相对重量，也就可以得到两两比较矩阵。特征根的特征向量不唯一，由式(5-1)可知，根据两两比较矩阵可以计算出归一化的重量向量。

利用天平测量难免会有误差，在有误差的情况下矩阵 B 的最大正特征根是大于n，式(5-1)就会变成

$$Bw = \lambda_{\max} w \tag{5-2}$$

式中，$\lambda_{\max}$ 为矩阵 B 的最大正特征根。根据式(5-2)可以计算出归一化的重量向量的近似值。

层次分析方法就是根据这种思想计算权重的，把指标看成物品，把权重看成是重量，首先得到两两比较矩阵，然后利用式(5-2)计算权重。

二、判别矩阵

指标不是物品，无法放在天平上测量，只能根据经验去做主观判断，所以又称为判别矩阵。当比较两个可能有不同性质的因素 C_i 和 C_j 对于上层因素 O 的影响时，采用怎样的相对刻度较好？

萨蒂提出用 1~9 尺度最好，即 a_{ij} 取值为 1~9 或其互反数 $1\sim\dfrac{1}{9}$，见表5-7。

表5-7 判别矩阵取值

标度 a_{ij}	定 义
1	因素 a_{ij} 与因素 a_{ij} 相同重要
3	因素 a_{ij} 比因素 a_{ij} 稍重要
5	因素 a_{ij} 比因素 a_{ij} 较重要
7	因素 a_{ij} 比因素 a_{ij} 非常重要
9	因素 a_{ij} 比因素 a_{ij} 绝对重要
2,4,6,8	因素 a_{ij} 与因素 a_{ij} 的重要性介于上述两个相邻等级之间
$1,\dfrac{1}{3},\dfrac{1}{5},\dfrac{1}{7},\dfrac{1}{9}$	因素 a_{ij} 与因素 a_{ij} 比较得到判断值为 a_{ij} 的互反数，$a_{ji}=\dfrac{1}{a_{ij}}$、$a_{ii}=1$

 提 示

(1) 以上比较的标度，萨蒂曾用过多种标度比较，得到的结论认为，1~9 尺度不仅在较简单的尺度中最好，而且比较的结果并不劣于较为复杂的尺度。

(2) 这种判断应该是由具有决策权的人或者专业人士做出的，才具有说服力和可信度。

例如，在选址决策问题中，交通便利相对于土地价格的重要性：$a_{12}=\dfrac{1}{2}$，表示土地价格相对于交通便利而言稍微重要；$a_{13}=4$，表示交通便利相对于人力资源而言比较重要；

$a_{23} = 7$，表示土地价格相对于人力资源而言非常重要。

采用上述方法，每次取两个因素 C_i 和 C_j 比较其对目标因素 O 的影响，并用 a_{ij} 表示，所有的指标两两比较后就可以得到判别矩阵，即

$$A = (a_{ij})_{n \times n}, a_{ij} > 0, a_{ij} = \frac{1}{a_{ji}}$$

例如，对于上述例子可以得到以下判别矩阵，即

$$A = \begin{bmatrix} 1 & \frac{1}{2} & 4 & 3 & 3 \\ 2 & 1 & 7 & 5 & 5 \\ \frac{1}{4} & \frac{1}{7} & 1 & \frac{1}{2} & \frac{1}{3} \\ \frac{1}{3} & \frac{1}{5} & 2 & 1 & 1 \\ \frac{1}{3} & \frac{1}{5} & 3 & 1 & 1 \end{bmatrix}$$

给出判别矩阵后，就可以利用式(5-1)或者式(5-2)去求权重，由于判别矩阵是人为主观给出的，难免会有不合理的地方，因而只能利用式(5-2)。判别矩阵是否合理，直接决定着结果是否可用，因而在计算前还需要对判别矩阵是否合理做出判断，也就是要对判别矩阵进行一致性分析。

三、判别矩阵的一致性

显然，对于任意 3 个物品即 i、j、k，两两比较矩阵 B 满足以下关系，即

$$b_{ij} = \frac{w_i}{w_j} = \frac{w_i}{w_k} \times \frac{w_k}{w_j} = b_{ik} \times b_{kj}$$

对于判别矩阵 A，也应该具有上述性质，如果对任意的 $1 \leq i, j, k \leq n$ 都满足

$$a_{ij} = a_{ik} \times a_{kj}$$

则称为判别矩阵 A 是完全一致性矩阵，简称一致矩阵。

可以证明，完全一致矩阵的最大正特征根就是 n，对于完全一致的矩阵，就可以利用以下公式计算权重，即

$$Aw = nw$$

当人们对复杂事件的各因素采用两两比较时，所得到的主观判断矩阵 A，一般不可直接保证正互反矩阵 A 就是一致正互反矩阵，因而存在误差(及误差估计问题)。例如，对于上述判别矩阵，有

$$a_{21} = 2, \quad a_{13} = 4$$

所以

$$a_{21} \times a_{13} = 2 \times 4 = 8$$

而 $a_{23} = 7$，这说明上述判别矩阵不是一致性矩阵。

这种不一致必然导致最大正特征值 λ_{max} 与 n 的差距，不一致的地方越多、不一致的程度就越大，λ_{max} 与 n 的差距也就会越大，此时就导致问题 $Aw = \lambda_{max} w$ 与问题 $Aw = nw$ 之间的差别。

因此，为了避免误差太大，就要衡量判别矩阵 A 的一致性。由于判别矩阵一致性综合体现在 λ_{max} 与 n 的差距，因而人们就用 $\lambda_{max} - n$ 去衡量一致性。考虑到同样的差距对不同规模的矩阵的意义是不一样的，如果一个 $n=10$ 的矩阵和 $n=100$ 的矩阵的差距都等于 3，100 个数的综合差距为 3 和 10000 个数的综合差距为 3 的意义大不一样，显然 $n=100$ 的矩阵的不一致性更小，也就是说，$\lambda_{max} - n$ 与 n 的大小有关，因而实际计算中把一致性的指标定义为

$$CI = \frac{\lambda_{max} - n}{n - 1}$$

显然，有以下性质。

(1) 当 $CI = 0$ 时，有 $CI = 0$，差别矩阵 A 为完全一致性。

(2) CI 值越大，判别矩阵 A 的完全一致性越差。

(3) 一般来讲，当 CI 小于某个阈值时，就认为判别矩阵 A 的一致性可以接受；否则应重新进行两两比较，构造判断矩阵。

实际操作时发现：CI 还是与 n 的大小有关系。于是进一步引入修正值 RI 来校正一致性检验指标，并定义新的一致性检验指标为

$$CR = \frac{CI}{RI}$$

修正系数 RI 的取值是根据大量计算结果得出的经验值，具体见表 5-8。

表 5-8 修正值表

A 的维数	3	4	5	6	7	8	9
RI	0.58	0.90	1.12	1.24	1.32	1.41	1.45

当 $CR < 0.1$ 时，认为判别矩阵 A 的不一致程度在允许范围内，可用其特征向量作为权向量；否则，对判别矩阵 A 重新进行成对比较，重构新的判别矩阵 A。

四、特征根和特征向量的近似求法

计算一致性检验系数需要求出最大正特征根，计算判断矩阵最大特征根和对应阵向量并不需要追求较高的精确度，这是因为判别矩阵本身有相当大的误差范围。而且优先排序的数值也是定性概念的表达，权重系数在一定范围内变化并不会影响各方案的排名顺序，因而从应用性来考虑也希望使用较为简单的近似算法。常用的有以下求特征根的近似求法，即"和法""根法""幂法"，具体如下。

1. "和法"

和法是先求对应特征向量的近似值，然后再求特征根，求特征向量的方法如下。

(1) 将判别矩阵 A 的每一个列向量归一化得

$$d_{ij} = \frac{a_{ij}}{s_j}$$

其中，$s_j = \sum_{i=1}^{n} a_{ij}$。

(2) 对列归一化后的矩阵按行求和，得一列向量，即

$$u_i = \sum_{j=1}^{n} d_{ij} \quad i = 1, 2, \cdots, n$$

(3) 将所得列向量归一化，即

$$w_i = \frac{u_i}{v} \quad i = 1, 2, \cdots, n$$

其中，$v = \sum_{i=1}^{n} u_i$。所得向量 $\boldsymbol{w} = (w_1, w_2, \cdots, w_n)^{\mathrm{T}}$ 就是特征向量，也就是权向量。

根据公式

$$\boldsymbol{Aw} = \lambda_{\max} \boldsymbol{w}$$

令 $\boldsymbol{r} = \boldsymbol{Aw}$，则有

$$\boldsymbol{r} = \lambda_{\max} \boldsymbol{w}$$

如果没有误差，对每一个分量都有

$$r_i = \lambda_{\max} w_i$$

即

$$\lambda_{\max} = \frac{r_i}{w_i}$$

由于特征向量是一个近似值，所以各分量比值不相等，取其平均值作为特征向量的近似值，即

$$\lambda_{\max} = \frac{\sum_{i=1}^{n} \frac{r_i}{w_i}}{n} = \sum_{i=1}^{n} \frac{(\boldsymbol{Aw})_i}{nw_i}$$

2．"根法"

根法也是先求特征向量的近似值，再求特征根的近似值，其求特征根的近似值与和法一样，差别就在于求特征向量近似值的方法不同。

(1) 将判别矩阵 A 的每一个列向量归一化得

$$d_{ij} = \frac{a_{ij}}{s_j}$$

其中，$s_j = \sum_{i=1}^{n} a_{ij}$。

(2) 对列归一化后的矩阵按行求乘积，然后开 n 次方，得一列向量，即

$$u_i = \sqrt[n]{\prod_{j=1}^{n} d_{ij}} \quad i=1,2,\cdots,n$$

(3) 将所得列向量归一化，即有

$$w_i = \frac{u_i}{v} \quad i=1,2,\cdots,n$$

其中，$v = \sum_{i=1}^{n} u_i$。所得向量 $\boldsymbol{w} = (w_1, w_2, \cdots, w_n)^\mathrm{T}$ 就是特征向量，也就是权向量。

计算最大特征根计算式为

$$\lambda_{\max} = \sum_{i=1}^{n} \frac{(\boldsymbol{Aw})_i}{nw_i}$$

3. "幂法"

幂法求特征向量的方法是通过迭代的过程实现的，具体步骤如下。

第一步：任取 n 维初始向量 $\boldsymbol{w}^0$，并预先给定的 $k=0$。令

$$v^0 = \max_{i=1,2,\cdots,n} w_i^0, \quad y^0 = \frac{w^0}{v^0}$$

第二步：按照下列公式计算下一个向量，即

$$\boldsymbol{w}^{k+1} = Ay^k$$

令

$$v^{k+1} = \max_{i=1,2,\cdots,n} w_i^{k+1}, \quad y^{k+1} = \frac{w^{k+1}}{v^{k+1}}$$

第三步：如果 $|v^{k+1} - v^k| \leqslant \varepsilon$（其中 ε 为足够小的正数），转第四步；否则令 $k = k+1$，返回第二步。

第四步：计算特征向量和最大特征根，即

$$w_i = \frac{y_i}{\sum_{j=1}^{n} y_j} \quad i=1,2,\cdots,n \qquad \lambda_{\max} = \sum_{i=1}^{n} \frac{(\boldsymbol{Aw})_i}{nw_i}$$

提 示

(1) 3 种方法计算的结果一般不相同，但差距不会太大。

(2) 3 种方法中最简单的是和法，也是实践中用得最多的，根法需要开 n 次方，幂法需要多次迭代。

(3) 幂法的计算结果精度会比较好，其初始向量可以用和法的结果。

五、层次分析法的基本步骤

综上分析，层次分析方法的步骤如下。

1. 建立层次结构模型

将有关因素按照属性自上而下地分解成若干层次。同一层各因素从属于上一层因素，或对上层因素有影响，同时又支配下一层的因素或受到下层因素的影响。最上层为目标层(一般只有一个因素)，最下层为方案层或对象层或决策层，中间可以有一个或几个层次，通常为准则层或指标层。

2. 构造判别矩阵

以层次结构模型的第 2 层开始，对于从属于(或影响到)上一层每个因素的同一层诸因素，用成对比较法和 1~9 比较尺度构造成对比较矩阵，直到最下层。

3. 计算特征向量和特征根的近似值

对每一个判别矩阵计算最大特征根 $u_i(i=1,2,\cdots,k)$ 及对应的特征向量的近似值(和法、根法、幂法等) $u_i(i=1,2,\cdots,k)$。

4. 一致性检验

对每一个判别矩阵利用一致性指标做一致性检验，若通过检验则转下一步；否则需重新构造判别矩阵，转第 3 步。

5. 层次总排序

如果有多层准则，需要从上到下分别计算各层相对于总目标的权系数，假设上一层对总目标的权重分别为 $u_i(i=1,2,\cdots,k)$，下一层对上一层第 i 个准则的权系数为 $v_j(j=1,2,\cdots,l)$，则下一层第 j 个准则对总目标的权重就是 $u_i v_j$。

计算综合一致性检验系数，在计算下层准则对上层每个准则的权重时都构造了一个判别矩阵，该层对应判别矩阵的一致性检验系数，按照该层权重加权求和就是上层的综合一致性检验系数，如果综合一致性检验系数小于 0.1，则说明这一层总体上通过一致性检验。

通过总体一致性检验后，计算每个方案在最底层准则的得分，然后按照最底层准则对总目标的权重加权求和，计算出每个方案的总得分并排序。

例 5-4 在选址问题中，求目标层到准则层的判别矩阵为 A 的特征向量和最大特征根。

$$A = \begin{bmatrix} 1 & \frac{1}{2} & 4 & 3 & 3 \\ 2 & 1 & 7 & 5 & 5 \\ \frac{1}{4} & \frac{1}{7} & 1 & \frac{1}{2} & \frac{1}{3} \\ \frac{1}{3} & \frac{1}{5} & 2 & 1 & 1 \\ \frac{1}{3} & \frac{1}{5} & 3 & 1 & 1 \end{bmatrix}$$

解：利用"和法"求 A 的特征向量和特征根。

(1) 将矩阵的元素按列归一化得

$$\begin{bmatrix} 0.265 & 0.245 & 0.235 & 0.286 & 0.290 \\ 0.510 & 0.489 & 0.411 & 0.476 & 0.484 \\ 0.064 & 0.070 & 0.059 & 0.048 & 0.032 \\ 0.085 & 0.098 & 0.118 & 0.095 & 0.097 \\ 0.085 & 0.098 & 0.176 & 0.095 & 0.097 \end{bmatrix}$$

(2) 将新矩阵中的元素按行求和，得各行元素之和为

$$\begin{bmatrix} 1.312 \\ 2.370 \\ 0.273 \\ 0.493 \\ 0.511 \end{bmatrix}$$

(3) 再将上述矩阵向量归一化得到特征向量近似值，即

$$\frac{1}{4.999} \begin{bmatrix} 1.312 \\ 2.370 \\ 0.273 \\ 0.493 \\ 0.511 \end{bmatrix} = \begin{bmatrix} 0.262 \\ 0.474 \\ 0.055 \\ 0.099 \\ 0.102 \end{bmatrix}$$

(4) 计算与特征向量相对应的最大特征根(近似值)，即

$$AW = \begin{bmatrix} 1.34 \\ 2.425 \\ 0.274 \\ 0.5 \\ 0.555 \end{bmatrix}$$

该向量与权重对应分量的商为

$$\frac{(AW)_i}{W_i} = \begin{bmatrix} 5.124 \\ 5.111 \\ 5.026 \\ 5.076 \\ 5.028 \end{bmatrix}$$

其所有分量的平均值为 5.073，所以最大特征根为 $\lambda_{\max} = 5.073$。对判别矩阵 A 一致性检验指标为

$$CI = \frac{\lambda_{\max} - 5}{4} = 0.018$$

由于 n=5 时，$RI = 1.12$，所以

$$CR = \frac{CI}{RI} = 0.016$$

其取值小于 0.1，所以通过一致性检验。

上述过程也可以在 Excel 中计算，输入公式如图 5-9 和图 5-10 所示。

	B	C	D	E	F	G	H	I	J	K	L	M
4				判别矩阵				列标准化				
5		1	0.5	4	3	3		=C5/C$10	=D5/D$10	=E5/E$10	=F5/F$10	=G5/G$10
6		=1/D5	1	7	5	5		=C6/C$10	=D6/D$10	=E6/E$10	=F6/F$10	=G6/G$10
7		=1/E5	=1/E6	1	0.5	=1/3		=C7/C$10	=D7/D$10	=E7/E$10	=F7/F$10	=G7/G$10
8		=1/F5	=1/F6	=1/F7	1	1		=C8/C$10	=D8/D$10	=E8/E$10	=F8/F$10	=G8/G$10
9		=1/G5	=1/G6	=1/G7	=1/G8	1		=C9/C$10	=D9/D$10	=E9/E$10	=F9/F$10	=G9/G$10
10	列和	=SUM(C5:C9)	=SUM(D5:D9)	=SUM(E5:E9)	=SUM(F5:F9)	=SUM(G5:G9)						

图 5-9 输入公式一

	M	N	O	P	Q	R	S
4		行和	权重	内积	商		
5	=G5/G$10	=SUM(I5:M5)	=SUM(I5:M5)/5	=C5*O$5+D5*O$6+E5*O$7+F5*O$8+G5*O$9	=P5/O5		
6	=G6/G$10	=SUM(I6:M6)	=SUM(I6:M6)/5	=C6*O$5+D6*O$6+E6*O$7+F6*O$8+G6*O$9	=P6/O6		
7	=G7/G$10	=SUM(I7:M7)	=SUM(I7:M7)/5	=C7*O$5+D7*O$6+E7*O$7+F7*O$8+G7*O$9	=P7/O7		
8	=G8/G$10	=SUM(I8:M8)	=SUM(I8:M8)/5	=C8*O$5+D8*O$6+E8*O$7+F8*O$8+G8*O$9	=P8/O8	=R10/R9	CR
9	=G9/G$10	=SUM(I9:M9)	=SUM(I9:M9)/5	=C9*O$5+D9*O$6+E9*O$7+F9*O$8+G9*O$9	=P9/O9	1.12	RI
10					=AVERAGE(Q5:Q9)	=(Q10-5)/4	CI
11					特征根		

图 5-10 输入公式二

输出结果如图 5-11 所示。

	A	B	C	D	E	F	G	H	I	J	K	L	M	N	O	P	Q	R	S
4					判别矩阵				列标准化						行和	权重	内积	商		
5			1.00	0.50	4.00	3.00	3.00		0.255	0.245	0.235	0.286	0.29	1.311	0.262	1.344	5.124		
6			2.00	1.00	7.00	5.00	5.00		0.511	0.49	0.412	0.476	0.484	2.372	0.474	2.425	5.111		
7			0.25	0.14	1.00	0.50	0.33		0.064	0.07	0.059	0.048	0.032	0.272	0.054	0.274	5.026		
8			0.33	0.20	2.00	1.00	1.00		0.085	0.098	0.118	0.095	0.097	0.493	0.099	0.5	5.076	0.016	CR
9			0.33	0.20	3.00	1.00	1.00		0.085	0.098	0.176	0.095	0.097	0.551	0.11	0.555	5.028	1.12	RI
10		列和	3.92	2.04	17.00	10.50	10.33										5.073	0.018	CI
11																	特征根		

图 5-11 输出结果

第四节 应用案例分析第三方物流供应商选择

第三方物流供应商的选择对于企业物流外包具有至关重要的作用，影响第三方物流供应商的选择因素有多个，因而可以考虑运用层次分析方法解决。

某企业需要进行物流业务外包，初步筛选后有 3 个物流供应商，即 A、B、C 可供选择。为了易于度量和比较，采用 AHP 法建立物流供应商评价指标体系和评判模型，取得较好的效果。

一、确定评价指标

第三方物流是由供方和需方以外的物流企业提供物流服务的业务模式，它提供的不是实实在在的产品，而是服务。由于其所处行业的特殊性和复杂性，衡量的指标体系应能够反映物流企业关系契约化、业务专业化、服务针对化、管理科学化、信息共享化等特征，以反映竞争能力和客户满意度为目标。因此，根据第三方物流运作的特征，结合运作中存在的问题，本例提出了由服务质量、服务能力、规模实力和服务价格 4 个方面组成的物流服务商评价指标体系，具体结构如图 5-12 所示。

服务质量指物流服务满足市场需要的能力，主要指标有准时率、准确率和残损率等；服务能力反映企业的竞争力的源泉，就是比竞争对手创造更多的顾客价值，主要通过整合性、个性和灵活性 3 个方面来体现；规模实力的大小是人们判断一个企业的营运能力和竞争实力强弱的最直接的衡量标准，主要指标有经验、规模和信誉等；从服务价格的高低可以看出第三方物流企业对于物流成本的控制水平，从侧面反映出该企业的物流技术能力，主要指标有固定价格、市场浮动价和批量价格等。

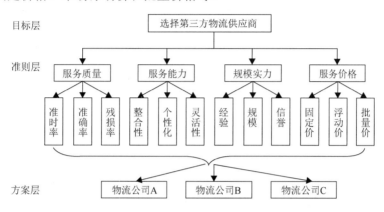

图 5-12　评价指标结构框图

二、构造判别矩阵并进行一致性检验

利用 1～9 标度法进行成对比较，同时参考专家意见，确定各因素之间的相对重要性，并赋予相应的分值，构造出各层次中的所有判别矩阵，并计算权向量和一致性检验。

1. 建立 A-B 判别矩阵

根据服务质量、能力、规模和价格对目标层重要程度，得 **A-B** 判别矩阵(见表 5-9)。

表 5-9　A-B 判别矩阵

A	B_1	B_2	B_3	B_4
B_1	1	2	3	2
B_2	1/2	1	2	1/2
B_3	1/3	1/2	1	1/2
B_4	1/2	2	2	1

利用 Excel 按照和法计算特征向量和特征根，并进行一致性检验，结果如图 5-13 所示。

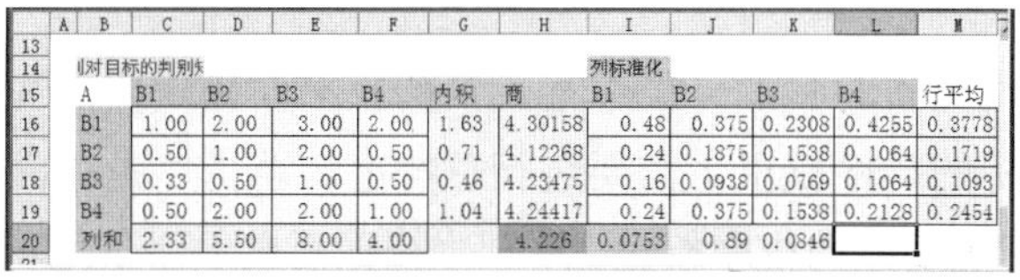

图 5-13　计算结果

该判别矩阵一致性检验系数为 0.0846，通过一致性检验，计算的权重为(0.377825286, 0.171932283, 0.109264014, 0.245403028)。

2. 建立 B-C 判别矩阵

依据同样的规则确定 B-C 判别矩阵，并计算其特征向量(见表 5-10 至表 5-13)。

表 5-10 B_1-C 判别矩阵

B_1	C_1	C_2	C_3	W
C_1	1	2	3	0.550
C_2	1/2	1	2/3	0.210
C_3	1/3	3/2	1	0.240
检验		$\overline{G}$ =3.0735，CR=0.063<0.1		

表 5-11 B_2-C 判别矩阵

B_2	C_4	C_5	C_6	W
C_4	1	1/2	1/3	0.167
C_5	2	1	2/3	0.333
C_6	3	3/2	1	0.500
检验		$\overline{G}$ =3，CR=0<0.1		

表 5-12 B_3-C 判别矩阵

B_3	C_7	C_8	C_9	W
C_7	1	2/3	2	0.333
C_8	3/2	1	3	0.500
C_9	1/2	1/3	1	0.167
检验		$\overline{G}$ =3，CR=0<0.1		

表 5-13 B_4-C 判别矩阵

B_4	C_{10}	C_{11}	C_{12}	W
C_{10}	1	3	2	0.545
C_{11}	1/3	1	2/3	0.182
C_{12}	1/2	3/2	1	0.273
检验		$\overline{G}$ =3，CR=0<0.1		

可以看出，所有单排序的 CR<0.1，认为每个判别矩阵一致性都是可以接受的。

三、层次总排序

上面得到的是一组元素对其上一层中某元素的权重向量。要最终得到各元素特别是最低层中各方案对于目标的排序权重，需要进行总排序。总排序是指同一层次所有因素对于目标层(最上层)的相对重要性的排序权重。总排序权重要自上而下地将单准则下的权重进行合成。

计算最终 C 层因素相对目标层权重。计算结果见表 5-14。

表 5-14 A-C 判别矩阵总排序

B层及权重 C层及权重	服务质量 0.424	服务能力 0.227	规模实力 0.122	服务价格 0.227	C层因素总 权重排序 C_w
准时率 C_1	0.550				0.207804
准确率 C_2	0.210				0.079343
残损率 C_3	0.240				0.090678
整合性 C_4		0.167			0.028713
个性化 C_5		0.333			0.057253
灵活性 C_6		0.500			0.085966
经 验 C_7			0.333		0.036385
规 模 C_8			0.500		0.054632
信 誉 C_9			0.167		0.018247
固定价格 C_{10}				0.545	0.133745
市场浮动价 C_{11}				0.182	0.044663
批量价格 C_{12}				0.273	0.066995

由表 5-14 可见，在方案评比中，准时率 C_1 占有最重要的地位，其总权重为 20.78%。

四、综合评比结果

综合考虑各因素的影响，邀请专家团对 3 个物流企业在各指标方面表现情况进行打分，采用十分制，结果见表 5-15。

表 5-15 3 个物流企业的指标分值

X	x_1	x_2	x_3	x_4	x_5	x_6	x_7	x_8	x_9	x_{10}	x_{11}	x_{12}
A	8	7	8	9	5	6	6	8	7	6	8	8
B	6	5	7	6	10	9	8	6	7	8	8	6
C	7	6	8	9	6	7	10	8	10	9	9	8

结合上述计算的权重 C_i，按照公式 $y = \sum_{i=1}^{12} C_i x_i$ 可得各物流供应商的综合分值，如图 5-14 所示。

图 5-14 总得分计算结果

即 A 的得分为 6.4826，B 的得分为 6.3726，C 的得分为 6.9848。显然，物流供应商 C 为最优。

习　　题

1. 某市计划发展委员会安排下一个年度的重大项目规划，计划一年安排总投资不超过 60 亿元，经过初期筛选选中 8 项可供考虑，每个项目需要投资的数量(单位为亿元)、建成后的年利润(单位为亿元)、每年废物排放量(单位为万吨)和租用的劳动力(单位为千人)如表 5-16 所示。

表 5-16　项目信息

项　目	1	2	3	4	5	6	7	8
投　资	2.4	5.2	11	6.2	17	21	3.5	6.1
利　润	0.4	1	3	2	4	5	0.7	1.5
废　物	0.3	2	3	3	3	5	1	0.5
劳动力	0.6	1.1	2	2.8	1	1.5	2	1.2

为了保护环境，该市签订了环保责任书，承诺新增废物量不超过 15 万吨，从经济的角度要求利润尽可能高，从社会发展的角度讲要求新增就业岗位尽量多，问应如何选择投资项目？

2. 求解以下多目标规划的有效解和弱有效解。

$$\max 8x_1 + 10x_2$$
$$\min x_2$$
$$\text{s.t.} \begin{cases} 2x_1 + x_2 \leq 8 \\ 3x_1 - 2x_2 \geq 6 \\ x_1, x_2 \geq 0 \end{cases}$$

3. 用优先级方法求解以下多目标规划，其中第一个目标优先于第二个目标。

$$\max 2x_1 + 3x_2 + x_3$$
$$\min x_1 - 2x_2$$
$$\text{s.t.} \begin{cases} 2x_1 + x_2 + x_3 \leq 8 \\ 3x_1 - 2x_2 + 2x_3 \geq 6 \\ x_1, x_2, x_3 \geq 0 \end{cases}$$

4. 某工厂生产两种产品，每件产品 A 可获利 10 元，每件产品 B 可获利 8 元，每生产一件产品 A 需要工时 3h，每生产一件产品 B 需要工时 2.5h。每周总的有效工时为 120h。若加班生产最多可增加工时 60h，但加班生产每件产品 A 的利润降低 1.5 元，每件产品 B 的利润降低 1 元。决策者希望总利润最大，同时加班时间不超过 50h，产品 A 的产量不低于产品 B 产量的 2/3。试建立该问题的目的规划模型。

5. 计算下列判别矩阵的权重，并做一致性检验。

$$\begin{bmatrix} 1 & 5 & 3 & 0.5 \\ 0.2 & 1 & 2 & 0.2 \\ \frac{1}{3} & 0.5 & 1 & \frac{1}{3} \\ 2 & 5 & 3 & 1 \end{bmatrix}$$

案例分析题

公务员招聘

我国公务员制度已实施多年,1993年10月1日颁布施行的《国家公务员暂行条例》规定:"国家行政机关录用担任主任科员以下的非领导职务的国家公务员,采用公开考试、严格考核的办法,按照德才兼备的标准择优录用。"目前,我国招聘公务员的程序一般分为3步进行:公开考试(笔试)、面试考核、择优录取。

现有某市直属单位因工作需要,拟向社会公开招聘7名公务员,具体的招聘办法和程序如下。

(1) 公开考试。凡是年龄不超过30周岁,大学专科以上学历,身体健康者均可报名参加考试,考试科目有综合基础知识、专业知识和"行政职业能力测验"3个部分,每科满分为100分。根据考试总分的高低排序按1:2的比例(共14人)选择进入第二阶段的面试考核。

(2) 面试考核。面试考核主要考核应聘人员的知识面、对问题的理解能力、应变能力、表达能力等综合素质。按照一定的标准,面试专家组对每个应聘人员的各个方面都给出一个等级评分,从高到低分成A、B、C、D这4个等级,具体结果如表5-17所示。

(3) 由招聘领导小组综合专家组的意见、笔初试成绩以及各用人部门需求确定录用名单,并分配到各用人部门。

该单位拟将录用的7名公务员安排到所属的6个部门,并且要求每个部门至少安排一名公务员。这6个部门按工作性质可分为3类,即行政管理、技术管理、公共事业,如表5-17所示。

招聘领导小组在确定录用名单的过程中,本着公平、公开的原则,同时考虑录用人员的合理分配和使用,有利于发挥个人的特长和能力。招聘领导小组将6个用人单位的基本情况(包括福利待遇、工作条件、劳动强度、晋升机会和学习深造机会等)和3类工作对聘用公务员的具体条件的希望达到的要求都向所有应聘人员公布(见表5-18)。每一位参加面试的人员都可以申报两个自己的工作类别志愿(见表5-17)。

表5-17 招聘公务员笔试成绩、专家面试评分及个人志愿

应聘人员	笔试成绩	申报类别志愿		专家组对应聘者特长的等级评分			
				知识面	理解能力	应变能力	表达能力
人员1	290	(2)	(3)	A	A	B	B
人员2	288	(3)	(1)	A	B	A	C
人员3	288	(1)	(2)	B	A	D	C
人员4	285	(2)	(3)	A	B	B	B
人员5	283	(3)	(2)	B	A	B	C

续表

应聘人员	笔试成绩	申报类别志愿		专家组对应聘者特长的等级评分			
				知识面	理解能力	应变能力	表达能力
人员 6	283	(3)	(1)	B	D	A	B
人员 7	280	(2)	(1)	A	B	C	B
人员 8	280	(2)	(4)	B	A	A	C
人员 9	280	(1)	(3)	B	B	A	B
人员 10	280	(3)	(1)	D	B	A	C
人员 11	278	(2)	(1)	D	C	B	A
人员 12	277	(3)	(1)	A	B	C	A
人员 13	275	(2)	(1)	B	C	D	A
人员 14	275	(1)	(3)	D	B	A	B

表 5-18 用人部门的基本情况及对公务员的期望要求

用人部门	工作类别	各用人部门的基本情况					各部门对公务员特长希望达到的要求			
		福利待遇	工作条件	劳动强度	晋升机会	深造机会	知识面	理解能力	应变能力	表达能力
部门 1	(1)	中	优	大	多	少	A	B	B	C
部门 2	(1)	中	优	中	少	多	A	B	B	C
部门 3	(2)	优	差	大	多	多	C	C	A	A
部门 4	(2)	优	中	中	中	中	C	C	A	A
部门 5	(3)	中	中	中	中	多	C	B	B	A
部门 6	(3)	优	中	大	少	多	C	B	B	A

请研究下列问题。

(1) 如果不考虑应聘人员的意愿，择优按需录用，试帮助招聘领导小组设计一种录用分配方案。

(2) 在考虑应聘人员意愿和用人部门的希望要求的情况下，请帮助招聘领导小组设计一种分配方案。

(资料来源：http://www.mcm.edu.cn/html_cn/block/8579f5fce999cdc896f78bca5d4f8237.html)

第六章

图与网络优化

在现实中有许多与图有关的问题，如网络设计、路线选择和流量安排等问题，虽然有些问题可以用数学规划等方法来解决，但如果从其自身的特点出发设计算法会更简单，这类问题都是基于图与网络的工具。因而，本章重点介绍图的基本概念和网络优化的基本问题与算法。

第一节　图的基本概念

在现实中有很多图，如地图、交通图、设计图等，对于铁路交通图，如果不是火车司机，就不会关注火车线路的具体走向，所关注的是两个地方之间通过火车能否到达，或者需要多长时间、多少费用等，这些才是影响决策的主要因素。因而，在考虑决策时可以对这些图进行抽象和简化处理，不用在意线路的具体走向和粗细，而是刻画两个对象之间是否存在关联关系，这样就可以得到图的概念。

一、图与子图

1. 图的定义

图是用来表示不同对象之间是否存在某种关系的结构，根据关系的类型，图可以分为有向图和无向图。

如果对象之间的关系是双向的，或者说是相互的，对应的图就是无向图，一般用集合 N 表示对象，用集合 E 表示不同对象之间的关系集合，就可以得到一个二元组(N,E)，这个二元组就称为无向图，记为 $G=(N,E)$。其中，对象称为顶点，集合 N 为顶点集，关系称为边，集合 E 为边集。

例如，考虑南京、合肥、徐州、郑州和武汉等城市之间的交通图，如图 6-1 所示。

图 6-1　交通图

令城市为对象，用点来表示。如果两个城市间有铁路直接相连，就称两个城市之间存在关系，对应两点之间连一条边；否则不存在关系，两点之间不连边，就可以得到一个表示不同城市之间是否有铁路直接相连关系的图，如图 6-2 所示。

图 6-2　逻辑图

由于关系必然是某两个对象之间的关系，称两个对象对应的顶点为关系对应边的端点，显然一条边有两个端点。如果某个顶点是某条边的端点，就称该顶点和边是关联的；如果两条边有共同的端点，则称两条边是邻接的；如果两个顶点是同一条边的端点，则称两个顶点是邻接的。

显然，关联是点与边之间的关系，而邻接是边与边或者点与点之间的关系。例如，在图 6-2 中，顶点郑州和徐州是邻接的，而郑州和南京不邻接，也就是说，郑州和徐州之间不需要通过中间城市就可以乘坐火车到达，而郑州和南京之间就必须通过其他 3 个城市才能到达。

图 6-2 是比较常见的图，有些时候会遇到一些特殊情况。如果两个城市之间有两条不同的铁路，对应两点就会有两条边。如果两条边的两个端点相同就称两条边为重边，如图 6-3 中边 e_2 和 e_3 所示。

如果某个城市没有铁路，则与其他城市之间没有边。不与任何边关联的点称为孤立点，如图 6-3 中点 2 所示。

还有一些边的两个端点重合，两个端点重合为一点的边就称为圈，如图 6-3 中边 e_6 所示。

没有重边和圈的图，称为简单图，图 6-4 就是一个简单图。

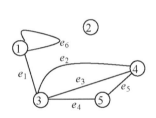

图 6-3　特殊的边与点

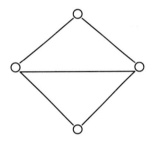

图 6-4　简单图

还有以下特殊的图。

(1) 完全图。每一对点之间均有一条边相连的图(如图 6-5 是一个完全图)。

(2) 二分图 $G=(N,E)$。顶点集合 N 可以分成不相交的两个子集合 S 和 T(即 $N = S \cup T$、$S \cap T = \phi$)，使得 G 的每条边有一个端点在 S 中，另一个端点在 T 中(图 6-6 是一个二分图)。

(3) 完全二分图 $G=(S,T,E)$。S 中的每个点与 T 中的每个点都相连的简单二分图(图 6-6 也是一个完全二分图)。

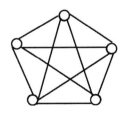

图 6-5　完全图

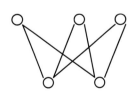

图 6-6　完全二分图

(4) 简单图 G 的补图 $\overline{G}$。与 G 有相同顶点集合的简单图，且 $\overline{G}$ 中的两个点相邻当且仅当它们在 G 中不相邻。图 6-7 中，图(a)与图(b)互为补图。

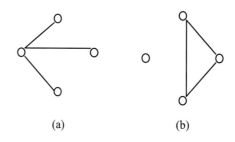

图 6-7 补图

2. 有向图

上面讲的关系都是双向关系，还有一些关系是单向的，有方向性。比如上级与下级关系、河流的流向等，这样关系有方向的问题对应的图就是有向图。这时关系的两个对象的地位是不一样的，需要区别对待。

有向图 G：用 $N=\{n_1,n_2,\cdots,n_k\}$ 表示对象集合，则用有序二元组 (n_i,n_j) 表示从对象 n_i 指向对象 n_j 的关系，为了区别无向图，称其为弧，记为 a_{ij}。$A=\{a_{ij}\}$ 就是所有弧的集合，则有向图就定义为 $G=(N,A)$，图 6-8 是一个有向图。

集合 N 就是有向图 G 的点集合，$A=\{a_{ij}\}$ 是弧集合。对于 $a_{ij}=(n_i,n_j)$，称 a_{ij} 从 n_i 连向 n_j，n_i 称为 a_{ij} 的尾部、出点或者先辈，n_j 称为 a_{ij} 的头部、入点或者后继。

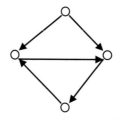

图 6-8 有向图

有向图 G 的基本图：把有向图 G 的每条弧的方向去掉得到的无向图。

很多情况下不仅考虑两点之间是否有边或者弧，还要考虑边或弧的长度、费用或者通行能力等属性，每条边或者弧都对应一个或多个数值，称为边或弧的权重。这种边或弧赋了权重的图称为网络。

3. 子图

有些时候需要考虑图的一部分。例如，对于某个市区的交通图，只考虑下辖某一个区的内部交通或者一条路的情况，辖区内部的道路或者一条路也构成了一个图，这个图是整个市区交通图的一部分，称为原来图的子图。

子图：对于图 $G=(N,E)$，如果 $N'\subseteq N$ 和 $E'\subseteq E$，并且 E' 中任意的一条边 $e_{ij}=(n_i,n_j)$，都有 n_i，$n_j\in N'$，则称 $G'=(N',E')$ 为图 $G=(N,E)$ 的子图（图 6-9 中，图(b)是图(a)的子图）。

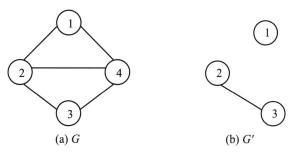

图 6-9 图与子图

如果图 G 的一个子图 G_1 的顶点集合与图 G 相同，则称该子图 G_1 为图 G 的支撑子图。生成一个子图的方法很多，其中最常用的是由点子集或边子集生成一个子图，也就是：

点导出子图 $G[N']$，以 N 的一个非空子集 N' 作为点集，以两端点都在 N' 中的所有边为边集的子图。例如，在图 6-9 中，取点集合 $\{2,3,4\}$ 作为顶点集合、取它们之间所有边 $\{(2,4)、(2,3)、(3,4)\}$ 就构成一个子图，该子图就是由点集合 $\{2,3,4\}$ 生成子图，记为 $G[\{2,3,4\}]$。

边导出子图 $G[E']$，以 E 的一个非空子集 E' 作为边集，以 E' 中边的所有端点作为点集的子图。例如，在图 6-9 中，取点集合边 $\{(2,4)、(2,3)\}$ 作为边集合、取它们所有的端点作为点集合 $\{2,3,4\}$ 就构成一个子图，该子图就是由边集合 $\{(2,4)、(2,3)\}$ 生成子图，记为 $G[\{(2,4)、(2,3)\}]$。

二、图的表示方法

图的表示方法有很多种，除了直观地画出来，还可以用矩阵表示，用矩阵表示图主是依据图中点与边的关系，根据图中边与点的关系不同又可分为关联矩阵和邻接矩阵。

1. 关联矩阵

关联矩阵是依据图中边与点的关联关系而得到的矩阵，矩阵的每行对应一个顶点，每列对应一个边，矩阵的元素表示对应行的顶点与对应列的边之间是否存在关联关系，如果存在关联关系，元素取值为 1；否则为 0。因而关联矩阵是一个 $|N|\times|E|$ 的矩阵 $\boldsymbol{B}=(b_{ik})$，其中：

$$b_{ik}=\begin{cases}1,\text{当点}i\text{与边}k\text{关联}\\0,\text{否则}\end{cases}$$

例如，对无向图 6-10，其关联矩阵是一个 5×8 的 0-1 矩阵。

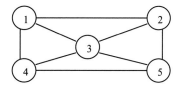

图 6-10 无向图

根据点与边的邻接关系，矩阵的具体取值为

$$\begin{array}{c}\\1\\2\\3\\4\\5\end{array}\begin{bmatrix}1 & 1 & 1 & 0 & 0 & 0 & 0 & 0\\1 & 0 & 0 & 1 & 1 & 0 & 0 & 0\\0 & 1 & 0 & 1 & 0 & 1 & 1 & 0\\0 & 0 & 1 & 0 & 0 & 1 & 0 & 1\\0 & 0 & 0 & 0 & 1 & 0 & 1 & 1\end{bmatrix}$$

对于有向图，端点对于弧的意义不一样，一个是出点、一个是入点，因而在表示关联关系时也需要区别，在写有向图的关联矩阵时，出点取值为1，入点取值为-1。因而简单有向图 $G=(N,A)$ 的关联矩阵是一个 $|N|\times|A|$ 阶矩阵 $\boldsymbol{B}=(b_{ik})$，其中：

$$b_{ik}=\begin{cases}1, & 当弧a_{ik}以点i为尾\\-1, & 当弧a_{ik}以点i为头\\0, & 否则\end{cases}$$

例如，对有向图 6-11，其关联矩阵是一个 4×5 的矩阵。

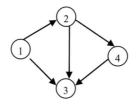

图 6-11 有向图

根据点与弧的邻接关系，矩阵的具体取值为

$$\begin{array}{c}\\1\\2\\3\\4\end{array}\begin{bmatrix}1 & 1 & 0 & 0 & 0\\-1 & 0 & 1 & 1 & 0\\0 & -1 & -1 & 0 & -1\\0 & 0 & 0 & -1 & 1\end{bmatrix}$$

2. 邻接矩阵

邻接矩阵是根据点与点的邻接关系构造的矩阵，每一行和每一列都对应一个点，而且点的顺序是一致的，元素代表所在行列对应的两点之间是否是邻接的，如果是邻接的取值为1；否则取值为0。因而简单图 $G=(N,E)$ 的邻接矩阵是一个 $|N|\times|N|$ 阶矩阵 $\boldsymbol{A}=(a_{ij})$，其中：

$$a_{ij}=\begin{cases}1, & 当点i和点j邻接\\0, & 否则\end{cases}$$

图 6-10 的邻接矩阵是一个 5×5 的矩阵，具体取值为

$$\begin{array}{c}\\1\\2\\3\\4\\5\end{array}\begin{matrix}1 & 2 & 3 & 4 & 5\end{matrix}\\\begin{bmatrix}0 & 1 & 1 & 1 & 0\\1 & 0 & 1 & 0 & 1\\1 & 1 & 0 & 1 & 1\\1 & 0 & 1 & 0 & 1\\0 & 1 & 1 & 1 & 0\end{bmatrix}$$

有向图的邻接关系与无向图不太一样，从点 i 到点 j 的弧和从点 j 到点 i 的弧都是这两个点之间的关系，但两点的地位不同，对应的是不同的邻接方式。在表示图时，只要统一按一种邻接关系就可以把所有的弧表示出来。因而有向图邻接矩阵的行和列也都对应顶点，元素表示从所在行对应的顶点到所在列对应的顶点是否有弧，有的话则为 1；否则为 0。有向图 $G=(N,A)$ 的邻接矩阵是一个 $|N|\times|N|$ 阶矩阵 $A=(a_{ij})$，其中：

$$a_{ij}=\begin{cases}1,\text{当有弧从 }i\text{ 连向}j\\0,\text{否则}\end{cases}$$

图 6-11 的邻接矩阵是一个 4×4 的矩阵，具体取值为

$$\begin{array}{c}\quad 1\quad 2\quad 3\quad 4\\\begin{array}{c}1\\2\\3\\4\end{array}\begin{bmatrix}0&1&1&0\\0&0&1&1\\0&0&0&0\\0&0&1&0\end{bmatrix}\end{array}$$

提　示

(1) 无向图的邻接矩阵是一个对称矩阵，有向图的邻接矩阵一般不是对称矩阵。

(2) 无向图的关联矩阵的每列只有两个 1，有向图的关联矩阵每列有一个 1 和一个 -1。

(3) 当边比较少、点比较多时使用关联矩阵；当点比较少、边比较多时使用邻接矩阵。

3. 使用 SciLab 输入一个图

SciLab 是一个科学计算平台，其功能与 MatLab 类似，是一个开源软件，其下载地址是 http://www.scilab.org，关于该软件的详细使用情况及常用函数见附录二。

该平台有一个工具箱，即 Metanet，该工具箱是专门处理和计算图与网络优化问题的，本章将结合所学内容讲解 SciLab 的 Metanet 函数使用方法。利用 SciLab 求解图与网络优化问题，首先需要把 Metanet 工具箱装载到 SciLab 平台，具体装载方法见附录二。

在 SciLab 中有一个生成图的函数，即

$$g=\text{make\_graph}(name,p,n,tail,head);$$

该函数的输入包括：

name，字符型数据，表示图的名称。

p，取值 0 或者 1。0 表示无向图，1 表示有向图。

n，整型数据表示顶点个数。

tail，一个 m 维数组，表示边的尾部。

head，一个 m 维数组，表示边的头部。

对于无向图，其头部和尾部分别表示边的两个端点。

该函数的输出是图 g，在程序里是以列表的形式出现，该列表包含了图的所有信息，如图的名称、是否是有向图、顶点个数、边的尾部、边的头部等。

对于图的一些属性，如顶点横坐标(node_x)、顶点纵坐标(node_y)、边的长度(edge_length)、边的颜色(edge_color)、边的权重(edge_weight)、边的能力上限(edge_max_cap)等，使用时需要赋值，赋值时需要用：图名称('入项英文名称')。

例如，顶点横坐标赋值为数组 a，则输入

$$g('node\_x')=a$$

例 6-1 对于图 6-12 所示图形，把边按下列顺序排列，即

$$a,b,c,d,e,f,g,h,i$$

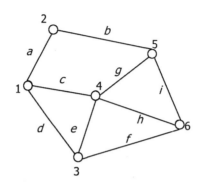

图 6-12　无向图

其边的关联表为

$$\begin{pmatrix} a & b & c & d & e & f & g & h & i \\ 1 & 2 & 1 & 1 & 3 & 3 & 4 & 4 & 5 \\ 2 & 5 & 4 & 3 & 4 & 6 & 5 & 6 & 6 \end{pmatrix}$$

记第一行为

$$ta=[1,2,1,1,3,3,4,4,5];$$

记第二行为

$$he=[2,5,4,3,4,6,5,6,6];$$

该图的名称记为 graph1，是无向图，有 6 个顶点，因而调用函数格式为

$$g=make\_graph('graph1',0,6,ta,he);$$

在 SciLab 控制窗口输入：

```
ta=[1,2,1,1,3,3,4,4,5];//边的尾部
he=[2,5,4,3,4,6,5,6,6]; //边的头部
g=make_graph('graph1',0,6,ta,he);//生成图
```

则可以生成一个图 g。

为了画出图，需要输入顶点的横坐标和纵坐标，画图用函数 plot_graph(g)。例如，对图 6-12 所示图形，输入

```
g('node_x')=[100,200,300,400,500,600];    //顶点横坐标
g('node_y')=[250,100,350,260,150,300];    //顶点纵坐标
plot_graph(g)//画图
```

则可以画出图 6-13 所示图形。

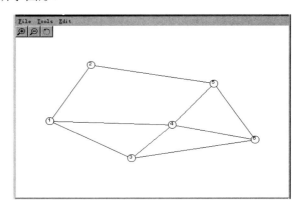

图 6-13　输出图

三、图的连通性与割集

很多情况下，需要在图上传递信息或物资，如交通图需要在不同城市之间运输货物、互联网图需要在不同计算机间传递信息，而物质或者信息的传递需要有传递的通道，也就是路。

1. 路与回路

路从点开始，中间通过边依次到达下一个点，结束在一个点，因而图 G 中由顶点 1 到顶点 n 的一条路定义为一个点和边交替序列 $1,e_{1i_1},i_j,\cdots,i_k,e_{i_kn},n$，并且每条边在序列中的前后两个顶点是其端点，也就是前一个点通过该条边可以到达下一个点，记为 1-n 路(在图 6-14 中，点边序列 1,(1,2),2,(2,3), 3,(3,4),4,(4,2),2,(2,3),3,(3,5),5,(5,6),6 是一条 1-6 路)。点 1 和点 n 称为路的起点和终点。

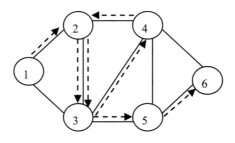

图 6-14　图的路

在上面例子中，(2,3)这条边重复出现了两次。有些路没有重复出现的边，称之为简单路。如点边序列 1,(1,2),2,(2,4), 4,(4,5),5,(5,3),3,(3,4),4,(4,6),6 是一条简单路，在这条路中没有重复的边，但有重复的点 4。

更简单的情况，如果一条路没有重复的点，则称该路为初级路，如点边序列 1,(1,2),2,(2,4), 4,(4,6),6 就是初级路。

在有些情况下,不仅要求从点 i 到点 j 运送物资,还要求运完后返回点 i,也就是说,路的起点和终点都是同一个点,这样的路称为回路。在图 6-14 中,点边序列 1,(1,2),2,(2,4),4,(4,3),3,(3,2),2,(2,4),4,(4,5),5,(5,3),3,(3,1),1 是一条回路。

在该回路中,边(2,4)重复出现两次。如果一个回路中没有重复出现的边,则称为简单回路。在图 6-14 中,点边序列 1,(1,2),2,(2,3),3,(3,4),4,(4,5),5,(5,3),3,(3,1),1 是一条简单回路。

在上述回路中没有重复出现的边,但点 3 重复出现了两次。如果一个回路中没有重复出现的点,则称为初级回路。在图 6-14 中,点边序列 1,(1,2),2,(2,4),4,(4,5),5,(5,3),3,(3,1),1 是一条初级回路。

无向图的路是双向的,两端的点一个是起点另一个是终点。但对于有向图,弧是有方向的,只能从尾部经过弧到达头部;反之不行。因而路也是有方向的,有向图 G 中由点 1 到点 n 的一条有向路也是一个点和弧的交错序列 $1,a_{1i_1},i_1,\cdots,i_k,a_{i_kn},n$,其中每条弧前面的点是它的尾部、后面的点是它的头部,记为 1-n 有向路,点 1 称为路的起点、点 n 称为路的终点。在图 6-15 中,点弧序列 1,(1,2),2,(2,4),4,(4,3),3,(3,2),2,(2,4),4,(4,6),6 是一条 1-6 有向路。

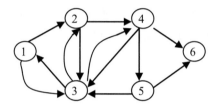

图 6-15 有向路

类似地,弧不重的有向路称为简单有向路,点不重的有向路称为初级有向路。在图 6-15 中,点弧序列 1,(1,2),2,(2,4),4,(4,5),5,(5,3),3,(3,4),4,(4,6),6 是一条(1,6)简单有向路,点弧序列 1,(1,2),2,(2,4),4,(4,6),6 是一条(1,6)初级有向路。

如果有向路的起点和终点重合,也就是同一个点,则称该有向路为回路。弧不重的有向回路称为简单有向回路,点不重的有向回路称为初级有向回路。在图 6-15 中,点弧序列 1,(1,2),2,(2,4),4,(4,3),3,(3,2),2,(2,4),4,(4,5),5,(5,3),3,(3,1),1 是一条有向回路,点弧序列 1,(1,2),2,(2,3),3,(3,4),4,(4,5),5,(5,3),3,(3,1),1 是一条简单有向回路,点弧序列 1,(1,2),2,(2,4),4,(4,5),5,(5,3),3,(3,1),1 是一条初级有向回路。

提 示

(1) 在有些教材上把回路称为圈,而把本书中的圈称为环。

(2) 如果边重则边的两个端点必然重,因而点不重则边一定不重,也就是说,初级路一定是简单路;反之则不一定。

2. 连通图

对于无向图,如果两点之间有路,则两点之间就可以双向传递信息或物资,此时称两点是连通的。如果一个图的任意两点都是连通的,也就是说任意两点之间都有路,则称图是连通的，也称之为连通图。在图 6-16 中，图 6-16(a)是一个连通图。

对于不连通的图，可以分成几个连通的部分，每一部分都是一个连通子图，而且这些连通子图再增加任何一个点就不再是连通的了，这样的连通子图称为图的连通分支。图 G 的连通分支严格定义为：图 G 的极大连通子图。

这里极大是集合包含意义下的概念，某个集合本身具有某个性质，而任何一个真包含该集合的集合都不具有这种性质，则该集合就是具有该性质的极大集合。具体到连通分支就是其本身是连通子图，而任何一个真包含该子图的子图就不是连通的了，则该子图就是极大的连通子图，也就是连通分支。

在图 6-16 中，图 6-16(b)是一个具有 3 个连通分支的非连通图，左边的 3 个点、右边的 3 个点和中间的 1 个点的生成子图都是连通子图，而且是极大的连通子图。

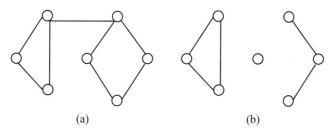

图 6-16　图的连通分支

有向路是有方向性，只能是从起点通往终点，因而有向图的连通性要复杂一些，点 i 和点 j 要双向连通，同时存在一条 i-j 有向路和一条 j-i 有向路才能是双向连通的，这时称点 i 和点 j 为强连通的。

如果有向图 G 中任意两点都是强连通的，则称该图是强连通的，或者称其为强连通图。在图 6-17 中，图 6-17(a)是一个强连通图。

对于不连通的有向图，可以分成几个部分，每一部分都是一个强连通子图，而且这些强连通子图再增加任何一个点就不再是强连通的了，这样的强连通子图称为有向图的强连通分支。有向图 G 的强连通分支就是极大强连通子图。在图 6-17 中，图 6-17(b)是一个具有 3 个强连通分支的非强连通图。

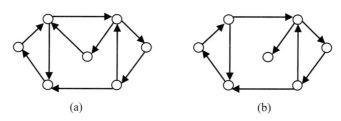

图 6-17　强连通分支

3. 图的割集

连通性是构造图的基本要求，而有时需要破坏图的连通性，比如战时破坏敌方交通线或者通信网络的连通。破坏图的连通性需要去掉一些边,当然希望用去掉尽量少的边来破坏图的连通性。

最简单的情况是去掉一条边就可以破坏图的连通性,如果从 G 中删去某条边使图的连通分支数严格增加,则称这条边为割边。在图 6-18 中,边(2,4)和边(1,3)都是割边。

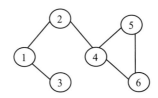

图 6-18 割集

有些图没有割边,这时去掉任何一条边,图的连通性均不变,破坏连通性就需要删除多条边,或者删除一个边的集合。如果从 G 中删去一个边子集合使图的连通分支数严格增加,则称这个边集合为边割。在图 6-18 中,边集合 {(4,5),(4,6),(5,6)} 就是一个边割。

边割有很多,当然希望用最小的边割,由于边割是集合,因而也是在集合包含意义下求最小。如果某个边集合是个边割,而其任何一个真子集合就不再是边割,则它就是极小的边割,称其为割集。在图 6-18 中,边集合 {(4,5),(4,6)} 和 {(4,5),(5,6)} 都是割集。

破坏同一个图不同部分的连通性,需要删除的割集不一样。比如,在图 6-18 中,破坏点 2 与其他点的连通性只需要删除割集(1,2)或者割集(2,4),而要破坏点 5 与其他点的连通性,就需要删除割集 {(1,2),(2,4)}。

对于一个连通图 G,去掉它的任意一个割集 Ω,新图 $G' = G \setminus \Omega$ 连通分支的个数大于等于 2 个,如果去掉割集后连通分支的个数超过 2,如是 3 个,则任选割集中的一条边 e 加在图 G' 上,可以连接两个连通分支,连通分支的个数只减少 1 个,也就是图 $G' + e = G \setminus \Omega + e$ 还有 2 个连通分支。$G \setminus (\Omega - e)$ 还是不连通的,因而 $\Omega - e$ 也是一个边割,这与割集的定义矛盾。所以对于一个连通图 G,去掉它的任意一个割集 Ω,新图 $G' = G \setminus \Omega$ 有 2 个连通分支。

反过来,对于一个连通图 G,把其顶点集合分成 S 和 T 两个子集合,即 $N = S \cup T$、$S \cap T = \varnothing$。如果 S 和 T 的生成子图是连通图,则在点集合 S 和 T 之间任加一条边就构成一个连通图,因而要破坏 S 和 T 的连通性,需要把 S 和 T 之间所有的边都删除。所以 S 和 T 之间所有的边构成一个割集,记为 $[S,T]$。

对于割集有以下两个重要的定理。

定理 6-1 任何边割都是不相交割集的并。

定理 6-2 任给图 G,设 C 是 G 的一条简单回路,Ω 是 G 的一个割集,并用 $E(C)$、$E(\Omega)$ 分别表示所包含的边集合。若 $E(C) \cap E(\Omega) \neq \varnothing$,则 $E(C) \cap E(\Omega) \geq 2$。

第二节 最小支撑树

设计一个连通图在很多问题中有应用,在大多数情况下,人们希望用最经济的方式设计连通图，最经济的连通方式必然是没有多余的边，也就是使用边的个数最少，那么：

给定 n 个点，实现它们之间连通最少需要用多少条边？

回答这个问题就需要了解支撑树的概念。

一、树及其基本性质

1. 树的概念与性质

如果一个连通图含有回路，则把回路中一条边去掉后，图还是连通的，因而用最少的边构造的连通图必然不含回路，把这样的图称为树。

例如，图 6-19 就是一个有 6 个顶点的树。

有些图虽然不连通，但也不含回路，其每个连通分支都是树，称为森林，有 k 个连通分支的森林也称为 k-树，如图 6-20 所示。

图 6-19　树　　　　　　　　　　图 6-20　森林

关于树有定理 6-3。

定理 6-3　设 $T=(N,E)$ 是 $|N|\geqslant 3$ 的一个图，则下列 6 个定义是等价的。

(1) T 连通且无回路。

(2) T 有 $|N|-1$ 条边且无回路。

(3) T 连通且有 $|N|-1$ 条边。

(4) T 连通且每条边都是割边。

(5) T 的任两点间都有唯一的路相连。

(6) T 无回路，但在任一对不相邻的点间加连一条边，则构成唯一的一个回路。

该定理回答了本节开始提出的问题。该定理的证明比较复杂，本书就不再介绍。

2. 支撑树及其基本性质

实际中构造一个连通图时，会有一些可以选择的边，这些边往往会比较多，需要从可供选择的边中选择一个边的子集合，可供选择的边与点构成一个图，选择的边生成一个子图。一般来讲，构造连通图希望所有的点都实现连通，因而边生成子图涵盖所有的点，即为支撑子图。如果支撑子图是一个树，则称为支撑树。

在图 6-21 中共有 8 条可供选择的边，而支撑树只需要选 4 条边，边 $\{a,b,d,g\}$ 生成子图就是一个支撑树。

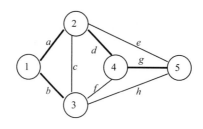

图 6-21 支撑树

图 G 的边一般比其支撑树上的边多,对于支撑树 T,在图 G 中把支撑树 T 删除以后得到的子图就称为支撑树 T 的反树,记为 $T^*=G\backslash T$。

支撑树的每条边都是割边,在支撑树上删除任一条边生成两个连通分支,考虑支撑树 T 上任一条边 e,记 S_1、S_2 为 T 删除边 e 后得到的两个连通分支的点集合。由于 S_1、S_2 在树 T 上的生成子图是连通的,因而 S_1、S_2 在原图中生成子图也是连通的,所以原图 G 中 S_1 和 S_2 之间的边构成图 G 一个割集$[S_1,S_2]$,这个割集是由边 e 确定的,记为 $\Omega(e)$。

显然,在割集 $\Omega(e)$ 中除了选定的边 e 以外,其他的边都是反树 T^* 上的边。因而有以下定理。

定理 6-4 任给图 G,设 T 是 G 的支撑树,e 是 T 的一条边,则存在唯一的一个割集 $\Omega(e)$ 包含于 T^*+e 中。

一般来讲,G 图的支撑树不唯一,如果 T_1 和 T_2 是 G 图的两个不同的支撑树,则必然存在边 e 属于 T_1 而不属于 T_2。根据定理 6-3 中第(6)条可知,此时把边 e 加到 T_2 中就包含唯一的回路,由于 T_1 不含回路,因而该回路中必然包含不属于 T_1 的边,任取一个不属于 T_1 的边 e',把 e 加到 T_2 中,同时把 e' 从 T_2 中删除就可以得到一个新的支撑树,记为 T_3,显然新的支撑树 T_3 与支撑树 T_1 共同的边就多了一个。重复上述过程就可以得到以下结论。

定理 6-5 设 T_1 和 T_2 是 G 图的两个支撑树,且 $|T_1\backslash T_2|=k$,则 T_2 经过 k 次迭代后就得到 T_1。

二、最小树

实现边数最少是最经济构造连通图的基本要求,所有支撑树都可以实现这一要求。一个图的支撑树有多个,由于不同边的长度不同,因而各支撑树选用边的总长度也不相同,因而需要进一步选择一个选用边长度之和最小的方案。

1. 最小树及其性质

给定一个图,每条边给其一个权重表示其长度,就得到一个网络 $G=(N,E,W)$,设 $T=(N,E')$ 为 G 的一个支撑树。T 的权(或长)为树上所有边权重之和,即

$$W(T) = \sum_{e\in E'} W(e) \tag{6-1}$$

G 的最小树就是 G 中权最小的支撑树。

对于图 G 的支撑树 T,根据定理 6-3 第(6)条可知,图 G 上任一条不在树上的边 e 加到

树上后就构成唯一的一条回路 $C(e) \subseteq T+e$，如果边 e 不是回路中权重最大的边，也就是说存在边 e' 的权重严格大于边 e 的权重，则把边 e' 从支撑树 T 中删除，把边 e 加到支撑树 T 上就可以得到一个新的支撑树。显然，新的支撑树的权重要比原来的小，因而有以下定理。

定理 6-6 设 T 是 G 的支撑树，则 T 是 G 的最小树当且仅当对任意边 $e \in T^*$ 有 $W(e) = \max\limits_{e' \in C(e)} W(e')$，其中 $C(e) \subseteq T+e$ 为一个唯一的回路。

根据定理 6-4 可知，支撑树 T 上的任意一条边 e 和树外面的边构成唯一的一个割集 $\Omega(e)$，如果边 e 不是割集 $\Omega(e)$ 中权重最小的，也就是说，如果割集 $\Omega(e)$ 中存在边 e' 的权重严格小于边 e 的权重，则把边 e' 加到支撑树 T 上，把边 e 从支撑树 T 上删除就可以得到一个新的支撑树。显然，新的支撑树的权重要比原来的小。因而有以下定理。

定理 6-7 设 T 是 G 的支撑树，则 T 是 G 的唯一最小树当且仅当对任意边 $e \in T$，有 $W(e) = \min\limits_{e' \in \Omega(e)} W(e')$，其中 $\Omega(e) \in T^* + e$ 为一个唯一割集。

根据定理 6-6 可以得到一个判定给定支撑树是否是最小支撑树的条件，给定一个支撑树后，对于其树外的每条边，找出其对应的回路 $C(e) \subseteq T+e$，判断该边是否是回路中边权最大的。如果每条边都满足条件，该支撑树就是最小支撑树；否则任选一个不满足条件的边，在其对应回路中去掉树上比该边权重大的边，就可以得到一个新的支撑树，而新的支撑树的权显然要比原来的小。例如，对于图 6-22 所示的支撑树，边长为 1.6 那条边对应的回路中有树上的一条边长 2.0，大于 1.6 的，此时，去掉 2.0 那条边，把边长为 1.6 的边加到树上，就可以得到一个新的支撑树，如图 6-23 所示。

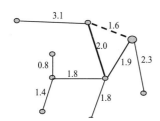

图 6-22 树构成的回路

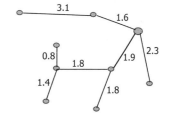

图 6-23 新支撑树

该支撑树的权显然要小于原来的支撑树。

如果新的支撑树还不满足条件，继续上述过程，直到满足定理 6-6 就可以得到一个最小支撑树。该方法易于理解，但每一步都需要检查树外所有的边，操作起来比较麻烦，更简单的方法是下面的算法。

2. 求最小树的 Kruskal 算法

该算法也是基于定理 6-6，但其本质上是一个贪心算法，每一次都是选择允许选择的边中的最小边。允许选择的边就是选择以后与已选择的边不构成回路，具体算法步骤如下。

第 1 步：开始把边按权的大小由小到大地排列起来，即 $a_1, a_2, \cdots, a_m$ 置 $S = \emptyset$，$i=0$，$j=1$。

第 2 步：若 $|S|=i=n-1$，则停。这时 $G[S]=T$ 即为所求；否则，转向第 3 步。

第 3 步：若 $G[S \cup \{a_j\}]$ 不构成回路，则置 $e_{i+1} = a_j$，$S = S \cup \{e_{i+1}\}$，$i := i+1$，$j: j+1$，

转向第 2 步；否则，置 $j:j+1$，转向第 2 步。

树外面的边就是没有被选择的边，包括两类，一类是中间舍弃的边，其余前面选择的边构成回路，由于是从小到大选择前面的边都是比该边小的边，因而其是对应回路中最大的边。另一类是得到支撑树时剩余的边，其必然比树上所有的边都大，因而也必然是对应回路中最大的。因此，通过该算法生成的支撑树显然满足定理 6-6，可以保证是最小支撑树。

例 6-2 用 Kruskal 算法求解图 6-24 所示网络的最小树，其中每条边上的数表示该边的权值。

计算步骤：选择长度最小的边(1,2)，如图 6-25 所示。

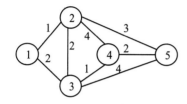

图 6-24　原图

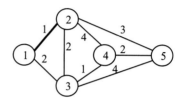

图 6-25　第一条边

选择剩余边中长度最小的边(3,4)，如图 6-26 所示。

选择剩余边中长度最小的边(1,3)，如图 6-27 所示。

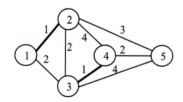

图 6-26　第二条边

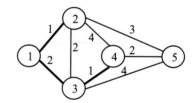

图 6-27　第三条边

选择剩余边中长度最小的边(2,3)时，与已选边构成回路，舍弃该边选择剩余边中最小边(4,5)，如图 6-28 所示。

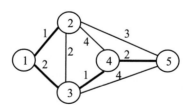

图 6-28　最小支撑树

3. 求最小树的 Dijkstra 算法

Kruskal 算法在人工计算时非常简单，但每选一条边都需要判断是否构成回路，在计算机编程时不方便，下面基于定理 6-7 的 Dijkstra 算法进行计算。

根据定理 6-7 可知，要找最小支撑树，就需要在每一个割集里选择权重最小的边，关键是要找出割集。为此把顶点分成两部分，一部分是已经通过所选边连起来的顶点集合 S，另一部分是剩下的顶点集合 T。初始时顶点集合 S 只包含一个点，其他点都在顶点集合 T。对于当前的顶点集合 S 和 T，它们之间在原图中的边构成一个割集[S,T]，在该割集中选择权重最小的边作为支撑树的边，该边把顶点集合 T 中的一个点与顶点集合 S 中的点连了起来，把该点放在顶点集合 S 中，并从顶点集合 T 中删除，就可以得到一个新的顶点集合划分和一个新的割集。重复上面的过程，直到顶点集合 T 为空集，就可以得到一个支撑树，由于每次选的边都是对应割集中选择权重最小的边，因而可以保证最小支撑树。

在具体计算时，为了找每个割集中权重最小的边，每步计算都求出集合 T 中每个点到集合 S 中所有点的边权重最小的值，作为该点的标号。割集权重最小边在集合 T 中的端点就是标号最小的顶点，找到这个顶点就相当于找到了权重最小的边。第一步集合 T 点的标号就是第一个点到集合 T 中各点边的长度，以后各步在计算集合 T 中点 j 的标号时，只需要用上一步点 j 的标号与新拿入集合 S 中的点 k 到点 j 的边的权重比较就可以了，因为上一步点 j 的标号就是该点到原来集合 S 中的各点连边权重最小值。

算法步骤如下。

第 1 步：置 $u_j = w_{1j}$，$R = \varnothing$，$S = \{1\}$，$T=\{2,3,\cdots,n\}$。

第 2 步：取 $u_k = \min\limits_{j \in T}\{u_j\} = w_{ik}$，置 $R = R \bigcup \{e_{ik}\}$，$S = S \bigcup \{k\}$，$T = T \setminus \{k\}$ $S=S\setminus\{k\}$。

第 3 步：若 $T = \varnothing$，则停止；否则，置 $u_j = \min\{u_j, w_{kj}\}$，$j \in T$，返回第 2 步。

例 6-3　用 Dijkstra 算法求解例 6-1 中图的最小树，其中每条边上的数表示该边的权值。

解：给每个点赋初始权重，如图 6-29 所示。

选择权重最小的点 2 及对应的边(1,2)，然后更新剩余顶点的权重，如图 6-30 所示。

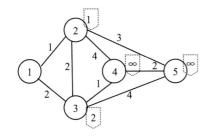
图 6-29　初始标号

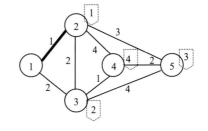
图 6-30　第一条边

选择权重最小的点 3 及对应的边(1,3)，然后更新剩余顶点的权重，如图 6-31 所示。
选择权重最小的点 4 及对应的边(3,4)，然后更新剩余顶点的权重，如图 6-32 所示。

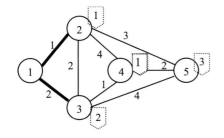
图 6-31　第二条边

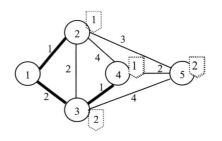
图 6-32　第三条边

选择权重最小的点 5 及对应的边(4,5)，得到了最小支撑树，如图 6-33 所示。

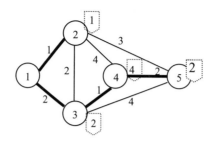

图 6-33　最小支撑树

4. 在 SciLab 上求解最小树

在 SciLab 平台中求解最小树的函数为

$$t = \text{min\_weight\_tree}(g)$$

函数输入为图 g，函数输出为最小支撑树的边集合的序号 t。在调用该函数前必须生成图 g，并把边权赋值。

对于例 6-2 中的图，在 SciLab 控制平台输入图 6-34 所示程序。

```
clear
tail=[1 1 2 2 2 3 3 4];
head=[2 3 3 4 5 4 5 5];
nx=[100,200,200,300,400];
ny=[200,100,300,200,200];
weight=[1 2 2 4 3 1 4 2];    //权向量
g=make_graph('g',0,5,tail,head);
//制图
g('edge_weight')=weight;
t=min_weight_tree(g);
//用Scilab命令求解
```

图 6-34　输入界面

就可以求出最小树含的边分别为

```
t = 1.    2.    8.    5.    //结果
```

也就是最小支撑树包含第 1、2、8、5 条边，查找图 6-34 中边的输入顺序，就可以找到最小支撑树的边为(1,2)、(1,3)、(4,5)和(2,5)。

延伸阅读

最小生成树问题

最小生成树问题(Minimum Spanning Tree Problem，MST)的历史可以追溯到波兰人类学家柴卡诺乌斯基(J. Czekanowski) 在 1909—1928 年所做的关于各种分类模式的工作。但首先对 MST 问题给予明确表述并设计出多项式时间算法的是前捷克斯洛伐克数学家波乌卡(O. Borufvka，1899—1995)。这一工作记录在他于 1926 年发表的两篇文章"论某种极小问题"和"对解决与经济地建设电网有关的一个问题的贡献"中。

正如他的第二篇文章题目所揭示的，波乌卡的兴趣来自于西摩拉维亚电力公司在20世纪20年代初提出的一个问题，即如何最经济地建设一个电网。他将其抽象为：在平面上(或空间中)有 n 个给定点，其相互间的距离都不同，我们希望用一个网将它们连起来，使得：

(1) 任何两点要么直接相连，要么利用其他的一些点相连。

(2) 网的总长最短。

此后，MST 问题的历史呈现出了一种在 20 世纪的数学发展中罕有的现象，求解它的算法被许多不同的人在不同的时间、不同的地点相互独立地重复发现。这其中以美国数学家克鲁斯卡尔(J. B. Kruskal，1929—)在 1956 年发表的"论图的最短生成子树和旅行推销员问题"中给出的一个算法和另一位美国数学家普利姆(R. C. Prim，1921—)在 1957 年发表的"最短连通网络及某些推广"中给出的一个算法最为著名。尽管他们两人在各自的文章中都曾引用了波乌卡的先驱性工作，然而正如格雷汉姆和黑尔指出，在涉及 MST 问题的讨论时，相关作者引用克鲁斯卡尔和普利姆的工作作为该问题的来源和它的第一个有效解答已经成了一种标准的做法。事实上，克鲁斯卡尔本人后来曾谈到其工作本质上是对波乌卡给出的算法的简化；而"普利姆算法"则早在 1930 年就已为前捷克斯洛伐克数学家雅尼克(V. Jarn K，1897—1970)得到，1959 年该算法又被荷兰计算机专家和数学家狄克斯特拉(E. W. Dijkst Ra，1930—2002)重新发现(著名的 Dijkstra 算法也出现在这篇文章中，与上述算法并非一回事)。

(资料来源：根据参考文献[18]改编)

第三节　最短有向路

最短路问题是网络优化中应用非常广泛的问题，第四章介绍最短路问题所有路所含边数都相等，或者说周期是确定的。而在很多情况下不同路含的边数不等，因而需要新的方法求解，本节主要考虑这类问题的算法。

给定有向网络 $G=(N,A,W)$，其中权重表示每个弧的长度。设 P 为 G 中指定两点 s 和 t 之间的一条有向路，P 的长定义为路所含弧长度之和，即

$$W(P) = \sum_{a\in P} W(a) \tag{6-2}$$

最短路问题就是寻求有向网络中指定两点 s 和 j 间长度最短的有向路。

例如，对图 6-35 所示网络图，从点 1 到点 6 的路有很多条，既有 1 条边构成的路，也有 3 条边或 4 条边构成的路，由于路的长度不同，因而就无法用确定周期的动态规划方法解决。

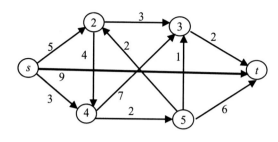

图 6-35 网络图

一、最短有向路方程

1. 数学规划模型

最短路问题可以用数学规划求解。首先考虑最短路问题的数学规划模型，该问题本质上是选一个弧的子集合，要求所选弧构成一条指定两点间的路，目标是所选弧的长度之和最小。

因而每条弧对应一个变量，表示该弧是否被选择，设弧 (i,j) 对应的变量为 x_{ij}，如果该弧被选中，则取值为 1；否则为 0。

用 c_{ij} 表示弧 (i,j) 的长度，则所选弧长度之和等于 $\sum_{(i,j)\in A} c_{ij} x_{ij}$。问题的难点是如何确保所选的弧构成一条指定点 s 和 t 间的路，为此查看任意一条从点 s 到点 t 的路，如图 6-36 所示。

图 6-36 从点 s 到点 t 的路

从中会发现该路如果经过某个中间点，则路上弧进入该点后必然要从该点出去，也就是进入该点的次数与从该点离开的次数相等；如果该路不经过某个中间点，则该路上的弧进入和离开该点的次数都是 0。总之，除了点 s 和点 t 以外，该路上的弧进入和离开该点的次数都相等，从而进去就会出来，不会从这些点开始，也不会停留在这些点。同时要求从点 s 离开一次，进入点 t 一次，因而这些弧从点 s 出发，经过中间某些点，进入必然出来，最后必然只能停到点 t，形成一条从点 s 到点 t 的路。

用数学语言描述就是

$$\sum_{(i,j)\in A} x_{ij} - \sum_{(j,i)\in A} x_{ij} = 0 \quad i \neq s, t$$

$$\sum_{(s,j)\in A} x_{ij} - \sum_{(j,s)\in A} x_{ij} = 1$$

$$\sum_{(t,j)\in A} x_{ij} - \sum_{(j,t)\in A} x_{ij} = -1$$

对应的数学规划模型就是

$$\min \sum_{(i,j) \in A} c_{ij} x_{ij}$$

$$\text{s.t.} \begin{cases} \sum_{(i,j) \in A} x_{ij} - \sum_{(j,i) \in A} x_{ij} = 0 & i \neq s,t \\ \sum_{(s,j) \in A} x_{ij} - \sum_{(j,s) \in A} x_{ij} = 1 \\ \sum_{(t,j) \in A} x_{ij} - \sum_{(j,t) \in A} x_{ij} = -1 \\ x_{ij} = 0,1 \quad (i,j) \in A \end{cases} \quad (6\text{-}3)$$

该模型是个 0-1 整数规划模型,而且变量和约束比较多,求解会比较慢,因而考虑用更简单的方法求解。

2. 最短有向路方程

对于点和弧都是有限数的网络,任意两点之间的路所含弧的个数都是有限的,路的长度都是有限数,而且路的个数也是有限的,因而任意两点之间最短路都是存在的。考虑从点 s 到其他各点的最短路,设点 s 到点 j 最短路的长度为 u_j,任取一条从 s 到点 j 的路,假设最后经过的点为 k,如图 6-37 所示。

图 6-37 从点 s 到点 j 经过点 k 的路

如果该路是最短路的话,根据最优化原理可知,该路从点 s 到点 k 的部分也必然是点 s 到点 k 的最短路,因而对最短路经过的点 k 有

$$u_j = u_k + w_{kj} \quad (6\text{-}4)$$

由于不知道最短路最后经过哪个点,因而有

$$u_j = \min_{k \neq j} \{u_k + w_{kj}\} \quad j = 2,3,\cdots,n \quad (6\text{-}5)$$

由于 $u_s = 0$,通常情况下通过该公式就应该可以求出每个 u_j,但在特殊情况下该公式会出现嵌套,如在图 6-38 中点 2、4、5 之间形成一个回路。

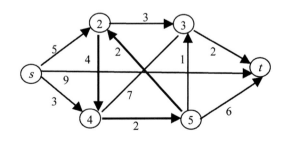

图 6-38 网络图

计算 u_5 需要知道 u_4,计算 u_4 需要知道 u_2,而计算 u_2 又需要知道 u_5,这样就无法求出。为了解决这一矛盾,需要进一步简化上述公式。

一般情况下，弧的长度都是大于 0 的，这时根据式(6-4)可得
$$u_j > u_k$$
即任意一条最短有向路的长度都大于它的真子有向路的长。这样就可以按照 u_j 的大小对各点排序，使得
$$0 = u_s \leqslant u_{j_1} \leqslant u_{j_{21}} \cdots \leqslant u_{j_n}$$
并且一条最短路上各点排序与最短路上各点顺序一致。

这样，在计算 u_j 时只需要考虑排在它前面的点就可以了，因而后面的点的值都不小于 u_j，此时有

$$\begin{cases} u_s = 0 \\ u_j = \min_{k<j}\{u_k + w_{kj}\} \quad j = 2,3,\cdots,n \end{cases} \tag{6-6}$$

根据这个公式就可以设计求最短路的算法。

二、求最短有向路的 Dijkstral 算法

求最短有向路的 Dijkstral 算法是基于上述最短路方程设计的，算法过程就是寻找上述排列的过程。首先确定第一个点，能够成为第一个点的一定是从点 s 有弧指向的点，而且是弧长度最小的点；确定完第一个点后，第二个点到点 s 的最短路要么经过第一个点，要么不经过第一个点，如果不经过第一个点，必然是直接与点 s 相连，因而计算出其他各点经过第一个点与点 s 相连以及不经过第一个点直接与点 s 相连对应的长度，取其最小者，也就是计算出其他各点经过前面的点与点 s 相连的最佳方式，从中取一个最小的放在第二个位置；依此类推，确定一个新的点后，需要计算剩余的点经过前面的点与点 s 相连的最佳路径长度，选一个最小的放在下一个位置，直到点 t 拿进来就可以计算出 u_t，从而可以找出从点 s 到点 t 的最短路。

在具体计算时采取标号的方法，标号 u_j 表示经过前面的点从点 s 到点 j 的最短路的长度，初始值 $u_j = w_{sj}$，如果从点 s 到点 j 没有弧 $u_j = +\infty$。每一步确定一个点，假设第 i 步确定的点为 k，剩余的点经过前面的点到点 s 的最短路要么经过点 k，此时最短路的长度为 $u_k + w_{kj}$；要么不经过点 k，此时最短路的长度还是原来的 u_j，因而新的标号为 $\min\{u_k + w_{kj}, u_j\}$。

具体算法步骤如下。

第 1 步(开始) 置 $u_s = 0$，$u_j = w_{sj}$，$j=2,3,\cdots,n$，$P=\{s\}$，$T=\{2,3,\cdots,n\}$。

第 2 步(指出永久标号) 在 T 中寻找一点 k，使得 $u_k = \min_{j \in T}\{u_j\}$。置 $P = P \cup \{k\}$，$T=T-\{k\}$。若 $T = \varnothing$，终止；否则，进行第 3 步。

第 3 步(修改临时标号) 对 T 中每一点 j，置 $u_j = \min\{u_k + w_{kj}, u_j\}$，然后返回第 2 步。

例 6-4 计算图 6-39 中点 1 到点 6 的最短路，其中边的权重为长度。

解：计算的迭代过程。

给每个点赋初始标号，如图 6-40 所示。

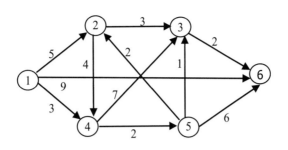

图 6-39 网络图

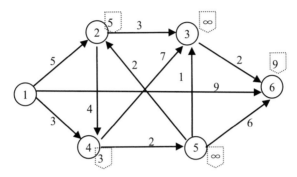

图 6-40 初始标号

取权重最小的点 4 以及对应的边(1,4)，更新其他点的标号，如图 6-41 所示。

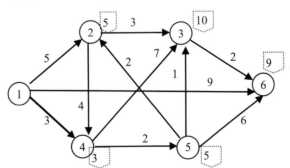

图 6-41 取点 4 及对应边更新其他点标号

取权重最小的点 2 以及对应的边(1,2)，更新其他点的标号，如图 6-42 所示。

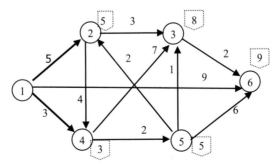

图 6-42 取点 2 及对应边更新其他点标号

取权重最小的点 5 以及对应的边(4,5)，更新其他点的标号，如图 6-43 所示。

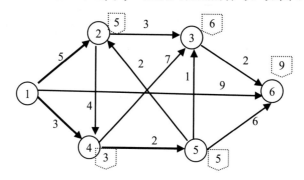

图 6-43　取点 5 及对应边更新其他点标号

取权重最小的点 3 以及对应的边(5,3)，更新其他点的标号，如图 6-44 所示。

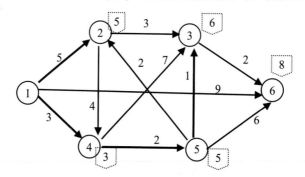

图 6-44　取点 3 及对应边更新其他点标号

取权重最小的点 6 以及对应的边(3,6)，如图 6-45 所示。

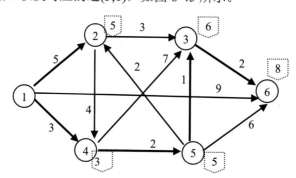

图 6-45　最短路

得到点 1 到点 6 的一条最短路，停止计算。

三、SciLab 求解最短有向路

SciLab 平台中求解最短路的函数是

$$[p,lp] = shortest\_path(1,6,g)$$

其中输入是图 g 和路的起点和终点，输出是路包含的边的序号 p 和路的长度 lp。例如，对于例 6-4 中的图求解点 1～6 的最短路需要输入图 6-46 所示程序。

```
tail=[1 1 1 2 2 3 4 4 5 5 5];
head=[2 4 6 3 4 6 3 5 2 3 6];
nx=[100,200,300,200,300,400];
ny=[200,100,130,300,270,200];
g=make_graph('g',1,6,tail,head);//制图
weight=[5 3 9 3 4 2 7 2 2 1 6]; //权重
g('edge_length')=weight;//将边长赋给已制的图
[p,lp] = shortest_path(1,6,g,'length');
```

图 6-46　输入界面

输出 p=2,8,10,6, lp=8。最短路对应的边分别为第 2、8、10 和 6 条边，即为边(1,4)、(4,5)、(5,3)、(3,6)。

第四节　最　大　流

流量安排是网络优化的另一个重要问题，在管道运输和水资源调度中有广泛的应用。例如，在泄洪的过程中总是希望用最短的时间把流量放出去，也就是每秒的泄洪流量能达到最大。但泄洪流量受河道的通行能力限制，如果超过了河道的通行能力就会出现溢洪。

一般通过涵闸调控水在不同河道的流量，涵闸作为控制节点，河道作为边构成一个有向图，以河道最大通行能力为边的权重可以得到一个赋权网络，如图 6-47 所示。

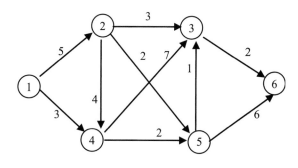

图 6-47　河道网络

其中，点 1 是水库等水源地或者发点，点 6 代表大海或者重要湖泊等水流目的地或者收点。泄洪问题就是要给出每条河道上单位时间的流量，在满足可行安排下使得单位时间内从点 1 流出的流量最大，也就是最大流问题。

一、最大流最小割定理

1. 可行流

一个可行的流量安排首先满足不超过每条边的最大流量，同时对于每个中间点流入的

流量必须等于流出的流量,满足上述要求的流量安排称为可行流。

给定有向网络 $G=(N, A, D)$, d_{ij} 表示弧 $(i,j) \in A$ 的容量,G 有一个发点 s 和一个收点 $t(s、t \in N)$。令 x_{ij}=通过弧(i,j)的流量,则可行流 $x=(x_{ij})$ 满足

$$0 \leqslant x_{ij} \leqslant d_{ij} \qquad (6\text{-}7)$$

$$\sum_j x_{ij} - \sum_j x_{ji} = \begin{cases} +v, i = s \\ 0, i \neq s,t \\ -v, i = t \end{cases} \qquad (6\text{-}8)$$

可行流的流量就是从发点 s 的净流出量即为 v,使得流量达到最大的可行流就是最大流。对于给定网络求最大流的数学规划模型为

$$\max v$$

$$\text{s.t.} \begin{cases} \sum_{(s,j) \in A} x_{sj} - \sum_{(j,s) \in A} x_{js} = v \\ \sum_{(t,j) \in A} x_{tj} - \sum_{(j,t) \in A} x_{jt} = -v \\ \sum_{(i,j) \in A} x_{ij} - \sum_{(j,i) \in A} x_{ji} = 0 \quad i \neq s,t \\ 0 \leqslant x_{ij} \leqslant d_{ij} \quad (i,j) \in A \end{cases}$$

提 示

第二个约束可以省略,只要中间没有驻留和损耗,从点 s 出发的流量必然都流到点 t,因而点 s 的净流出量等于点 t 的净流入量。

2. 增广路

判断一个可行流是否是最大流,关键是要确定能不能再增加流量,如果不能增加流量就是最大流;否则就可以得到一个更大的可行流。

要增加流量就需要给新增流量寻找从 s 到 t 的路径,由于是新增流量的路径,称其为增广路。

对于给定可行流,为了寻找其增广路,需要从发点逐步检查。

假设发点的水有无穷多,把顶点分成两部分,一部分是水已经流到的点,其集合记为 S;另一部分是水还没有流到的点,其集合记为 T。初始时集合 S 中只有点 s,其他点都在 T 中。点集 S 和 T 之间的边构成一个割集,称为 S-T 割。由于点 s 和点 t 分属割集的两边,所以也称为 s-t 割。s-t 割把网络分成两个部分,点 s 和点 t 分属两部分,所以每个从点 s 和点 t 的可行流必然要穿过该割集。

下一步要考虑水从 S 能否流到 T 中,这就需要考虑 S 和 T 之间的弧,这样的弧分成两类。一类是从 S 流到 T 中的弧,称为正向弧(图 6-48)。

对于正向弧(i,j),其中 $i \in S$、$j \in T$,如果其现有流量 $x_{ij} < d_{ij}$,则可以在该弧上增加流量使得新增流量流到点 j,使得 j 成为水可以流到的点,把其放入 S 中。

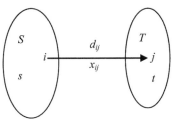

图 6-48　S-T 割集

此时点 j 可新增流量由点 i 新流进的流量与弧可新增流量决定，记点 i 可流进的流量为 $\delta(i)$，则

$$\delta(j) = \min\{d_{ij} - x_{ij}, \delta(i)\}$$

另一类是从 T 流到 S 中的弧，称为反向弧(图 6-49)。

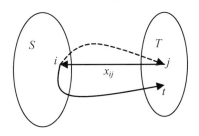

图 6-49　S-T 割集的反向弧

对于反向弧 (j,i)，其中 $i\in S$、$j\in T$，如果其现有流量 $x_{ji} > 0$，则有水从点 j 流到点 i 中，必然有一个从点 i 到点 t 有向路作为这一部分流量从点 i 流到点 t 的通道，此时可以把该通道的部分流量让给点 i 处的新增流量，而让点 j 原有流向点 i 的流量重新寻找出路；或者理解为让从点 j 流到点 i 的流量倒流回去部分流量，同样认为水可以流到点 j。

此时点 j 可新增流量由点 i 新流进的流量与弧可返流流量决定，即

$$\delta(j) = \min\{x_{ji}, \delta(i)\}$$

重复上述搜索过程，直到水流到点 t 就得到一个增广路。

由于可行流通过每个 s-t 割集，其流量必然小于等于 s-t 割的最大通行能力。从集合 S 流到集合 T 的净流量等于从集合 S 流到集合 T 的流量减去从集合 T 流到集合 S 的流量，从集合 S 流到集合 T 的流量最大等于从集合 S 到集合 T 的正向弧流量上限之和，从集合 T 流到集合 S 的流量最小等于 0。因而 s-t 割的最大通行能力就等于该割集正向弧流量上限之和，称其为该割集的容量。显然，可行流的流量要小于等于每个 s-t 割的容量。

如果按照上面的方法水无法继续流出，而且水还没有流到点 t，也就无法得到从点 s 到点 t 的增广路。此时记水流到的点集合为 $\bar{S}$，水还未流到的点集合为 $\bar{T}$，显然点 s 属于集合 $\bar{S}$，点 t 属于集合 $\bar{T}$，集合 $\bar{S}$ 和 $\bar{T}$ 之间的边构成一个 s-t 割集。此时从点集 $\bar{S}$ 指向点集 $\bar{T}$ 的弧的流量必然达到上限；否则如果某个正向弧的流量还没有达到上限，则可以通过该正向弧流到 $\bar{T}$ 中的点。同样从点集 $\bar{T}$ 指向点集 $\bar{S}$ 的弧中的边流量必然为 0；否则如果某个反向弧的流量大于 0；可以通过该反向弧倒流到 $\bar{T}$ 中的点。此时该可行流的流量等于对应 s-t 割

$[\overline{S},\overline{T}]$ 的容量，由于任一可行流的流量都要小于等于割集 $[\overline{S},\overline{T}]$ 的容量，而该可行流的流量等于割集 $[\overline{S},\overline{T}]$ 的容量，所以该可行流就是最大可行流。

定理 6-8 (增广路定理)一个可行流是最大流当且仅当不存在关于它的从 s 到 t 的增广路。

同样每一个 s-t 割的容量都要大于等于该可行流的流量，而割集 $[\overline{S},\overline{T}]$ 的容量等于该可行流的流量，所以割集 $[\overline{S},\overline{T}]$ 是容量最小的 s-t 割，也就是最小割，并且有以下定理。

定理 6-9 (最大流最小割定理)一个(s,t)-流的最大值等于(s,t)-割的最小容量。

如果网络中所有弧流量上限都是整数，初始可行流每个弧的流量都是整数的话，根据增广路计算公式，每一步增加流量都会是整数值，则增广路的增加流量为整数，新的可行流也必然是整数流，最后就可以得到一个每个弧的流量都是整数的最大流。而初始流可以取零流，所以有以下定理。

定理 6-10 (整流定理)如果网络中所有弧的流量上限是整数，则存在值为整数的最大流。

二、最大流算法

根据上述分析可以得到一个求最大流的算法，首先给出一个初始可行流，然后去找它的增广路，如果有增广路就可以增加流量，得到一个更大的可行流，如果没有增广路则现有可行流就是最大流。该算法的关键是给一个可行流后找其增广路，为了区分集合 S 和 T，在寻找增广路时，对新增流量可达的点给其一个标号，分别记录其流量来源和新增流量值，如果是从正向弧流入则标记+，如果是从反向弧倒流入则标记-。具体算法步骤如下。

第 1 步(开始)　令 $x=(x_{ij})$ 是任意可行流，可以是零流，给 s 一个永久标号 $(-,\infty)$。

第 2 步(找增广路)

(2.1) 如果所有标号都已经被检查，转到第 4 步。

(2.2) 找一个标号但未检查的点 i，并做以下检查，对每一个弧(i,j)，如果 $x_{ij} < d_{ij}$ 且 j 未标号，则给 j 一个标号 $(+i,\delta(j))$，其中 $\delta(j) = \min\{d_{ij} - x_{ij}, \delta(i)\}$；对每一个弧(j,i)，如果 $x_{ji} > 0$ 且 j 未标号，则给 j 一个标号 $(-i,\delta(j))$，其中 $\delta(j) = \min\{x_{ji}, \delta(i)\}$。

(2.3) 如果 t 已标号，转到第 3 步；否则转到(2.1)。

第 3 步(增广)　由 t 点开始，试用指示标号构造一个增广路，指示标号的正负则表示通过增加或是减少弧流量来增大流值。抹去 s 点以外的所有标号，转到第 2 步。

第 4 步(构造最小割)　这时现行流是最大的，若把所有标号点的集合记为 S，所有未标号点的集合记为 T，使得到最小容量割(S,T)，计算完成。

例 6-5　求解图 6-50 所示有向网络中自点 1 到点 6 的最大流。其中每条弧上的数表示其容量。

解：令初始可行流为零流，即每个弧上的流量都为 0，如图 6-51 所示。

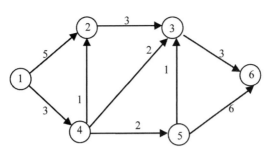

图 6-50 网络图

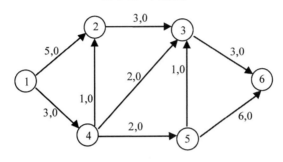

图 6-51 初始可行流

下面寻找该可行流的增广路。首先给发点 1 标记-∞，然后从点 1 开始检查，由于正向弧(1,2)和(1,4)都没有达到上限，可以增加流量，先考虑其中一条边(1,4)，水可以到达点 4，可增加流量为 3，标记为+1,3，然后考虑点 4，则其正向弧(4,2)、(4,3)和(4,5)都没有达到上限，取其中一个(4,3)，水可以流到点 3，新增流量为 min{3,2}=2，标记为+4,2，然后从点 3 考虑，其正向弧(3,6)没有达到上限，水可以流到点 6，新增流量为 min{2,3}=2，标记为+3,2。点 6 得到标号则说明找到了一条从点 1 到点 6 的增广路，如图 6-52 所示。

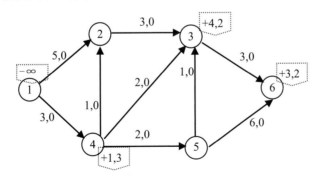

图 6-52 增广路

该增广路可新增流量为 2，正向弧增加两个流量，得到新可行流如图 6-53 所示。

下面寻找该可行流的增广路。首先给发点 1 标记-∞，然后从点 1 开始检查，由于正向弧(1,2)和(1,4)都没有达到上限，可以增加流量，先考虑其中一条边(1,4)，水可以到达点 4，可增加流量为 1，标记为+1,1，然后考虑点 4，则其正向弧(4,2)和(4,5)都没有达到上限，取其中一个(4,5)，水可以流到点 5，新增流量为 min{1,2}=1，标记为+4,1，然后从点 5 考虑，其正向弧(5,3)和(5,6)没有达到上限，水可以流到点 6，新增流量为 min{1,6}=1，标记为+5,1。点 6 得到标号则说明找到了一条从点 1 到点 6 的增广路，如图 6-54 所示。

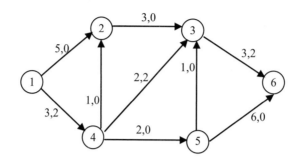

图 6-53　新可行流

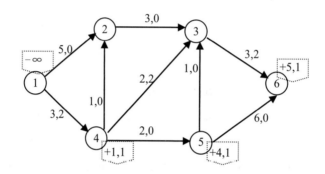

图 6-54　增广路

该增广路可新增流量为 1，正向弧增加一个流量，得到新可行流如图 6-55 所示。

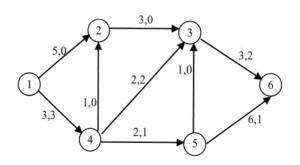

图 6-55　新可行流

下面寻找该可行流的增广路。首先给发点 1 标记-∞，然后从点 1 开始检查，由于正向弧(1,2)没有达到上限，可以增加流量，水可以到达点 2，可增加流量为 5，标记为+1,5，然后考虑点 2，则其正向弧(2,3)没有达到上限，水可以流到点 3，新增流量为 min{5,3}=3，标记为+2,3，然后考虑点 3，其正向弧(3,6)没有达到上限，水可以流到点 6，新增流量为 min{3,1}=1，标记为+3,1。点 6 得到标号则说明找到了一条从点 1 到点 6 的增广路，如图 6-56 所示。

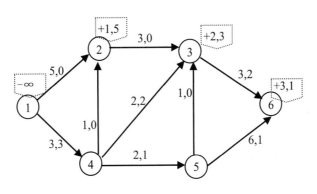

图 6-56 增广路

该增广路可新增流量为 1，正向弧增加一个流量，得到新可行流如图 6-57 所示。

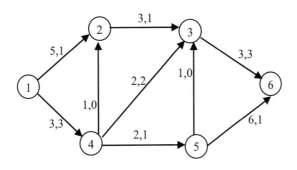

图 6-57 新可行流

下面寻找该可行流的增广路。首先给发点 1 标记 $-\infty$，然后从点 1 开始检查，由于正向弧(1,2)没有达到上限，可以增加流量，水可以到达点 2，可增加流量为 4，标记为+1,4，然后考虑点 2，则其正向弧(2,3)没有达到上限，水可以流到点 3，新增流量为 min{4,2}=2，标记为+2,2，然后考虑点 3，其正向弧(3,6)已达到上限，但其反向弧(4,3)流量大于 0，因而可以让其倒流回点 4，倒流流量等于 min{2,2}=2，考虑点 4，其正向弧(4,5)都没有达到上限，水可以流到点 5，新增流量为 min{2,1}=1，标记为+4,1，然后从点 5 考虑，其正向弧(5,6)没有达到上限，水可以流到点 6，新增流量为 min{1,5}=1，标记为+5,1。点 6 得到标号则说明找到了一条从点 1 到点 6 的增广路，如图 6-58 所示。

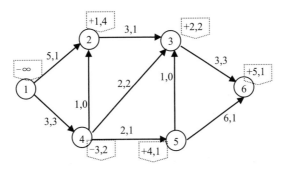

图 6-58 增广路

该增广路可新增流量为 1，正向弧增加一个流量，反向弧流量减少 1，得到新可行流如图 6-59 所示。

下面寻找该可行流的增广路。首先给发点 1 标记-∞，然后从点 1 开始检查，由于正向弧(1,2)没有达到上限，可以增加流量，水可以到达点 2，可增加流量为 3，标记为+1,3，然后考虑点 2，则其正向弧(2,3)没有达到上限，水可以流到点 3，新增流量为 min{3,1}=1，标记为+2,1，然后考虑点 3，其正向弧(3,6)已达到上限，但其反向弧(4,3)流量大于 0，因而可以让其倒流回点 4，倒流流量等于 min{1,1}=1，标记为-3,1，考虑点 4，其正向弧(4,5)已达到上限，新增流量不能再流出，因而没有增广路，如图 6-60 所示。

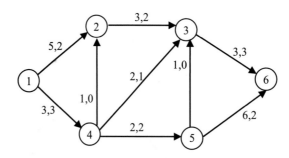

图 6-59　新可行流

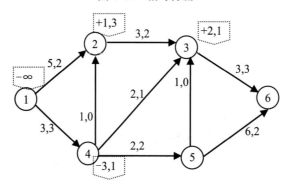

图 6-60　最大流-最小割

因而上述可行流就是最大流，对应的最小割是得到标号的点集{1,2,3,4}和没有得到标号的点集{5,6}的边，即[{1,2,3,4},{5,6}]。

提　示

(1) 最大流算法的初始可行流可以从零流开始，也可以先观察一个流量比较大的可行流，不同的初始可行流会使迭代步骤不同，但都可以算出最优结果。

(2) 如果通过观察找到一个 S-T 割集，其容量等于可行流的流量，也可以说明该可行流是最大流，对应的割集就是最小割。

(3) 如果每个弧的流量上限都是整数，从零流开始计算，每次增广路的增加流量都会是整数，因而最后得到的最大流一定是整数流，因而整数最大流问题与一般最大流问题是一样的。

三、SciLab 求解最大流

SciLab 平台求解最大流的函数为

$$[v,phi,flag] = max\_flow(s,t,g)$$

其中，输入为图 g，发点 s 和收点 t，输出为最大流量值 v，每个弧的流量为 phi，是否有最大流的指示变量 flag，如果有最大流 flag=1；否则 flag=0。

例如，对于图 6-61 所示的问题，输入下面程序。

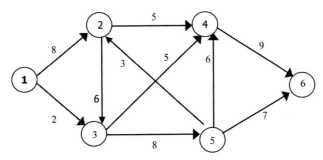

图 6-61 网络图

```
clear
tail=[1 1 2 2 3 3 4 5 5 5];
head=[2 3 3 4 4 5 6 2 4 6];
g=make_graph('g',1,6,tail,head);      //制图
maxcap=[8 2 6 5 5 8 9 3 6 7];         //容量
g('edge_max_cap')=maxcap;             //将容量赋给已制的图
[v,phi,flag] = max_flow(1,6,g)        //用 SciLab 语句求解最大流
```

其计算结果为

```
flag =    1.
 phi =[ 8.    2.    3.    5.    4.    1.    9.    0.    0.    1.]
 v = 10.
```

即最大流流值为 10。

提 示

（1）本节考虑了单发点和单收点的最大流问题，对于多发点或者多收点的最大流问题，增加虚拟发点和虚拟收点，虚拟发点指向各发点，流量上限为各发点的最大发量，各收点指向虚拟收点，流量上限为各收点最大接收量，这样就可以把其转化为单发点和单收点的问题。

（2）如果考虑损耗和中间驻留的问题，则需要修改算法，一般可以通过数学规划方法求解。

最大流问题

据美国数学家福特(L. R. Ford, 1927—)和富尔克森在 1954 年提交的一份兰德公司研究报告称,该问题由哈里斯(T. Harris)提出,他说:"考虑通过若干中间城市连接两个城市的一个铁路网络,其中该网络的每个连接都被赋予了代表其容量的一个数。假定一种稳定的状态条件,求从一个给定城市到另一个城市的一个最大流。"后来,福特和富尔克森又在他们合写的《网络中的流》(1962 年)一书中对此做了更确切的说明。据说,两位作者是在 1955 年春从哈里斯那里得知该问题的。当时此人正在与一位退休将军罗斯(F. S.Ross)研究如何给铁路交通流建立一个简化的模型,而最大流问题则是这一模型提出的中心课题。其研究成果是 1955 年 10 月 24 日提交给美国空军的一份秘密报告,即"铁路网容量的一种估计方法的基本原理"(Fundamentals of a Method for Evaluating Rail Net Capacities)。

然而,直到 1999 年该报告解密后人们才知道,哈里斯-罗斯报告要解决的问题实际上产生自苏联西部地区和东欧地区的铁路网。他们所关心的也不是像福特和富尔克森所说的寻找一个最大流,而是寻找这一铁路系统的最小截(阻断)。在哈里斯-罗斯报告提出后不久,福特和富尔克森给出了求最大流的"标号法"。而此前他们已经证明了最大流-最小截定理。

(资料来源: 根据参考文献[18]改编)

第五节 最小费用流

最大流考虑的通行能力问题,在很多情况下任务是确定的,而需要用最节省的方式完成任务。例如,在石油管线运输中运输管线是收费的,不同管线由于建设成本和长度不同,单位通行费用不同。选择不同的管线费用差别很大,如何选择总费用最小的管线线路来完成既定的运输任务就是最小费用流问题。

石油运输管线构成一个网络,油气田就是发点,目的地是收点,不同段管线通过控制节点衔接,每段管线有单位通行能力限制,单位流量通过费用也各不相同,如图 6-62 所示。

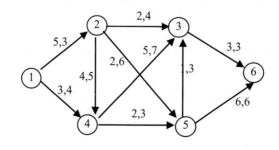

图 6-62 石油管线网络

其中，点 1 是油气供应地或者发点，点 6 代表目的地或者收点。中间顶点代表控制节点，每条弧线代表两个节点之间的运输管线，第一个数字是通行能力限制，第二个数字是单位通行费用。

现需要从点 1 向点 6 运送单位时间 4 个流量的油气，希望能找到一个总费用最小的运输方案。

一、最小费用流问题的数学规划模型

给定有向网络 $G=(N,A,C,D)$，d_{ij} 表示弧 $(i,j) \in A$ 的容量，c_{ij} 表示弧 $(i,j) \in A$ 的单位流量的通行费用，G 有一个发点 s 和一个收点 $t(s,t \in N)$，任务流量为 v_0，即单位时间从 s 到 t 运送 v_0 流量的资源。

最小费用流问题的可行方案首先必须是一个可行流，同时其流量必须等于任务流量。令 x_{ij}=通过弧(i,j)的流量，则可行方案满足

$$0 \leqslant x_{ij} \leqslant d_{ij} \tag{6-9}$$

$$\sum_{(i,j) \in A} x_{ij} - \sum_{(j,i) \in A} x_{ji} = \begin{cases} +v_0 & i = s \\ 0 & i \neq s,t \\ -v_0 & i = t \end{cases} \tag{6-10}$$

其目标是总费用最小，总费用等于每个弧上的费用之和，即为 $\sum_{(i,j) \in A} c_{ij}x_{ij}$。对应的数学规划模型为

$$\min \sum_{(i,j) \in A} c_{ij}x_{ij}$$

$$\text{s.t.} \begin{cases} \sum_{(s,j) \in A} x_{sj} - \sum_{(j,s) \in A} x_{js} = v_0 \\ \sum_{(t,j) \in A} x_{tj} - \sum_{(j,t) \in A} x_{jt} = -v_0 \\ \sum_{(i,j) \in A} x_{ij} - \sum_{(j,i) \in A} x_{ji} = 0; i \neq s,t \\ 0 \leqslant x_{ij} \leqslant d_{ij}; (i,j) \in A \end{cases} \tag{6-11}$$

提 示

(1) 类似于最大流问题，该模型的第二个约束可以省略。
(2) 在最小费用流问题的模型中，流量 v_0 是已知参数。

二、最小费用流问题的算法

最小费用流的算法是基于对偶理论设计的，但很多学校都没有讲过对偶理论，而且算法比较难以理解，因而下面从经济行为的角度重新描述最小费用流的算法过程。

设想有一个运输任务的招标会，招标方要把流量为 v_0 的油气资源从点 s 运到点 t，每一段网络都需要委托一个承运方负责运输，为了确定每一段的承运方举办一个招标会。招标过程是首先由招标方公布愿意支付的单位运量的费用(称为招标价格)，然后承运方根据招

标价格确定愿意承运的数量，如果意愿承运的数量能够满足招标方的运输任务，双方达成协议，招标结束。如果无法满足招标方就会提高报价，吸引更多的承运方参与运输任务。

承运方向管线所有者支付通行费用，也就是单位运量的成本，单位通行费用就是图中标注的通行费用。显然，招标价格减去单位通行费用就是承运方运输单位流量获得的利润。

招标方并不是直接标出每一段的价格，而是给出把单位流量油气资源从点 s 运送到各个点愿意支付的费用，设把单位油气资源从源点 s 运送到第 i 个点的招标价格为 y_i ($i=1,2,\cdots,n$)。显然，承运方从第 i 个点运单位流量到第 j 个点的就是 $y_j - y_i$，如果该值小于单位通行费用 c_{ij}，则承运该段运输是亏损的，就不会有人愿意承运，此时该段流量为 0，即 $x_{ij}=0$；反之，如果 $y_j - y_i > c_{ij}$，则承运该段运输就是有利可图的，或者说是有超额利润的，大家都愿意承运，在竞争激烈的情况下，此段运量必然达到上限，即 $x_{ij}=d_{ij}$。当 $y_j - y_i = c_{ij}$，该段运输处于盈亏平衡点，承运方愿意承运，但意愿不强烈，运量可以在 0 和上限 d_{ij} 之间调整，即 $0 \leqslant x_{ij} \leqslant d_{ij}$。因而一个理性的意愿承运的数量应该满足

$$\begin{cases} x_{ij}=d_{ij} & 若 y_j - y_i > c_{ij} \\ x_{ij}=0 & 若 y_j - y_i < c_{ij} \\ 0 \leqslant x_{ij} \leqslant d_{ij} & 若 y_j - y_i = c_{ij} \end{cases} \quad (6\text{-}12)$$

只有当 $y_j - y_i \geqslant c_{ij}$ 时，弧的意愿承运流量才会大于零，所以称 $y_j - y_i \geqslant c_{ij}$ 的弧为有效弧，$y_j - y_i < c_{ij}$ 的弧为无效弧。

当然还需要满足可行流的条件，招标方最关心的是满足式(6-12)的可行流能不能完成运输任务，回答这个问题只需要求满足式(6-12)的最大可行流，也就是在有效弧上找最大流，如果最大可行流的流值大于等于运输任务 v_0，就可以完成任务。

招标方当然希望用最低的报价来完成运输任务，因而一开始的招标价格会给得很低，此时意愿承运数量无法完成运输任务，原因是某些弧的报价低于运输成本（$y_j - y_i < c_{ij}$），是无效弧，就需要提高报价，把一些无效弧变成有效弧。

那么应该提高哪些弧的价差呢？这就需要从求最大流的过程中去找，根据最大流算法可知最大流的流值等于最小割的容量，最小割就是瓶颈，增加最小割的容量可以提高最大流的流值。根据最大流标号方法可知，最小割把网络分成两部分，一部分是得到标号的点，另一部分是没有得到标号点，它们之间的边就是最小割的边。现有有效弧的最大通行能力是已知不变的，只能在两部分点之间增加一些有效弧，也就是把两部分点之间一些无效弧变成有效弧。

把无效弧变成有效弧就需要提高价差，也就是提高后面点的报价，为了保证没有标号点之间弧的价差不变，就需要把没有得到标号点的报价同步提高相同数量。提高报价以后，割集两端的弧的价差不变，割集原有正向弧的价差增加了，反向弧的价差减少了，由于割集正向弧的流量达到上限，反向弧的流量为 0，因而改变后依然满足式(6-12)。同时会增加一些有效弧，在新的有效弧上求最大流，流值会增加。

如果新的最大流流值大于等于运输任务 v_0 就停止；否则就继续提高没有得到标号点的报

价，增加有效弧，找新的最大流，依次进行下去，直到最大流流值大于等于运输任务 v_0 为止。

整个过程就是根据报价确定有效弧，在有效弧上找最大流，根据最大流的标号改变报价的循环过程，具体步骤如下。

第一步(初始化) 首先给出初始报价 y_i，令 $y_s = 0$，$y_i = 1$，$i \in N, i \neq s$。有效弧集 $F = \varnothing$。有效弧生成子图 $G[F]$ 为空图。

第二步(确定有效弧) 计算每个弧上的价差 $y_j - y_i$，新增有效弧加入有效弧集 F，更新有效弧生成子图 $G[F]$。

第三步(求最大流) 在有效弧生成子图 $G[F]$ 上求最大流，根据标号法确定最小割。如果最大流流值大于等于 v_0，就停止，当前最大流即可满足运输任务，如果最大流流值大于 v_0，最后一步增广路更新流量到 v_0 为止；否则转到第四步。

第四步(修改报价) 在求最大流的最后一步标号中，没有得到标号的点的报价增加 1。转第二步。

例 6-6 求解图 6-62 中流值等于 4 的最小费用流。

解：给定初始报价如图 6-63 所示。

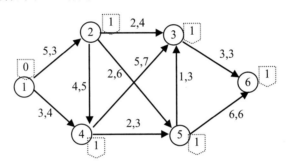

图 6-63 初始赋值

对于上述报价，没有任何管线有愿意承运的，所以得到有效弧生成子图就是一个空图，如图 6-64 所示。

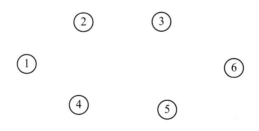

图 6-64 有效弧生成子图

在图 6-64 上找从点 1 到点 6 的最大流，没有增广路，得到标号的点只有发点 1，对应的最小割是[{1}，{2,3,4,5,6}]，如图 6-65 所示。

增加一次报价后由于没有新增有效弧，最大流不变，未标号点继续增加 3 次报价，得到新的报价，如图 6-66 所示。

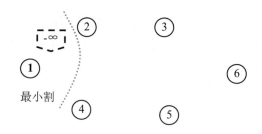

图 6-65 最大流与割集

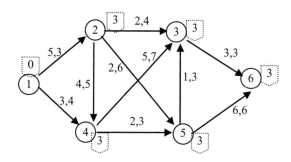

图 6-66 更新报价

就会有承运方愿意承运(1,2)这条边，得到新的图，找增广路，标号如图 6-67 所示。

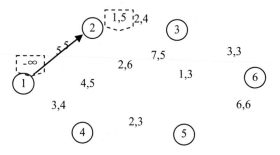

图 6-67 有效弧生成子图求最大流

该图没有增广路，对应最小割集为[{1,2}，{3,4,5,6}]。同步增加该割集后面点的报价一个单位，如图 6-68 所示。

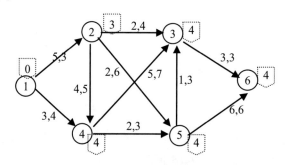

图 6-68 更新报价

转向第二步重新计算盈利空间，就会有承运方愿意承运(1,4)这条边，得到新的图，找增广路,标号如图 6-69 所示。

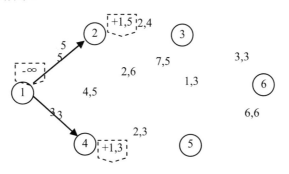

图 6-69　有效弧生成子图求最大流

该图没有增广路,对应最小割集为[{1,2,4},{3, 5,6}]。连续 3 次同步增加该割集后面点的报价一个单位,如图 6-70 所示。

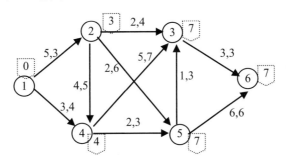

图 6-70　更新报价

转向第二步重新计算盈利空间,就会有承运方愿意承运(1,4)和(2,3)这两条边,得到新的图,找增广路,标号如图 6-71 所示。

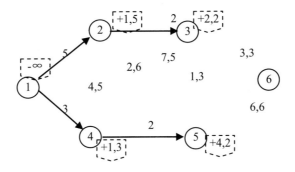

图 6-71　有效弧生成子图求最大流

该图没有增广路,对应最小割集为[{1,2,3,4,5},{ 6}]。连续 3 次同步增加该割集后面点的报价一个单位,如图 6-72 所示。

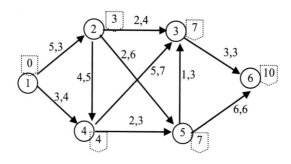

图 6-72 更新报价

转向第二步重新计算盈利空间,就会有承运方愿意承运(3,6)这条边,得到新的图,找增广路,标号如图 6-73 所示。

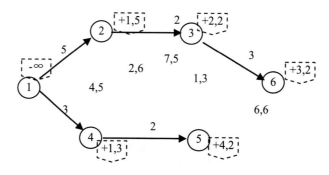

图 6-73 有效弧生成子图求最大流

得到增广路,增加流量,得新的可行流,由于可行流流量小于 4,因而重新计算增广路,如图 6-74 所示。

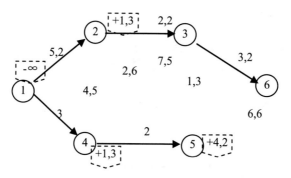

图 6-74 有效弧生成子图求最大流

该图没有增广路,对应最小割集为[{1,2,4,5},{3,6}]。连续 3 次同步增加该割集后面点的报价一个单位,如图 6-75 所示。

就会有承运方愿意承运(5,3)和(5,6)这两条边,得到新的图,找增广路,标号如图 6-76 所示。

得到增广路,增加流量,得新的可行流,如图 6-77 所示。

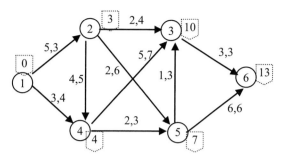

图 6-75　更新报价

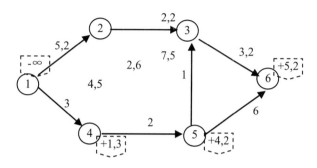

图 6-76　有效弧生成子图求最大流

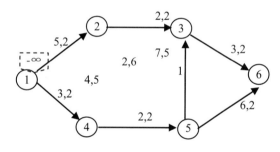

图 6-77　最大流

由于可行流流量等于 4，该可行流能够满足任务要求，停止计算。

由于该方案和报价满足对偶理论的线性互补定理，因而可以证明该方案就是总费用最小的方案。

提　示

（1）改变报价时每次增加一个单位，如果一次增加无法得到新的意愿承运边，则对同样的点继续增加报价，直到得到新的意愿承运边为止。

（2）最后一次得到的增广路的增加量如果超过任务需要，则按任务实际需要增加流量。

三、SciLab 求解最小费用流

SciLab 平台求解最小费用流的函数为

$$[c,phi,flag] = min\_cost\_flow2(g)$$

该函数可以求出多收点和多发点的最小费用流，其中输入为图 g，输出为最小费用 c，每个弧的流量 phi 和是否有可行方案的指示变量 flag，如果有最大流，flag=1；否则 falg=0。

在调用该函数之前需要生成图，并且把图的弧的容量限制和单位费用以及每个点的需求量赋给图，每个点对应一个需求量，输出为负数，输入为正数，中圆点为 0。

例如，对图 6-78 所示的网络，需要从 1 向 4 运 3 个流量，则需求分别为[-3,0,0,3]。

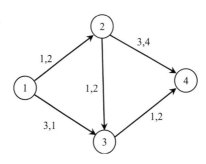

图 6-78　网络图

输入下面的函数：

```
clear
tail=[1 1 2 2 3];
head=[2 3 3 4 4];
g=make_graph('g',1,4,tail,head);    //生成图
cost=[1 3 1 3 1];
max_cap=[2 1 2 4 2];
g('edge_cost')=cost;                //赋值单位费用
g('edge_max_cap')=max_cap;          //赋值最大限制
demd=[-3,0,0,3];
g('node_demand')=demd;              //赋值点需求
[c,phi,flag] = min_lcost_flow2(g)   //计算最小费用
```

延伸阅读

最小费用流原理

如果在第二章学习了第八节的对偶理论就可以进一步来看一下式(6-12)的理论推导过程。

为了便于理解，首先把最小费用流的数学规划式(6-11)的等式约束两边乘以-1，变成

$$\min \sum_{(i,j) \in A} c_{ij} x_{ij}$$

$$\text{s.t.} \begin{cases} \sum_{(j,s) \in A} x_{js} - \sum_{(s,j) \in A} x_{sj} = -v_0 \\ \sum_{(j,t) \in A} x_{jt} - \sum_{(t,j) \in A} x_{tj} = v_0 \\ \sum_{(j,i) \in A} x_{ji} - \sum_{(i,j) \in A} x_{ij} = 0 \quad i \neq s,t \\ 0 \leqslant x_{ij} \leqslant d_{ij} \quad (i,j) \in A \end{cases} \quad (6\text{-}13)$$

根据对偶规划的方法可知，该规划的对偶规划为

$$\max v_0 y_t - v_0 y_s - \sum_{(i,j)\in A} d_{ij} r_{ij}$$

$$\text{s.t.} \begin{cases} y_j - y_i - r_{ij} \leqslant c_{ij}, (i,j) \in A \\ r_{ij} \geqslant 0, (i,j) \in A \end{cases} \tag{6-14}$$

其互补松弛条件为

$$\begin{cases} (y_j - y_i - r_{ij} - c_{ij}) x_{ij} = 0, (i,j) \in A \\ r_{ij}(x_{ij} - d_{ij}) = 0, (i,j) \in A \end{cases} \tag{6-15}$$

首先分析对偶规划式(6-14)，给定一组 $y_i (i \in N)$ 的取值之后就可以确定每一个 r_{ij} 的取值范围，即

$$\begin{cases} y_j - y_i - c_{ij} \leqslant r_{ij}, (i,j) \in A \\ r_{ij} \geqslant 0, (i,j) \in A \end{cases}$$

所以有

$$r_{ij} \geqslant \max\{y_j - y_i - c_{ij}, 0\}$$

在目标函数中 $d_{ij} > 0$，$r_{ij} \geqslant 0$，因而 r_{ij} 越小目标函数值越大。因而对于最优解而言，r_{ij} 必然取最小值，即

$$r_{ij} = \max\{y_j - y_i - c_{ij}, 0\} \tag{6-16}$$

也就是说，最优解同时要满足式(6-15)和式(6-16)，对于最优解对应的 $y_i (i \in N)$，有以下结论。

(1) 如果 $y_j - y_i < c_{ij}$，此时 $r_{ij} = 0$，而且 $y_j - y_i - r_{ij} - c_{ij} < 0$，根据式(6-15)可知 $x_{ij} = 0$。

(2) 如果 $y_j - y_i = c_{ij}$，此时 $r_{ij} = 0$，而且 $y_j - y_i - r_{ij} - c_{ij} = 0$，根据式(6-15)可知 $0 \leqslant x_{ij} \leqslant d_{ij}$。

(3) 如果 $y_j - y_i > c_{ij}$，此时 $r_{ij} > 0$，而且 $y_j - y_i - r_{ij} - c_{ij} = 0$，根据式(6-15)可知 $x_{ij} = d_{ij}$。

因而上述结论就是式(6-12)，也就是说，招标价格就是对偶变量，也就是对偶价格，而式(6-12)就是互补松弛条件的等价形式。

中国邮递员问题

邮递员问题又称为"最短邮递路线问题"。它是说："一个邮递员每次从邮局出发投递信件，必须在他所负责区域内的每条街道至少走一次，最后回到邮局。问他按怎样的路线走所走的路程最短？"这一问题最先由中国数学家管梅谷(1934—)在其1960年发表的论文"奇偶点图上作业法"中提出，并给出了一种求解算法。然而他给出的解法并不是一个多项式时间算法。

求解该问题的第一个多项式时间算法由埃德蒙兹在提交给美国运筹学会第27届全国会议的论文——"中国邮递员问题"中给出，其摘要刊登在1965年的一期《美国运筹学会通讯》上，这也是"中国邮递员问题"这一名称的首次出现。据说，该名称是埃德蒙兹在美国国家标准局工作时的上司戈尔德曼(A. J. Goldman)建议他使用的。后来，埃德蒙兹和E.L.约翰逊(E.L.Johnson)又在1973年合作发表的论文——"匹配、欧拉环游与中国邮递员"中给出

了一个改进的多项式时间算法。

(资料来源：根据参考文献[18]改编)

习　题

1. 求图 6-79 所示的最小支撑树，其中边的权重为边的长度。

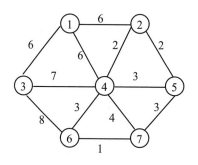

图 6-79　网络图

2. 求图 6-80 和图 6-81 所示网络从节点 1 到其余各节点的最短路径，其中权重为弧的长度。

3. 用标号法求图 6-82 所示的最大流问题，弧上数字为最大流量限制和初始可行流量。

4. 求图 6-83 所示网络的最大流，其中权重为最大流量限制。

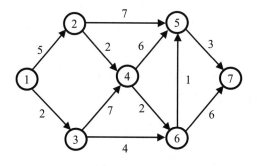

图 6-80　网络图

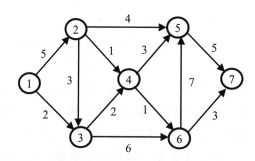

图 6-81　网络图

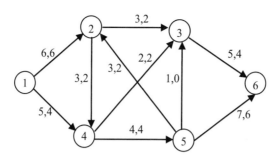

图 6-82 初始可行流

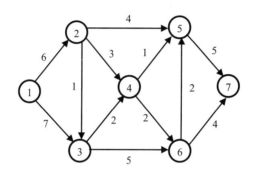

图 6-83 网络图

5. 求图 6-84 所示网络的流量等于 5 的最小费用流,其中第一个权重为最大流量限制,第二个权重为单位流量费用。

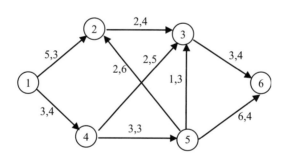

图 6-84 网络图

案例分析题

今年夏天某县遭受水灾。为考察灾情、组织自救,县领导决定,在县政府所在地和乡镇 G、K、Q 和 D 所在地设立 5 个临时救灾点。为了及时、快速地了解灾情和发放救灾物资,打破原有行政区划,重新安排每个救灾点负责行政村。图 6-85 所示为某县的乡(镇)、行政村公路网示意图,公路边的数字为该路段的公里数。

现需要将 35 个行政村和其他乡镇所在地划分到 5 个救灾点,每个救灾点负责的行政村和乡镇所在地的个数不超过 10 个。为了实现就近服务的原则,要求行政村和乡镇所在地到所属救灾点的距离不超过20km。现需要给出一个划分方案，使得满足距离限制要求的行政村和乡镇所在地的个数尽量多。

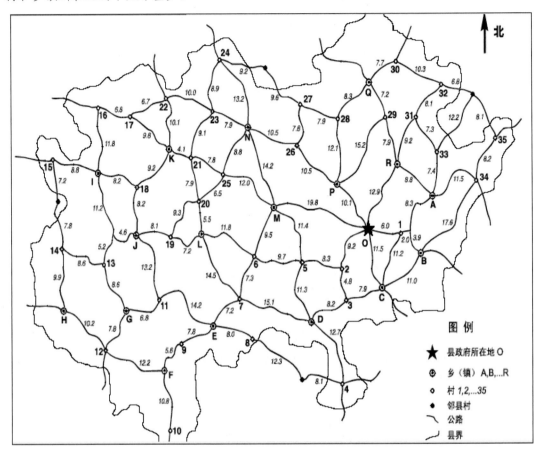

图 6-85　公路交通图

(资料来源：根据参考文献[20]资料改编)

第七章

网络计划技术

网络计划技术主要是指关键线路法和计划评审技术,其在现代管理中得到广泛的应用,被认为是最行之有效的管理方法之一。

美国是网络计划技术的发源地,1957 年美国杜邦公司在兰德公司的配合下,提出了一个运用网络图来制订计划的方法,取名为"关键路径法"(Critical Path Method,CPM)。1958 年,美国海军特种计划局在研制"北极星"导弹潜艇过程中也提出一种以数理统计为基础,以网络分析为主要内容的新型计划管理方法,称为"计划评审技术"(Program Evaluation and Review Technique,PERT)。20 世纪 60 年代初,我国著名数学家华罗庚教授致力于推广和应用这些新的科学管理方法,并把它们统一起来,定名为"统筹方法",在我国国民经济各部门得到广泛应用,取得了显著的效果。

网络计划技术的基本思想是,首先应用网络计划图来表示工程项目中计划要完成的各项工序,以及各项工序之间的先后顺序和相互依存的逻辑关系;然后通过网络计划图计算时间参数,找出关键工序和关键线路;最后通过不断改进网络计划,寻求最优方案,以最少的时间和资源消耗来完成系统目标,以取得良好经济效益。

本章首先介绍网络计划图的编制方法;然后给出计算时间参数和关键线路的方法;最后考虑网络计划中的优化问题。

第一节　网络计划图

网络计划技术是以工序所需的工时作为时间因素，用工序之间相互关系的"网络图"反映出整个工程或任务的全貌，并在此网络计划图上进行计算和优化，因而网络计划图是网络计划技术的基础。网络计划图是在图上标注关系和时间参数的进度计划图，实质上它是有时序的有向赋权图。

一、基本术语

(1) 节点和箭线。节点和箭线是网络图的基本组成元素，箭线是一段带箭头的射线，节点是箭线的两端连接点。

(2) 工序(也称作业、活动)。将整个项目按计划的粗细程度，分解成若干需要消耗时间或其他资源的子项目或单元，每个子项目或单元就可看成是一项工序，工序是网络图的基本组成部分。

(3) 紧前工序。工序 A 必须在工序 B 结束后开始，则称工序 B 是工序 A 的紧前工序，没有紧前工序的工序可以在项目开始时开工。

(4) 事件。标志某项工序的开始或结束，其本身不消耗时间和资源，某一事件的发生标志着一些工序的结束和另一些工序的开始。

(5) 路线。路线是指从开始事件到最终事件的由各项工序连贯组成的一条路。

网络计划图的关键问题是描述各项工序以及各项工序之间的先后关系，根据描述方法的不同，网络图可以分成两类，即箭线图(或双节点图)和节点图(或单节点图)。下面分别考虑箭线图和节点图的生成方法。

二、箭线图的绘制方法

在箭线图中各项工序或活动都用箭线表示，箭线的前后节点分别表示工序的开始时刻和结束时刻，箭头边的数字表示活动的时间或成本，如图 7-1 所示。

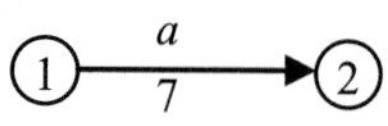

①——a——②
　　7

图 7-1　工序

各项活动或工序的前后关系，由箭线的顺序表示。例如，图 7-2 中有 a 和 b 两项工序，工序 b 须等待其前项工序完成后才能开始。

图 7-2　箭线图

在整个箭线图中每个节点代表着一个事件,只有一个节点表示项目开始事件,一个节点表示项目结束事件,把表示工序的箭线和表示事件的节点根据工序的先后关系连接起来就构成了一个完整的箭线图。

例 7-1 某项工程由 11 项工序组成(分别用代码 A、B、…、K 表示),其完成时间及相互关系如表 7-1 所示。

表 7-1 工程的工序紧前关系

工序	A	B	C	D	E	F	G	H	I	J	K
完成时间	5	10	11	4	4	15	21	35	25	15	20
紧前工序	无	无	无	B	A	C、D	B、E	B、E	B、E	F、G、I	F、G

试画出该项目的箭线图。

解:第一步:画出表示项目开始事件的节点,如图 7-3 所示。

图 7-3 开始节点

第二步:找出没有紧前工序的工序,以开始事件的节点为起始节点,分别画出表示这些工序的箭线,如图 7-4 所示。

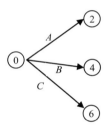

图 7-4 开始工序

第三步:对于有紧前工序的工序,依次找出表示其紧前工序结束事件的节点,并以此节点为起始节点画出表示该工序的箭线。对于有多个紧前工序的工序,为了表示几个紧前工序同时结束事件,在图中引入了虚拟工序的概念,这种工序只是表示事件的前后关系,并不消耗时间和资源,如图 7-5 所示。

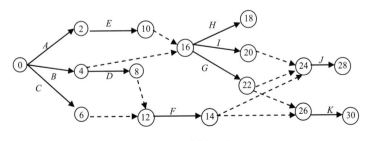

图 7-5 虚拟工序

虚拟工序作业表示两个工序可以同时开始，或可以并行实施，待两者完成后，再开始另一工序，如图 7-6 所示。图中虚拟工序 d 协助表示 a 与 b 的并行关系。

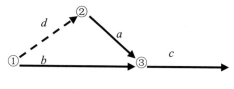

图 7-6　虚拟作业

虚拟工序除了能使工序间的关系表达清晰外，还可以用于表达整个计划的完成或开始。图 7-7 中的 a、b、g、h 均为虚拟工序，用于表示整个计划的完整性。

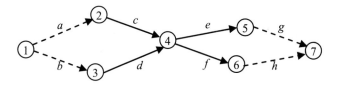

图 7-7　表示计划开始和完成的虚拟作业

第四步：引入最后节点表示项目结束事件，所有没有后续箭线的节点通过虚拟工序与项目结束节点连接，如图 7-8 所示。

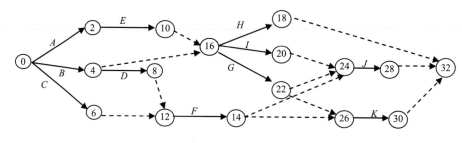

图 7-8　完整箭线图

第五步：如果虚拟工序的开始节点只有该虚拟工序以它为开始节点，则此时可以把该虚拟工序的两个节点合并成一个节点，把虚拟工序去掉。例如，节点 8 后面只有一个虚拟工序，则可以把该节点和节点 12 合并，把对应的虚拟工序去掉。经过合并后箭线图变成图 7-9 所示形式。

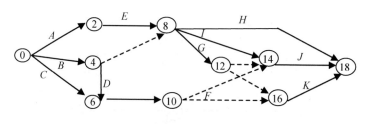

图 7-9　简化箭线图

在图 7-9 中工序 F、G、I 结束事件又可以用节点 16 到节点 14 的虚拟工序表示，如图 7-10 所示。

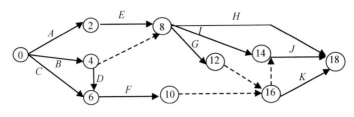

图 7-10　简化箭线图

所以，图形可以进一步简化为图 7-11 所示。

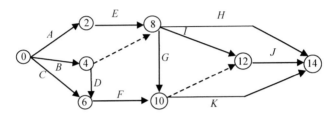

图 7-11　简化箭线图

提　示

(1) 最后简化得到的箭线图可以是不一样的，即使不做任何简化也是对的，不影响后面的计算。

(2) 箭线图节点的编号一般使用偶数，这样可以预留出一些编号，中间需要添加节点时使用。

(3) 在刚开始学习时尽量使用虚拟工序表示不同工序结束的时刻，然后再简化，这样不容易出错。

在箭线图编制过程中，容易出现的错误有以下几个。

(1) 在箭线图中，除起点和终点外，其间各项工序都必须前后衔接，不可有中断的缺口。例如，图 7-12 中的工序 c 不能到达整个计划的终点，所以是错误的。

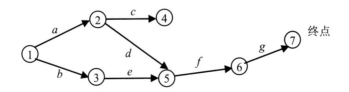

图 7-12　含有中断缺口的错误网络图

(2) 在网络图中，如果有循环现象，将造成逻辑上的错误，致使某项工序永远无起点或终点，如图 7-13 中工序 c、工序 f 和工序 d 形成一个循环。

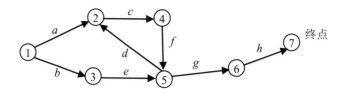

图 7-13 逻辑上有错误的网络图

三、节点图

箭头图是统筹方法网络图的基本结构，应用极为普遍。其最大的缺点是为了完整地表达前后衔接关系，有时需要增加虚拟工序。工序节点图(Activity-on-Node Diagram，AND)是一种改进的结构，可以避免使用虚拟工序。这种方法以节点表示工序，以箭线表示紧前关系，如果工序 a 是工序 b 的紧前工序，就从节点 a 到节点 b 画一条箭线，如图 7-14 所示。

图 7-14 紧前关系

例 7-1 的节点图如图 7-15 所示。

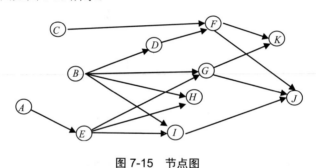

图 7-15 节点图

节点图相对于箭线图而言，其结构简单、编制方便，而且工序的先后关系一目了然。但其缺点是不能直接表示出项目开始和结束的时刻以及不同工序起始和结束的时间，在后面的时间计算中不很方便，因而本章后面主要采用箭线图处理问题。

第二节 时间参数与关键路线

网络计划技术的主要任务就是确定每个工序开始的时间、每个事件发生的时间以及为了保证工期的正常进行必须按时完成的工序。为了实现上述目标，就必须计算网络图上的有关时间参数，这些时间参数主要包括节点出现时间、工序开始时间和工序结束时间，所有这些时间都是建立在工序持续时间或作业时间的基础上。

一、作业时间

作业时间是指一项工序(工序)从工序开始到工序结束所需的时间。例如,作业时间是网络计划计算的基础,在安排计划时由于工序还没有进行,只能对其进行估计。为了使估计的作业时间更精确,人们往往给出 3 种估计时间,即最悲观时间、最乐观时间和最可能时间。例如,对于质量检验工序所需的时间,如图 7-16 所示。

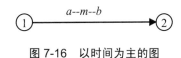

图 7-16 以时间为主的图

在图 7-16 中:

a——最乐观时间,也就是最乐观的情况下使用的最短时间。

b——最悲观时间,也就是最坏的情况下使用的最长时间。

m——最可能时间,也就是出现可能性最大的时间。

所采用的时间估计,是以 Beta 函数为基础,其形态近似偏常态分布,如图 7-17 所示。

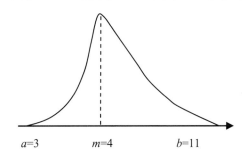

图 7-17 时间估计的 Beta 分布

根据 Beta 分布的性质,其平均值(期望值)的计算有以下公式,即

$$t_0 = \frac{a + 4m + b}{6} \tag{7-1}$$

就质量检验的工序例子而言,假设 $a=3$、$m=4$、$b=11$,则其所需的平均时间为

$$t_0 = (3+4\times4+11)/6 = 5$$

二、节点时间

节点时间主要是指节点的最早时间和最晚时间,节点的最早时间是指节点对应事件可能发生的最早时间,记为 ET;最晚时间是指为了保证工期不推迟节点对应事件允许发生的最迟时间,或者说节点出现的时间晚于该时间后整个工期必然推迟,记为 LT。

项目开始节点的最早时间为 0,而其他节点必须在以其为结束节点的工序都完成后才能出现,因而其最早时间等于其前面相邻节点的最早时间加上对应工序的作业时间中最大者,即

$$ET_j = \max_{(i,j) \in A} \{ET_i + D_{ij}\}$$

式中，D_{ij} 为箭线 (i,j) 对应工序的作业时间；A 为所有箭线集合，如图 7-18 所示。则 $ET_c = \max\{ET_a + D_{ac}, ET_b + D_{bc}\}$。

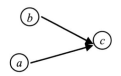

图 7-18 节点前工序

从开始节点出发，沿着箭线的方向就可以以此计算出每个节点的最早时间，如例 7-1 中节点的最早时间如图 7-19 所示。

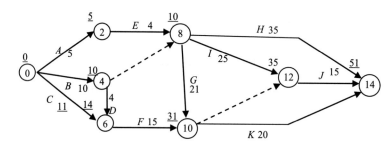

图 7-19 节点最早时间

在图 7-19 中，箭线字母后的数字就是对应工序的作业时间，节点左上方带下划线的数字就是节点的最早时间。

显然，结束节点的最早时间就是整个工期可能结束的最早时间，也称为工期时间。为了保证工期时间的实现，显然结束节点的最晚时间就等于工期时间或者该节点的最早时间。而其他节点的最晚时间等于其后续节点的最晚时间减去对应工序的作业时间后的最小者，即 $LT_i = \min_{(i,j) \in A} \{LT_j - D_{ij}\}$，如图 7-20 所示。则 $LT_a = \min\{ET_b - D_{abc}, LT_c - D_{ac}\}$。

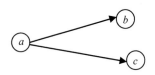

图 7-20 节点后工序

从结束节点出发，沿着箭线的反方向就可以依次计算出每个节点的最晚时间，如例 7-1 中节点的最晚时间如图 7-21 所示。

图 7-21 中每个节点右下方带下划线的数字就是节点的最晚时间。

有些节点的最早时间和最晚时间不相等，这些节点的实际出现时间可以有一定的变化范围，这种变化范围就成为节点时差。而有些节点的最早时间和最晚时间相等，其节点时差为 0，这些节点出现的时间就不可以变化，为了保证工期时间的正常实现，这些节点必须按时出现，这样的节点称为关键节点。在例 7-1 中关键节点为 0、4、8、10、14。

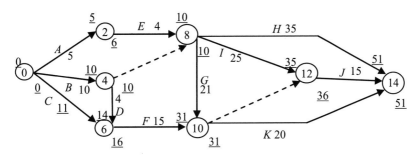

图 7-21 箭线图的最晚时间

三、工序时间

工序时间包括以下几项。

(1) 最早开始时间。一项工序可以开始的最早时间，记为 ES。一项工序的最早开始时间等于对应箭线前节点的最早时间，若工序对应的箭线为 (i,j)，则

$$ES = ET_i$$

(2) 最早完成时间。一项工序按最早开始时间开工，所能达到的完工时间，记为 EF。最早完成时间等于最早开始时间加上工序的作业时间，若工序对应的箭线为 (i,j)，则

$$EF = ES + D_{ij}$$

(3) 最晚完成时间。一项工序按最晚开始时间开工，所能达到的完成时间，记为 LF。最晚完成时间等于对应箭线后节点的最晚时间，若工序对应的箭线为 (i,j)，则

$$LF = LT_j$$

(4) 最晚开始时间。在不影响整个计划完成时间的前提下，一项工序可以开始的最晚时间，记为 LS。最晚开始时间等于最晚完成时间减去工序作业时间，若工序对应的箭线为 (i,j)，则

$$LS = LF - D_{ij}$$

根据节点时间很容易就可以计算出工序的最早开始时间、最早完成时间、最晚开始时间和最晚完成时间。

例 7-2 计算例 7-1 中各工序的最早时间和最晚时间。

计算结果如表 7-2 所示。

表 7-2 工程的工序时间

工序	A	B	C	D	E	F	G	H	I	J	K
作业时间	5	10	11	4	4	15	21	35	25	15	20
最早开始时间	0	0	0	10	5	14	10	10	10	35	31
最早结束时间	5	10	11	14	9	29	31	45	35	50	51
最晚结束时间	6	10	16	16	10	31	31	51	36	51	51
最晚开始时间	1	0	5	12	6	16	10	16	11	36	31

工序最早开始时间和最晚开始时间的差或者最早结束时间和最晚结束时间的差称为工序的时差，有些工序的时差大于 0，这样的工序安排时可以有一定的余地。而有些工序的时差为 0，这样的工序最早开始和最晚开始时间相等，其必须严格按时开工才能保证工程按工期时间完工，因而称这样的工序为关键工序，例 7-1 的关键工序为 B、G、K 和节点 4 与节点 8 中间的虚拟工序。

 提 示

(1) 最早时间是从前往后计算，而最晚时间是从后往前计算。

(2) 计算节点时间和工序时间可以交叉进行，先计算开始节点的最早时间，然后计算后续工序的最早开始时间和最早结束时间，随后计算工序结束节点的最早时间，依次进行，直到求出最后节点的最早时间。

(3) 计算某个节点的最早时间时看前面以其为结束节点的工序，计算最晚时间时看后面以其为开始节点的工序。

四、关键路线

由关键节点和关键工序按顺序连接形成一条路线，称为关键路线。如果要使工程按工期时间完工，必须保证关键路线上的节点和工序按时开始。而非关键路线上的工序和节点的开始时间有一定的活动余地，可根据情况合理安排。

例 7-3 确定例 7-1 中网络图的关键线路。

关键线路如图 7-22 所示，用双线表示。

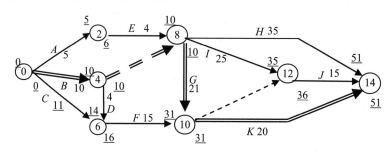

图 7-22 关键线路

关键线路的长度为 51，正好和工程工期时间相等。

 提 示

(1) 确定关键线路不仅要找关键节点，还需要确定关键工序，存在两个关键节点之间既有关键工序也有非关键工序的情况。

(2) 一个工程的关键工序不一定只有一条，可能会出现两条线路都是关键线路的情况。

第三节　网络计划的优化

正常工期是在正常资源投入下的工期，在某些情况下需要缩短工期，特别是一些市政工程，赶工期的情况经常出现。为了缩短工期就必须增加资源投入，以缩短某些工序的作业时间。而且任何工序都有一个缩短作业时间的极限，也就是超过极限后再增加资源也无法缩短工期，正常作业时间与最短作业时间的差称为赶工时间，在赶工时间内每个工序缩短单位时间的成本不同，称其为赶工成本。

网络计划的重要优化问题就是要用最少的资源实现缩短工期的目的，该问题有两种描述方式：一种是在总赶工成本不超过限制下使工期缩短最多；另一种是工期缩短某一时间使用的资源最少。在这里采用第一种描述方式考虑问题。

考虑某一项工程有 8 道工序，各工序正常作业时间与紧前工序如表 7-3 所示。

表 7-3　工程的工序紧前关系

工　序	A	B	C	D	E	F	G	H
作业时间	15	20	10	60	13	15	20	30
紧前工序	无	A	A	C	B、D	D	E	F、G

利用网络计划求解工期，首先构造网络计划图，如图 7-23 所示。

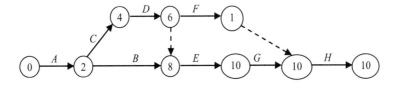

图 7-23　关键线路

通过计算关键线路得到其工期为 148。

为了缩短工期，增加资源投入，每个工序赶工时间和赶工成本如表 7-4 所示。

表 7-4　工程的赶工时间与赶工成本

工　序	A	B	C	D	E	F	G	H
最短作业时间	12	15	8	45	10	11	16	25
赶工时间	3	5	2	15	3	4	4	5
赶工成本	130	70	300	110	150	160	80	120

要求在赶工总成本不超过 1000 的前提下使得总工期最短。

该问题的解决可以用数学规划方法，也可以使用图上计算方法。下面分别介绍两种方法。

一、数学规划方法

为了建立赶工问题的数学规划模型，先考虑计算工期的数学规划模型。计算工期需要对上述网络计划图中每个节点给出其出现时间，一个可行的时间安排必须满足每项工序前后节点出现时间差必须大于等于该工序的作业时间，而第一个节点的出现时间为 0，因而设每个节点出现时间为 $x_i(i=2,3,\cdots,9)$，对于工序 A，要求其前后节点出现时间差 x_2-0 要不小于作业时间 15，即

$$x_2 \geq 15$$

对每项工序都有类似要求，所以需要满足约束

$$\begin{cases} x_2 \geq 15, x_3 - x_2 \geq 10 \\ x_5 - x_2 \geq 20, x_4 - x_3 \geq 60 \\ x_5 - x_4 \geq 0, x_6 - x_4 \geq 15 \\ x_7 - x_5 \geq 13, x_8 - x_7 \geq 20 \\ x_8 - x_6 \geq 0, x_9 - x_8 \geq 30 \\ x_i \geq 0 \quad i = 2, 3, \cdots, 9 \end{cases}$$

而工期就是最后一个节点出现的时间，因而对应的数学规划为

$$\min \quad x_9$$

$$\text{s.t.} \begin{cases} x_2 \geq 15, x_3 - x_2 \geq 10 \\ x_5 - x_2 \geq 20, x_4 - x_3 \geq 60 \\ x_5 - x_4 \geq 0, x_6 - x_4 \geq 15 \\ x_7 - x_5 \geq 13, x_8 - x_7 \geq 20 \\ x_8 - x_6 \geq 0, x_9 - x_8 \geq 30 \\ x_i \geq 0 \quad i = 2, 3, \cdots, 9 \end{cases}$$

而对于赶工问题，除了需要确定每个节点的出现时间，还需要确定每道工序的作业缩短时间，分别记为 $y_j(j=1,2,\cdots,8)$。显然，要求实际作业时间大于等于赶工时间，记工序的赶工时间为 $d_j(j=1,2,\cdots,8)$，则要求

$$0 \leq y_j \leq d_j \quad j = 1, 2, \cdots, 8$$

而工序的实际作业时间等于正常作业时间减去作业缩短时间，因而有约束

$$\begin{cases} x_2 \geq 15 - y_1; x_3 - x_2 \geq 10 - y_2 \\ x_5 - x_2 \geq 20 - y_3; x_4 - x_3 \geq 60 - y_4 \\ x_5 - x_4 \geq 0; x_6 - x_4 \geq 15 - y_5 \\ x_7 - x_5 \geq 13 - y_6; x_8 - x_7 \geq 20 - y_7 \\ x_8 - x_6 \geq 0; x_9 - x_8 \geq 30 - y_8 \end{cases}$$

同时，要求赶工成本不超过 1000，因而对应的数学规划为

$$\min x_9$$

$$\text{s.t.} \begin{cases} x_2 \geqslant 15 - y_1; x_3 - x_2 \geqslant 10 - y_2; x_5 - x_2 \geqslant 20 - y_3 \\ x_4 - x_3 \geqslant 60 - y_4; x_5 - x_4 \geqslant 0; x_6 - x_4 \geqslant 15 - y_5 \\ x_7 - x_5 \geqslant 13 - y_6; x_8 - x_7 \geqslant 20 - y_7 \\ x_8 - x_6 \geqslant 0; x_9 - x_8 \geqslant 30 - y_8 \\ \sum_{j=1}^{8} c_j y_j \leqslant 1000 \\ x_i \geqslant 0 \quad i = 2,3,\cdots,9 \quad 0 \leqslant y_j \leqslant d_j \quad j = 1,2,\cdots,8 \end{cases}$$

二、图上计算方法

图上计算法主要是依据关键线路逐步调整，因为缩短非关键线路上的工序作业时间不会减少工期，因而缩短时必然选择关键线路上的工序。在关键线路上选择赶工成本最小的工序，然后确定对应工序可以缩短的时间。决定其可以缩短的时间有两个因素，一个是其赶工时间，另一个是不改变关键线路。当某些工序的作业时间改变后，关键线路可能会发生变化，因而需要重新计算关键线路。

如果两个时间节点之间的多条路径都属于关键线路，在缩短时需要所有属于关键线路上的路径同步缩短。

计算的基本步骤如下。

第一步：画出网络计划图，计算关键线路。

第二步：确定关键线路上可缩短作业时间的工序，并找出其中赶工成本最小的工序作为缩短工序。

第三步：计算缩短工序的最大缩短时间，并计算缩短作业时间后的工期和赶工费用。

第四步：判断赶工费用是否超限或者工期是否符合要求，如果是就停止；否则重新计算关键线路，转第二步。

例 7-4 对图 7-24 所示的网络计划问题计算赶工成本不超过 1000 的最短工期。

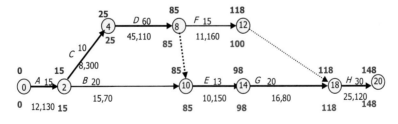

图 7-24 网络计划图

其中工序下面的数字分别代表最短作业时间和赶工成本。

解： 首先确定在现在关键线路上赶工成本最小的是工序 G，其可以缩小的最大作业时间是 4，因而缩短该工序作业时间 4 个单位，赶工费用为 320，重新计算关键线路，如图 7-25 所示。

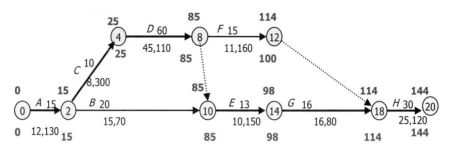

图 7-25 网络计划图

工期变为 144。在新的关键线路上，可缩短工序赶工成本最小者是工序 D，其可缩短作业时间为 15，当缩短 15 个时间单位时新增赶工成本为 1650，超过了成本限制，在成本限制小时，其还可以缩减 6.18 个时间单位，如果取整数则实际缩减 6 天，实际增加赶工成本为 660，赶工总费用为 980，重新计算关键线路，如图 7-26 所示。

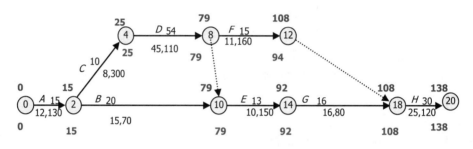

图 7-26 网络计划图

如果要再缩短工期，必须增加资金投入。

延伸阅读

华罗庚与优选法、统筹法的推广应用

华罗庚教授是著名的数学家、数学教育家。他在纯数学的诸多领域(如数论、代数、多复变函数论)的杰出贡献闻名中外，同时他以极大的热情致力于数学为国民经济服务，在生命的后 20 年里，他几乎把全部精力投身于推广应用数学方法的工序中，而"双法"——优选法、统筹法的推广应用便是其中心内容。

1964 年，他以国外的 CPM(关键线路法)和 PERT(计划评审法)方法为核心进行提炼加工，去伪存真，通俗形象化，提出了中国式的统筹方法。1965 年 2 月，华罗庚亲率助手(学生)去北京 774 厂(北京电子管厂)搞统筹方法试点，后又去西南铁路工地搞试点。他于 1965 年出版了《统筹方法平话》(后于 1971 年出版了修订本《统筹方法平话及补充》，增加了实际应用案例)。书中用"泡茶"这一浅显的例子，讲述了统筹法的思想和方法。这样即便是文化程度不高的人也能看懂，联系实际问题也能用。

随后，华罗庚又考虑生产工艺的(局部)层面，如何选取工艺参数和工艺过程，以提高产品质量。他提出了"优选法"，即选取这种最优点的方法本身应该是最优的，或者说可用最少的试验次数来找出最优点。他从理论上给出了严格的证明。1971 年 7 月，他出版了《优选法平话》，书中着重介绍了 0.618 法(黄金分割法)。随后，他又和助手们一起在北京搞试点，很快取得成功。因为这一方法适用面广、操作简单、效果显著，受到工厂工人的欢迎。

1970 年以后，华罗庚凭他个人的声望，到各地借调得力人员组建"推广优选法、统筹法小分队"，亲自带领小分队去全国各地推广"双法"，为工农业生产服务。从 1972 年开始，全国各地推广"双法"的群众运动持续了 10 余年。华罗庚先后到过 23 个省、市、自治区。各地"双法"推广工序是在地方党委的领导下，组织一支"五湖四海"的小分队，发动群众，开展科学试验。

华罗庚在各地作优选法、统筹法的报告，有成千上万的群众参加。由于他的报告通俗易懂、形象、幽默，如用折纸条和香烟烧洞的方法讲解 0.618 法，普通工人都能听得懂，用得上，自己会操作。优选法在实际生产中显示了巨大的威力，取得增产、降耗、优质的效果。许多单位在基本不增加投资、人力、物力、财力的情况下，应用"双法"选择合理的设计参数、工艺参数，统筹安排，提高了经营管理水平，取得了显著的经济效果。例如，江苏省在 1980 年取得成果 5000 多项，半年时间实际增加产值 9500 多万元，节约 2800 多万元，节电 2038 万度，节煤 85000 吨，节石油 9000 多吨。四川省推广"双法"，5 个月增产节约价值 2 亿多元。"双法"广泛应用于化工、电子、邮电、冶金、煤炭、石油、电力、轻工、机械制造、交通运输、粮油加工、建工建材、医药卫生、环境保护、农业等行业。

在 1978 年举行的全国科学大会上，华罗庚领导的推广"双法"工序被评为"全国重大科技成果奖"。

1980 年 8 月，华罗庚应邀出席在美国伯克利举行的第四届国际数学教育大会(ICME)，并在大会上作报告，题目是 "Some Personal Experiences in Popularizing Mathematical Methods in the Peopke's Repubkic of China(在中华人民共和国普及数学方法的若干个人体会)"，优选法和统筹法都是其中的内容。

(资料来源：那吉生. 道客巴巴，http://www.doc88.com/p-2139987274933.html)

习　　题

1. 某项物流业务所含的工序、所需时间、前项工序如表 7-5 所示。

表 7-5　工程的紧前关系

工　序	A	B	C	D	E	F	G
作业时间	2	10	22	10	20	3	4
紧前工序	无	无	无	A	C	D	$F、B、E$

试绘出网络计划图。

2. 诊断图 7-27 所示的网络计划图是否正确。

3. 根据图 7-28 所示的网络计划图，写出工程工序的紧前关系。

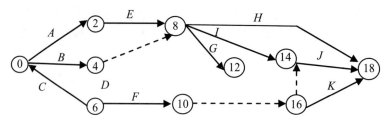

图 7-27 网络计划图

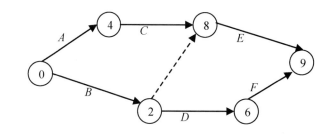

图 7-28 网络计划图

4. 某项工程包含的工序、所需时间、前项工序如表 7-6 所示。

表 7-6 工程的紧前关系

工 序	A	B	C	D	E	F	G	H	I
作业时间	2	10	22	10	20	3	4	5	7
紧前工序	无	无	A	A、B	C	C、D	E	D、G	H

试计算该工程的关键线路。

5. 某办公楼施工需要 11 项工序，各工序需要的期望时间和紧前关系如表 7-7 所示。

表 7-7 工程的紧前关系

工 序	作业时间	紧前工序
A 审查设计与批准动工	10	—
B 挖地基	6	A
C 立屋架和砌墙	14	B
D 建造楼板	6	C
E 安装窗户	3	C
F 搭房顶	3	C
G 室内布线	5	D、E、F
H 安装电梯	5	G
I 铺地板和嵌墙板	4	D
J 安装门和内部装修	3	I、H
K 验收与交房	1	J

试计算出该工程的最短工期。

6. 某项工程包含的工序、所需时间、前项工序如表 7-8 所示，试计算该工程的工期。

表 7-8 工程的紧前关系

工序	A	B	C	D	E	F	G	H
作业时间	12	15	22	10	20	13	24	15
紧前工序	无	无	A、B	B、C	C	E、D	A、C	D、G

其最短作业时间和赶工成本如表 7-9 所示。

表 7-9 工程的赶工时间与赶工成本

工序	A	B	C	D	E	F	G	H
最短作业时间	10	11	16	7	18	11	21	11
赶工成本	200	100	150	130	90	168	210	130

现要求赶工成本不超过 2000，求其工期最长可缩短多少？

案例分析题

工程机械类新产品开发过程

在对工程机械类新产品进行关键路径的分析时，必须清楚地了解其新产品开发的具体流程路线。这里以一种大型路面养护设备——路面铣刨机的开发流程为例进行讨论。

1. 工程机械类新产品开发流程

应用并行工程方法，确定铣刨机产品的开发流程，见图 7-29。

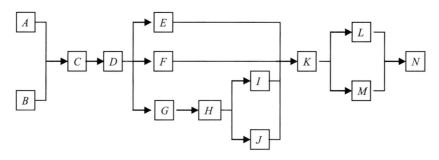

图 7-29 网络计划图铣刨机开发流程图

具体工序的内容如下。

A——前期的市场前景调研，包括用户的需求、市场的前景预测及接受程度、目前相关产品的市场保有量、可替代品的状态等。

B——技术的可行性调研，包括现有技术水平能否满足用户的需求、目前市场相关产品的技术水平、新技术的先进性水平等。

C——成立跨部门的新产品研发小组，人员包括机械专家、液压专家、电气专家、工业设计专家、采购人员、外协人员、财务人员、标准化人员、制造装配人员、法律专家、知识产权专家、用户等。

D——拟定产品开发技术方案，确定产品开发项目任务书，包括确定产品的功能和主要技术参数、成本预算、技术方案的确定，即发动机、主要的液压元器件、电气控制元器件、产品的外观及主体结构的确定等。

E——新产品试制工厂进行原材料备料及相关工装的制作。

F——采购部门对订货周期较长的液压元器件、电气控制元器件等关键件进行采购订货。包括发动机、分动箱、液压泵、液压马达、液压阀、减速机、电控元件等进口件。

G——产品各个功能部件的结构细化设计，包括机架部分、液压部分、电控部分、工序装置部分、发动机部分、行走传动部分、机罩及覆盖件部分、其他辅助部分等。

H——产品试制施工图及相关技术文件的完成，包括图纸的标准化和工艺审核、产品的 PLM 录入、产品的标准件明细表、外购件明细表、外协件明细表输出、产品在 ERP 中 BOM 的录入、产品标准文件、产品试验大纲及其他相关的技术文件。

I——外协件和内协件的加工制作及相关零部件的工艺文件的编制，包括车架、工序装置等结构件的加工制作，进行必要的工装设计，编写材料定额和工时定额、工艺质量计划等工艺文件。

J——采购部门对订货周期较短的非关键件以及标准件进行订购。

K——新产品的试制、装配和调试，包括整机的装配、各个功能部件的装配、试制过程中错误设计的改正、调试整机及其各个功能部件的正常运转和运动、编写装配工艺、制定工时定额、完成试制总结报告等。

L——工业性考核和试验。考核整机的工序性能是否满足设计要求和用户的需求、考核各个功能部件的运转和运动情况。

M——设计修改。针对试制、装配和调试过程中和工业性考核期间出现的技术问题、设计问题、加工问题、装配问题、调试问题进行系统的修改。

N——确认新产品开发成功，转入小批量生产。

2. 应用 PERT 方法对工序的作业时间的预测

在网络计划中最基本的参数是工序或工序的时间。一般来讲，作业时间是一个随机变量。在 PERT 方法中采用三时估计法。三时估计法就是估计流程 3 种完工的时间，即 a_{ij}(是最乐观完成时间，指顺利完成的最短时间)、m_{ij}(是最大可能完成时间，指正常情况下完成工序最可能的时间)、b_{ij}(是最悲观完成时间，指极不顺利条件下完成的时间)。通过对新产品开发过程的每一个流程进行时间 3 种预测，可以对整个产品开发过程的时间做出相对准确的判断。从而对产品开发计划做出准确的完成概率预测(表 7-10)。

用下面公式来计算流程完成时间的均值，即

$$t(i,j) = \frac{a_{ij} + 4m_{ij} + b_{ij}}{6}$$

其方差为

$$\delta_{ij}^2 = \left(\frac{b_{ij}-a_{ij}}{6}\right)^2$$

表 7-10　工程的紧前关系与作业时间　　　　　　　　　　　　　　　　单位：天

工　序	紧前工序	a_{ij}	m_{ij}	b_{ij}
A	—	30	45	60
B	—	15	20	30
C	A、B	10	14	20
D	C	30	45	60
E	D	20	25	40
F	D	90	180	240
G	D	30	50	80
H	G	10	14	21
I	H	30	50	60
J	H	30	38	45
K	E、F、I、J	20	30	45
L	K	30	60	120
M	K	20	40	60
N	M	10	14	20

3. 新产品开发最短工期

新产品的研发时间越短越能尽快占领市场，因而希望能够用最短的时间完成新产品开发，是确定该问题的最短工期，并找出完成最短工期需要控制的关键工序。

(资料来源：根据参考文献[12]改编)

第八章

运输问题

运输问题是一类特殊的线性规划问题,最早是从物资调运工作中提出的,后来又有许多其他问题也归结到这一类问题中。正是由于它的特殊结构,所以不是采用线性规划的单纯形法求解,而是根据单纯形法的基本原理结合运输问题的具体特性提出了表上作业法求解。

第一节 运输问题的模型

一、运输问题的数学模型

运输问题的一般提法是:假设有 m 个供应方,可以供应某种物资(以后称为产地),用 $A_i(i=1,\cdots,m)$ 来表示有 n 个需求方,用 $B_j(j=1,\cdots,n)$ 来表示产地的产量和销地的销量分别为 a_i、b_j,如图 8-1 所示。

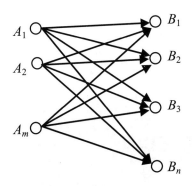

图 8-1 运输问题

从产地 A_i 到销地 B_j 运输一个单位物资的运价为 C_{ij},如何调运物资使总运费最小?

假设总需求与总供给相等,即

$$\sum_{i=1}^{m}a_i = \sum_{j=1}^{n}b_j$$

设 x_{ij} 表示从 A_i 到 B_j 的运量,则所求的数学模型为

$$\min \sum_{i=1}^{m}\sum_{j=1}^{n}c_{ij}x_{ij}$$

$$\text{s.t.}\begin{cases}\sum_{j=1}^{n}x_{ij}=a_i & i=1,2,\cdots,m\\ \sum_{i=1}^{m}x_{ij}=b_j & j=1,2,\cdots,n\\ x_{ij}\geq 0 & i=1,2,\cdots,m,j=1,2,\cdots,n\end{cases} \tag{8-1}$$

这是产销平衡运输问题的数学模型,它含有 $m\times n$ 个变量,有 $(m+n)$ 个约束条件。

例 8-1 某运输问题有 3 个产地 4 个销地,用网络表示,有关信息如图 8-2 所示。

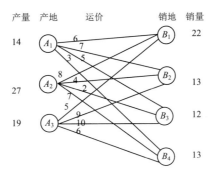

图 8-2 运输问题

其运输问题线性规划模型为

$$\min 6x_{11} + 7x_{12} + 5x_{13} + 3x_{14} + 8x_{21} + 4x_{22} + 2x_{23} + 7x_{24} + 5x_{31} + 9x_{32} + 10x_{33} + 6x_{34}$$

$$\text{s.t.} \begin{cases} x_{11} + x_{12} + x_{13} + x_{14} = 14 \\ x_{21} + x_{22} + x_{23} + x_{24} = 27 \\ x_{31} + x_{32} + x_{33} + x_{34} = 19 \\ x_{11} + x_{21} + x_{31} = 22 \\ x_{12} + x_{22} + x_{32} = 13 \\ x_{13} + x_{23} + x_{33} = 12 \\ x_{14} + x_{24} + x_{34} = 13 \\ x_{ij} \geqslant 0 \quad i=1,2,3; j=1,2,3,4 \end{cases}$$

二、运输问题数学模型的特点

从运输问题的数学模型可以看出，运输问题的目标函数和约束条件都是线性表达式，所以其模型从范畴上属于线性规划模型，在第二章中所介绍的单纯形法完全可以解决此类问题，但是通过分析发现其数学模型具有比一般线性规划模型更显著的特征。

为了便于分析其模型结构的特点，写出该模型的矩阵形式，令

$$\boldsymbol{x} = (x_{11}, x_{12}, \cdots, x_{1n}, \cdots, x_{m1}, x_{m2}, \cdots, x_{mn})^{\mathrm{T}}$$

$$\boldsymbol{c} = (c_{11}, c_{12}, \cdots, c_{1n}, \cdots, c_{m1}, c_{m2}, \cdots, c_{mn})^{\mathrm{T}}$$

$$\boldsymbol{b} = (a_1, a_2, \cdots, a_m, b_1, b_2, \cdots, b_n)^{\mathrm{T}}$$

$$A = \begin{pmatrix} 1 & 1 & \cdots & 1 & & & & & & & & \\ & & & & 1 & 1 & \cdots & 1 & & & & \\ & & & & & & & & \cdots & & & \\ & & & & & & & & & 1 & 1 & \cdots & 1 \\ 1 & & & & 1 & & & & 1 & & & \\ & 1 & & & & 1 & & & & 1 & & \\ & & \cdots & & & & \cdots & & & & \cdots & \\ & & & 1 & & & & 1 & & & & 1 \end{pmatrix} \quad (8\text{-}2)$$

则模型可以写成

$$\min c^T x$$
$$\text{s.t.} \begin{cases} Ax = b \\ x \geq 0 \end{cases}$$

A 中所有空着的位置均为零。A 是一个 $(m+n)$ 行、$m \times n$ 列的矩阵，容易看出，产销平衡运输问题有以下特点。

(1) 其系数矩阵 A 的每一列元素均只有两个元素，即 1，其余元素都为零。x_{ij} 的系数列向量 $p_{ij} = (0,\cdots,0,1,0,\cdots,0,1,0,\cdots,0)^T$，其中第 i 个和第 $m+j$ 个分量是 1。

(2) 对于产销平衡运输问题，由于满足关系 $\sum_{i=1}^{m} a_i = \sum_{j=1}^{n} b_j$，所以模型中至多有 $m+n-1$ 个独立的约束方程，即系数矩阵 A 的秩不大于 $m+n-1$。进一步还可以证明 A 的秩恰好等于 $m+n-1$，这就是说，在求解过程中每个基本可行解都只有 $m+n-1$ 个基变量。

(3) 产销平衡问题必定有最优解。事实上，直接验证可知 $x_{ij} = \dfrac{a_i b_j}{\sum_{k=1}^{m} a_k}$ 是一可行解，由于 $0 \leq x_{ij} \leq \min\{a_i, b_j\}$，变量取值有界，所以该问题必有最优解。

由于有以上特征，所以求解运输问题就可能有比单纯形法更为简便、有效的计算方法，如表上作业法。

第二节 表上作业法

一、表上作业法求解思路

先将已知数据汇集于"产销平衡及单位运价表"上，如表 8-1 所示。

表 8-1 产销平衡及单位运价表

项 目	B_1	B_2	...	B_n	产量
A_1	c_{11}	c_{12}	...	c_{1n}	a_1
A_2	c_{21}	c_{22}	...	c_{2n}	a_2
⋮	⋮	⋮	⋱	⋮	⋮
A_m	c_{m1}	c_{m2}	...	c_{mn}	a_m
销量	b_1	b_2	...	b_n	

类似于线性规划单纯形算法，求解运输问题的基本思路也是先给一个可行运输方案，然后通过调整得到一个新的运输方案，新的方案首先保证还是可行的，同时运输费用一般要比原来的方案小。

一个可行的运输方案要求每一行（或每一列）实际安排运量之和要等于供给量（或者需求量），要改变一个可行方案，为了保证改变之后还是可行的，当每一个方格 x_{i_0,j_0} 的运量减少时,为了保证第 i_0 行运量之和保持不变,在第 i_0 行某一个方格 $x_{i_0 j_1}$ 必须增加,而为了保证第 j_1 列运量之和保持不变,该列的某一个方格 $x_{i_1 j_1}$ 必须减少,依此类推,最后回到第 j_0 列的某个方格增加,从而实现第 j_0 列运量之和保持不变,这样运量改变的方格构成一个回路。

定义 8-1 设 E 是运输问题的一组变量,如果对 E 中变量适当排列,使其能够成为具有下列形式的序列 $x_{i_1 j_1} - x_{i_1 j_2} - x_{i_2 j_2} - x_{i_2 j_3} - \cdots - x_{i_s j_s} - x_{i_s j_1}$,其中 $i_1, \cdots, i_s; j_1, \cdots, j_s$ 各不相同,则称 E 为运输问题的一个闭回路。E 中的变量称为此闭回路的顶点。

例如,当 $m=4$、$n=5$ 时,$x_{25} - x_{22} - x_{32} - x_{34} - x_{14} - x_{15}$ 为一闭回路,如图 8-3 所示。

根据前面的分析,为了保持可行,改变一个可行方案必须在闭回路中依次增减同样的改变量,对于一个方案,这样的回路很多,每个回路都可以算出改变单位运量对应的费用改变量,如果费用改变量是负的,也就是沿着该回路改变单位运量,总费用会减少,就可以沿着该回路尽量多地改变,可以得到一个更好的运输方案,如果每一个回路对应的改变费用都大于零,也就是说,沿着每一个回路改变可行方案总费用都增加,则当前运输方案就是最优的运输方案。

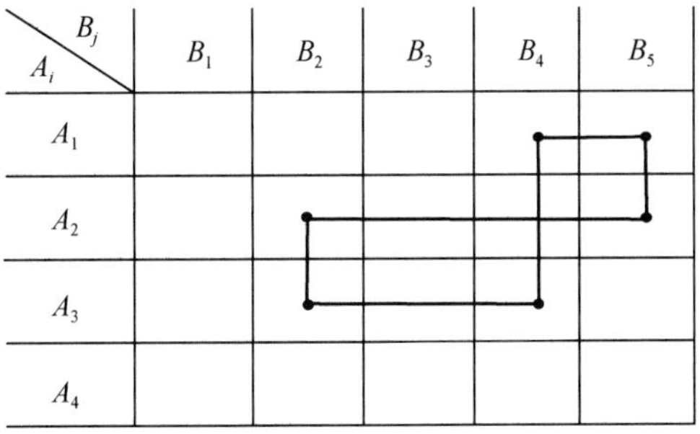

图 8-3 闭回路

实现上述想法的关键是给出初始可行方案和确定寻找回路的方法,由于一个可行方案对应的回路太多,希望能给出一种减少计算回路的方法。下面首先给出寻找初始可行方案的方法,然后再考虑如何寻找回路。

二、初始可行方案

确定运输问题初始可行方案的方法较多,基本的思想都是先找个方格,让其运量尽可能大。而当运量达到最大时,必然使得对应行的运量和等于供给量(或者对应列的运量和等于需求量),把对应行(或列)删除,然后再找下一个方格。

不同方法的区别是找方格的方法不同,最常见的是西北角法(或左上角法)、最小元素法和沃格尔法(Vogel)。西北角法比较简单,后两种方法的效果较好。这里主要介绍西北角法和最小元素法。

1. 西北角法

西北角法的基本思想是每一次都找剩余表格中左上角那一个方格,让其运量尽可能大,由于不能超过行剩余供给量和列剩余需求量,因而其最大值就是两者中最小者,这样就会使得对应行的供给量或者列的需求量得到满足,这时把对应行或者列删除,然后在剩余表格中再找左上角的方格,直到所有的行供给量和列需求量都得到满足为止。

例 8-2 计算例 8-1 中问题的初始可行方案。

首先把其供给量和需求量放在一个表格中,如表 8-2 所示。

表 8-2 供求表

销地 产地	销地 B_1	销地 B_2	销地 B_3	销地 B_4	供给量
产地 A_1					14
产地 A_2					27
产地 A_3					19
需求量	22	13	12	13	

选择表格第一行第一列对应方格,让其运量等于第一行供给量和第一列需求量的最小值 14,这样第一行的供给量用完,第一行不能再安排运量,把该行删除,得表 8-3。

表 8-3 2 行 4 列表

销地 产地	销地 B_1	销地 B_2	销地 B_3	销地 B_4	供给量
产地 A_1	14				14
产地 A_2					27
产地 A_3					19
需求量	22	13	12	13	

在剩余表格中再选第一行第一列对应方格 A_2B_1,让其运量等于 A_2 行供给量 27 和 B_1 列剩余需求量 8 的最小值 8,这样 B_1 列的需求量得到满足,B_1 列不能再安排运量,把该列删除,得表 8-4。

表 8-4 2 行 3 列表

销地 产地	销地 B_1	销地 B_2	销地 B_3	销地 B_4	供给量
产地 A_1	14				14
产地 A_2	8				27
产地 A_3					19
需求量	22	13	12	13	

在剩余表格中选第一行第一列对应方格,让其运量等于第一行剩余供给量 19 和第一列需求量 13 的最小值 13,这样这一列的需求量得到满足,该列不能再安排运量,把该列删除,得表 8-5。

表 8-5 2 行 2 列表

产地＼销地	销地 B_1	销地 B_2	销地 B_3	销地 B_4	供给量
产地 A_1	14				14
产地 A_2	8	13			27
产地 A_3					19
需求量	22	13	12	13	

在剩余表格中选择第一行第一列对应方格，让其运量等于对应行剩余供给量 6 和对应列需求量 12 的最小值 6，这样对应行的供给量用完，该行不能再安排运量，把该行删除，得表 8-6。

表 8-6 1 行 3 列表

产地＼销地	销地 B_1	销地 B_2	销地 B_3	销地 B_4	供给量
产地 A_1	14				14
产地 A_2	8	13	6		27
产地 A_3					19
需求量	22	13	12	13	

在剩余表格中选择第一行第一列对应方格，让其运量等于对应行剩余供给量 19 和对应列需求量 6 的最小值 6，这样对应列的需求量得到满足，该列不能再安排运量，把该列删除，得表 8-7。

表 8-7 1 行 1 列表

产地＼销地	销地 B_1	销地 B_2	销地 B_3	销地 B_4	供给量
产地 A_1	14				14
产地 A_2	8	13	6		27
产地 A_3			6		19
需求量	22	13	12	13	

在剩余表格中选择第一行第一列对应方格，让其运量等于对应行剩余供给量 13 和对应列需求量 13 的最小值 13，这样行的供给量和列的需求量同时得到满足，得到一个可行的运输方案，如表 8-8 所示。

表 8-8 可行方案

产地＼销地	销地 B_1	销地 B_2	销地 B_3	销地 B_4	供给量
产地 A_1	14				14
产地 A_2	8	13	6		27
产地 A_3			6	13	19
需求量	22	13	12	13	

提 示

(1) 由于总供给和总需求相等，所以最后一次必然是行和列同时满足。

(2) 如果在计算中某一个数字格使对应的行和列都满足了，此时只能删除一个，保留另一个，下一次计算时出现一个数字格的取值为 0，也就是退化的情况。这样做的目的是确保数字格的个数为 $n+m-1$ 个。

2. 最小元素法

最小元素法的所谓元素就是指单位运价。此法的基本思想是：每次选择剩余表格中运价最小的方格，让其运量尽可能大，使得对应行或列得到满足，把其删除，重复上述过程直至所有行的供给量和列需求量都得到满足，就可以得到一个初始可行方案。

例 8-3 某物流企业有 3 个仓库，每天向 4 个超市供应某种货物。已知 3 个仓库的此货物储藏量分别为 7 箱、4 箱和 9 箱，各超市的每日销售量为 3 箱、6 箱、5 箱和 6 箱，已知从各个仓库到各超市的单位产品的运价见表 8-9，问该公司应如何调运产品在满足各超市需要量的前提下使总的运费最少？

解：第一步：先画出这个问题的产销平衡表，在表格中间的单元格每个分成两部分，外面写实际运量，里面写单位运费，见表 8-9。

表 8-9 产销平衡表

销地 产地	销地 B_1	销地 B_2	销地 B_3	销地 B_4	产 量
产地 A_1	3	11	3	10	7
产地 A_2	1	9	2	8	4
产地 A_3	7	4	10	5	9
销量	3	6	5	6	

第二步：从表 8-9 所列的单位运价表中找出最小运价 $c_{21}=1$，它位于 A_2 行 B_1 列，由于 A_2 可供量为 4 箱，B_1 只需要 3 箱，A_2 除满足 B_1 全部需求外还余 1 箱。这时在表 8-9 所示的 (A_2,B_1) 格内填上 "3"，并将表中已经被满足的 B_1 列运价划去，这表示 B_1 的需求已满足，不需再分配给它，如表 8-10 所示。

表 8-10 3 行 3 列表

销地 产地	销地 B_1	销地 B_2	销地 B_3	销地 B_4	产 量
产地 A_1	3	11	3	10	7
产地 A_2	3　　1	9	2	8	4
产地 A_3	7	4	10	5	9
销量	3	6	5	6	

第三步：在剩余表格未划去的元素中再找出最小运价 $c_{32} = 4$，确定把 A_2 多余的 1 箱供应 B_3。因此，在表 8-10 所示的 (A_2, B_3) 格中填上"1"，并划去表中 A_2 行的运价，表示 A_2 仓库的储存量全部分配出去了，求解过程见表 8-11。

表 8-11　2 行 3 列表

销地 产地	销地 B_1	销地 B_2	销地 B_3	销地 B_4	产　量
产地 A_1	3	11	3	10	7
产地 A_2	3　1	9	1　2	8	4
产地 A_3	7	4	10	5	9
销量	3	6	5	6	

第四步：再从剩余表中找出最小元素 $c_{13} = 3$，表示 A_1 的产品首先供应 B_3。A_1 可供应 7 箱，B_3 尚缺 4 箱，于是确定 A_1 调运 4 箱给 B_3。因此，在表 8-11 所示的 (A_1, B_3) 格中填上"4"，B_3 需求已经满足，划去表中这一列的运价，求解过程见表 8-12。

表 8-12　2 行 2 列表

销地 产地	销地 B_1	销地 B_2	销地 B_3	销地 B_4	产　量
产地 A_1	3	11	4　3	10	7
产地 A_2	3　1	9	1　2	8	4
产地 A_3	7	4	10	5	9
销量	3	6	5	6	

第五步：再从剩余表中找出最小元素 $c_{32} = 4$，表示 A_3 的产品首先供应 B_2。A_3 可供应 9 箱，B_2 尚缺 6 箱，于是确定 A_3 调运 6 箱给 B_2。因此在表 8-12 所列的 (A_3, B_2) 格中填上"6"，B_2 需求已经满足，划去表中这一列的运价，求解过程见表 8-13。

表 8-13　2 行 1 列表

销地 产地	销地 B_1	销地 B_2	销地 B_3	销地 B_4	产　量
产地 A_1	3	11	4　3	10	7
产地 A_2	3　1	9	1　2	8	4
产地 A_3	7	6　4	10	5	9
销量	3	6	5	6	

第六步：再从剩余表中找出最小元素 $c_{34} = 5$，表示 A_3 的产品首先供应 B_4。A_3 可供应 3

箱，B_4 尚缺 6 箱，于是确定 A_3 调运 3 箱给 B_4。因此，在表 8-13 所列的 (A_3,B_4) 格中填上 "3"，A_3 供给已用完 B_4 的需求已经满足，划去表中这一行的运价，求解过程见表 8-14。

表 8-14 1 行 1 列表

销地 产地	销地 B_1	销地 B_2	销地 B_3	销地 B_4	产 量
产地 A_1	3	11	4	10	7
产地 A_2	1	9	2	8	4
产地 A_3	7	6	10	3 5	9
销量	3	6	5	6	

第七步：再从剩余表中找出最小元素 $c_{14}=10$，表示 A_1 的产品首先供应 B_4。A_1 可供应 3 箱，B_4 尚缺 3 箱，于是确定 A_1 调运 3 箱给 B_4。因此，在表 8-14 所列的 (A_1,B_4) 格中填上 "3"，A_1 供给已用完 B_4 的需求已经满足，得到一个可行方案，求解过程见表 8-15。

表 8-15 可行方案

销地 产地	销地 B_1	销地 B_2	销地 B_3	销地 B_4	产 量
产地 A_1	3	11	4	3 10	7
产地 A_2	3 1	9	2	8	4
产地 A_3	7	6	4 10	3 5	9
销量	3	6	5	6	

两种方法每次都删除一行或者一列，而且最后一次是一行和一列同时满足，因而安排运量的方格一共有 $m+n-1$ 个，这些安排运量的方格称为数字格，没有安排运量的方格称为非数字格，显然这些数字格不构成回路。

提 示

(1) 当有多个格的费用达到最小时，任选其中一个计算就可以。

(2) 当对应行列同时达到上限时，只能删除一个，保留另一个，目的是要保证数字格的个数等于 $m+n-1$。

(3) 最小元素法得到的方案一般比西北角法的方案的总费用要小，但最小元素法删除的行列不连贯，容易出错。

根据前面的分析，运输问题的线性规划模型有一个多余约束，可以把任何一个约束去掉，比如对于 3 个供给者 4 个需求者的问题，去掉最后一个约束，约束矩阵变为

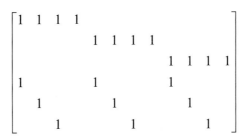

根据初始可行方案选择方法，当某个方格是数字格时，其对应的行或者列就会被删除，该行或者列中就不会再有数字格，因而其对应系数矩阵列中的两个 1 就必然有一个 1 不能被其他数字格的 1 表示出，也就是说，所选数字格对应系数矩阵的列线性无关。

根据单纯形算法的基可行解的性质可以知道，该可行方案就是对应线性规划的基可行解，其基变量就是数字格对应的变量，非数字格对应的变量是非基变量。

如果把数字格对应的边画在图 8-4 中，就会发现边的个数是顶点数减 1，而且不含回路，因而构成一个支撑树，例 8-3 的初始可行解对应的支撑树如图 8-4 所示。

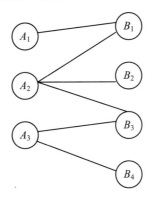

图 8-4　支撑树

根据第六章的定理 6-3 可知，给定树外面的一个边和树上的边构成唯一的一个回路，因而对于任意非数字格对应图中树外面的边，如非数字格 A_1B_3 对应的边加在图 8-4 中，就含唯一一个回路，如图 8-5 所示。

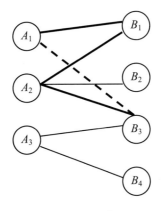

图 8-5　回路

因而可以得到以下定理。

定理 8-1　对于西北角法和最小元素法得到的方案,任一个非数字格和数字格构成唯一一个回路。

把每个非数字格与数字格构成的唯一回路简称为该**非数字格对应回路**。

三、回路法

根据前面的分析可知,利用西北角法和最小元素法得到的初始可行方案是一个基可行解,自然想到单纯形算法每一步迭代都还是一个基可行解,因而在表上迭代时也希望每一步得到的可行方案都还是基可行解,也就是希望新的可行方案数字格的个数还是 $n+m-1$ 个,而且不含回路,对应在图上就还是一个支撑树。

根据支撑树的性质,从树外面任取一条边,其和树上的边构成唯一的回路,如果把此回路中树上的一条边去掉,把树外面的边加进来,就构成一个新的支撑树。

也就是说,取一个非数字格,和数字格就会组成唯一一个回路,把该非数字格变成数字格,把对应回路中的一个数字格变成非数字格,只要改变后还是可行方案就还是基可行解。

比如,例 8-2 中表 8-8 的初始可行方案,考虑非数字格 A_1B_2,把其加到支撑树中构成唯一的回路,如图 8-6 所示。

把 A_1B_2 加到支撑树中,去掉 A_2B_2 就可以得到一个新的支撑树。

为了保证调整后的方案还是基可行解,只考虑由非数字格和数字格组成的唯一回路,为了保证调整后还是可行方案,调整方法是非数字格增加,其他格依次一减一增,也就是同一行或列一个增加一个减少,并且回路上每一个格的改变量要相等,如在表 8-16 中取非数字格 A_1B_2,对应回路如表 8-16 所示。

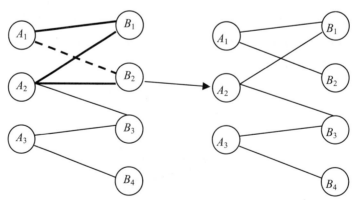

图 8-6　转换

调整时,非数字格 A_1B_2 增加,数字格 A_2B_2 减少,数字格 A_2B_1 增加,数字格 A_1B_1 减少。

首先计算改变一个单位运量的费用改变量,简称单位费用改变量。计算方法是该非数字格的单位运费减去或加上回路中数字格的单位运费,如果运量增加就为加,如果运量减少就为减。如对表 8-16 中的回路，单位运量费用改变量就是非数字格 A_1B_2 单位运费-数字格 A_2B_2 单位运费+数字格 A_2B_1 单位运费-数字格 A_1B_1 单位运费。

表 8-16 回路调整方法

销地 产地	销地 B_1	销地 B_2	销地 B_3	销地 B_4	供 给 量
产地 A_1	14 −	+			14
产地 A_2	8 +	13 −	6		27
产地 A_3			6	13	19
需求量	22	13	12	13	

根据图 8-2 中的数据计算可得单位费用改变量为 5，也就是说，沿着该回路改变一个单位运量，总费用增加 5 个单位，显然这种改变是不划算的。

依次检查每个非数字格对应的回路，计算其单位费用改变量。如果每个非数字格对应回路费用改变量都大于等于 0，则说明改变后的费用都大于或等于当前可行方案对应的费用，可以证明当前可行方案就是最优方案；否则在单位费用改变量为负的里面取一个回路，让对应的非数字格运量增加时，费用会减少，因而让非数字格的运量达到最大。由于回路上改变量相等，并且依次增减，所以非数字格的最大值等于所有运量减少的数字格中运量最小值，并且当非数字格运量达到最大时，所有运量减少的数字格中必然有一个减少到 0，令该数字格变为非数字格，就可以得到一个新的运输方案，对应的数字格的个数依然是 $n+m-1$，而且不含回路，是一个基可行解。

重复上面的过程，直到所有非数字格对应回路的单位费用改变量都大于等于 0，就可以得到一个最优方案。

例 8-4 对于例 8-2 的初始方案计算其最优方案。

解： 把例 8-2 的单位运费和运量放在一个表中，如表 8-17 所示。

表 8-17 初始方案与单位运费

销地 产地	销地 B_1	销地 B_2	销地 B_3	销地 B_4	产 量
产地 A_1	14 ⌐6	⌐7	⌐5	⌐3	14
产地 A_2	8 ⌐8 −	13 ⌐4	6 ⌐2 +	⌐7	27
产地 A_3	⌐5 +	⌐9	6 ⌐10 −	13 ⌐6	19
销量	22	13	12	13	

计算每个非数字格对应回路的单位费用改变量：

$A_1B_2 - A_1B_1 - A_2B_1 - A_2B_2 - A_1B_2$：7-4+8-6=5

$A_1B_3 - A_2B_3 - A_2B_1 - A_1B_1 - A_1B_3$：5-2+8-6=5

$A_1B_4 - A_3B_4 - A_3B_3 - A_2B_3 - A_2B_1 - A_1B_1 - A_1B_4$：3-6+10-2+8-6=7

A_2B_4–A_3B_4–A_3B_3–A_2B_3–A_2B_4: 7-6+10-2=9

A_3B_1–A_2B_1–A_2B_3–A_3B_3–A_3B_1: 5-8+2-10=-11

A_3B_2–A_2B_2–A_2B_3–A_3B_3–A_3B_2: 9-4+2-10=-3

其中，两个回路的费用改变量为负值，取非数字格 A_3B_1 对应的回路，由于运量减少的数字格为 A_2B_1 和 A_3B_3，其运量最小值为 6，所以该回路运量改变量为 6，新的方案如表 8-18 所示。

表 8-18 调整方案一

销地 产地	销地 B_1	销地 B_2	销地 B_3	销地 B_4	产量
产地 A_1	14 6 −	7	5	3 +	14
产地 A_2	2 8	13 4	12 2	7	27
产地 A_3	6 5 +	9	10	13 6 −	19
销量	22	13	12	13	

对于新的方案计算，每一个非数字格与数字格组成的回路的单位费用改变量为

A_1B_2–A_1B_1–A_2B_1–A_2B_2–A_1B_2: 7-4+8-6=5

A_1B_3–A_2B_3–A_2B_1–A_1B_1–A_1B_3: 5-2+8-6=5

A_1B_4–A_3B_4–A_3B_1–A_1B_1–A_1B_4: 3-6+5-6=-4

A_2B_4–A_3B_4–A_3B_1–A_2B_1–A_2B_4: 7-6+5-8=-2

A_3B_3–A_3B_1–A_2B_1–A_2B_3–A_3B_3: 10-5+8-2=11

A_3B_2–A_3B_1–A_2B_1–A_2B_2–A_3B_2: 9-6+2-4=1

其中，两个回路的费用改变量为负值，取非数字格 A_1B_4 对应的回路，由于运量减少的数字格为 A_1B_1 和 A_3B_4，其运量最小值为 13，所以该回路运量改变量为 13，新的方案如表 8-19 所示。

表 8-19 调整方案二

销地 产地	销地 B_1	销地 B_2	销地 B_3	销地 B_4	产量
产地 A_1	1 6	7	5	13 3	14
产地 A_2	2 8	13 4	12 2	7	27
产地 A_3	19 5	9	10	6	19
销量	22	13	12	13	

对于新的方案，计算每一个非数字格与数字格组成的回路的单位费用改变量为

A_1B_2–A_1B_1–A_2B_1–A_2B_2–A_1B_2: 7-4+8-6=5

A_1B_3–A_2B_3–A_2B_1–A_1B_1–A_1B_3: 5-2+8-6=5

$A_2B_4 - A_2B_1 - A_1B_1 - A_1B_4 - A_2B_4$：7-8+6-3=2

$A_3B_4 - A_3B_1 - A_1B_1 - A_1B_4 - A_3B_4$：6-5+6-3=4

$A_3B_3 - A_3B_1 - A_2B_1 - A_2B_3 - A_3B_3$：10-5+8-2=11

$A_3B_2 - A_3B_1 - A_2B_1 - A_2B_2 - A_3B_2$：9-6+2-4=1

所有回路的费用改变量都是正值，所以对应可行方案就是最优方案。最优方案对应的费用为 1×6+2×8+19×5+13×4+12×2+13×3=232。

回路法的思路易于理解，但每次调整都要寻找所有非数字格对应的回路，非常麻烦，回路的作用就是计算费用改变量，确定最佳的调整回路，而真正调整只在一个回路上。如果有办法计算出非数字格的费用改变量，就只需找一个回路。

提 示

（1）如果有多个回路的费用改变量小于零，任取其中一个迭代就可以得到一个更好的方案，一般选择费用改变量最小的，这样可以使同样运量改变量下总费用减少得多。

（2）在改变回路上的运量时，如果有多个数字格的运量减少到 0 时，只能把一个数字格变成非数字格，其他的还看成数字格，目的是要保证数字格的个数不变，这种情况对应线性规划退化的情况。

四、位势法

回路法虽然比较容易理解，但每步都需要找出所有非数字格的对应回路，然后计算单位费用改变量。多数回路的作用就是计算单位费用改变量，只有当单位费用改变量小于 0 时才会沿着回路调整，如果能够有更简单的方法计算单位费用改变量，就不需要找这么多回路了。

位势法就是另一种计算非数字格对应回路的单位费用改变量的简单方法，其基本依据是下面的定理。

定理 8-2 给定每个供给者一个变量 u_i、每个需求者一个变量 v_j，如果每个数字格 (i,j) 上述变量都满足下面的条件，即

$$u_i + v_j = c_{ij} \tag{8-3}$$

则任一非数字格 (i_0, j_0) 的费用改变量等于 $c_{i_0 j_0} - u_{i_0} - v_{j_0}$。

证明：根据回路法可知，对非数字格 (i_0, j_0) 存在唯一一个由该非数字格和数字格组成的回路，如图 8-7 所示。

该回路上 (i_0, j_0) 是非数字格，其他都是数字格，根据定理条件，有下列方程组成立，即

$$\begin{cases} u_{i_0} + v_{j_1} = c_{i_0 j_1} \\ u_{i_1} + v_{j_1} = c_{i_1 j_1} \\ u_{i_1} + v_{j_2} = c_{i_1 j_2} \\ u_{i_2} + v_{j_2} = c_{i_2 j_2} \\ \vdots \\ u_{i_k} + v_{j_0} = c_{i_k j_0} \end{cases}$$

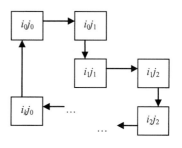

图 8-7 回路

而非数字格 (i_0, j_0) 的费用改变量为 $c_{i_0 j_0} - c_{i_0 j_1} + c_{i_1 j_1} - c_{i_1 j_2} + c_{i_2 j_2} - \cdots + c_{i_k j_k} - c_{i_k j_0}$

由于变量满足上述方程组，因而有

$$c_{i_0 j_0} - c_{i_0 j_1} + c_{i_1 j_1} - c_{i_1 j_2} + c_{i_2 j_2} - \cdots + c_{i_k j_k} - c_{i_k j_0}$$
$$= c_{i_0 j_0} - (u_{i_0} + v_{j_1}) + (u_{i_1} + v_{j_1}) - (u_{i_1} + v_{j_2}) + (u_{i_2} + v_{j_2}) - \cdots + (u_{i_k} + v_{j_k}) - (u_{i_k} + v_{j_0})$$
$$= c_{i_0 j_0} - u_{i_0} - v_{j_0}$$

定理结论成立。

根据上述定理，只要求出满足条件的变量 u_i 和 v_j，就可以计算出每个非数字格的单位费用改变量，然后根据单位费用改变量判断是否是最优解，并确定需要调整的非数字格。把变量 u_i 和 v_j 称为位势，问题的关键是如何求满足条件的变量 u_i 和 v_j。

对于一个供销平衡的运输问题，其数字格的个数是 $n+m-1$，因而条件共有 $n+m-1$ 个方程、$n+m$ 个变量，而且这些数字格不构成回路，也就是方程组系数矩阵的行线性无关，因而该方程组一定有解，而且有无穷多个解。而计算费用改变量只需要求出该方程组的任何一个解，为此可以先给一个变量赋值，变成 $n+m-1$ 个方程、$n+m-1$ 个变量的问题，就可以确定出一个解。

一般是令 $u_1 = 0$，然后根据第一行的数字格分别求出对应列的位势，然后再根据列的位势和该列对应的数字格求行的位势。由于各数字格不构成回路，它们对应的图是一个树，依此类推就可以求出每一行和列的位势。

求出每行和列的位势以后就可以计算出非数字格的单位费用改变量，如果单位费用改变量都大于等于 0，则对应方案就是最优方案；否则选择单位费用改变量最小者或者负值的非数字格中绝对值最大者作为改变的非数字格，找出其对应回路，确定改变的值，得到一个新的方案。重复上面的过程，直至得到一个最优方案为止。

例 8-5　对于例 8-3 的初始方案，计算其最优方案。

解：对于表 8-17 所列的初始方案，首先计算位势，令 $u_1 = 0$，根据数字格 $A_1 B_1$ 有 $u_1 + v_1 = 6$，所以 $v_1 = 6$，依次根据数字格 $A_2 B_1$ 可得 $u_2 = 2$，根据数字格 $A_2 B_2$ 可得 $v_2 = 2$，根据数字格 $A_2 B_3$ 可得 $v_3 = 0$，根据数字格 $A_3 B_3$ 可得 $u_3 = 10$，根据数字格 $A_3 B_4$ 可得 $v_4 = -4$，如表 8-20 所示。

表 8-20　计算位势

产地＼销地	6 销地 B_1	2 销地 B_2	0 销地 B_3	-4 销地 B_4	产量
0 产地 A_1	14　6	7	5	3	14
2 产地 A_2	8　8－	13　4	6　2＋	7	27
10 产地 A_3	5＋	9	6　10	13　6	19
销量	22	13	12	13	

提 示

(1) 表 8-20 中把位势写在名称前面。
(2) 位势允许出现负值。
然后计算非数字格对应的费用改变量:

A_1B_2: 7-0-2=5
A_1B_3: 5-0-0=5
A_1B_4: 3-0-(-4)=7
A_2B_4: 7-2-(-4)=9
A_3B_1: 5-6-10=-11
A_3B_2: 9-2-10=-3

其中两个回路的费用改变量为负值,取非数字格 A_3B_1 对应的回路 A_3B_1-A_2B_2-A_2B_3-A_3B_3-A_3B_1,见表 8-20。由于运量减少的数字格为 A_2B_1 和 A_3B_3,其运量最小值为 6,所以该回路运量改变量为 6,新的方案如表 8-21 所示。

表 8-21 调整方案一

产地\销地	6 销地 B_1		2 销地 B_2		0 销地 B_3		7 销地 B_4		产 量
0 产地 A_1	14	6 —		7 5		5 5		3 -4 +	14
2 产地 A_2	2	8	13	4	12	2		7 -2	27
-1 产地 A_3	6	5 +		9 8		10 11	13	6 —	19
销量	22		13		12		13		

对于新的方案,计算位势,令 $u_1 = 0$,根据数字格 A_1B_1 有 $u_1 + v_1 = 6$,所以 $v_1 = 6$,依次根据数字格 A_2B_1 可得 $u_2 = 2$,根据数字格 A_2B_2 可得 $v_2 = 2$,根据数字格 A_2B_3 可得 $v_3 = 0$,根据数字格 A_3B_1 可得 $u_3 = -1$,根据数字格 A_3B_4 可得 $v_4 = 7$,如表 8-21 所示。

计算每一个非数字格与数字格组成的回路的费用改变量为

A_1B_2: 7-0-2=5 A_1B_3: 5-0-0=5
A_1B_4: 3-0-7=-4 A_2B_4: 7-2-7=-2
A_3B_2: 9-2-(-1)=8 A_3B_3: 10-(-1)-0=11

其中两个回路的费用改变量为负值,取非数字格 A_1B_4 对应的回路,见表 8-21。由于运量减少的数字格为 A_1B_1 和 A_3B_4,其运量最小值为 13,所以该回路运量改变量为 13,新的方案如表 8-22 所示。

对于新的方案,计算位势,令 $u_1 = 0$,根据数字格 A_1B_1 有 $u_1 + v_1 = 6$,所以 $v_1 = 6$,依次根据数字格 A_2B_1 可得 $u_2 = 2$,根据数字格 A_2B_2 可得 $v_2 = 2$,根据数字格 A_2B_3 可得 $v_3 = 0$,根据数字格 A_3B_1 可得 $u_3 = -1$,根据数字格 A_1B_4 可得 $v_4 = 3$,如表 8-22 所示。

表 8-22 调整方案二

产地\销地	6 销地 B_1	2 销地 B_2	0 销地 B_3	3 销地 B_4	产量
0 产地 A_1	1 \ 6	7 \ 5	5 \ 5	13 \ 3	14
2 产地 A_2	2 \ 8	13 \ 4	12 \ 2	7 \ 2	27
−1 产地 A_3	19 \ 5	9 \ 8	10 \ 11	6 \ 4	19
销量	22	13	12	13	

计算每一个非数字格对应回路的单位费用改变量为

A_1B_2：7−0−2=5 A_1B_3：5−0−0=5

A_2B_4：7−2−3=2 A_3B_2：9−2−(−1)=8

A_3B_3：10−(−1)−0=11 A_3B_4：6−3−(−1)=4

所有回路的单位费用改变量都是正值，所以对应可行方案就是最优方案。最优方案对应的费用为 1×6+2×8+19×5+13×4+12×2+13×3=232。

延伸阅读

位势法的理论依据

位势法来源于对偶理论，学过第二章第八节对偶理论的同学可以看下面的推导过程。

供求平衡的运输问题的数学规划模型是式(8-1)，因而其对偶规划为

$$\max \sum_{i=1}^{m} a_i u_i + \sum_{j=1}^{m} b_j v_j$$
$$\text{s.t.} \{u_i + v_j \leq c_{ij} \quad i=1,2,\cdots,m; \quad j=1,2,\cdots,n \tag{8-4}$$

对应的互补松弛条件为

$$(u_i + v_j - c_{ij}) x_{ij} = 0 \quad i=1,2,\cdots,m; \quad j=1,2,\cdots,n \tag{8-5}$$

由于数字格运量为正数，即 $x_{ij} > 0$，因而对于数字格，最优解对应的对偶变量必须满足

$$u_i + v_j - c_{ij} = 0$$

也就是定理 8-2 中的式(8-3)，位势就是对偶规划的变量。

根据互补松弛定理可知，对于一个可行运输方案，如果存在对偶规划式(8-4)的可行解满足条件式(8-5)，就可以推出该方案是最优方案。

位势法的基本思想是先保证原方案可行，也就是找可行运输方案，然后找满足互补松弛条件式(8-5)的对偶变量，再看对偶变量是否满足对偶规划式(8-4)的约束，即

$$\{u_i + v_j \leq c_{ij} \quad i=1,2,\cdots,m; \quad j=1,2,\cdots,n \tag{8-6}$$

如果满足对偶约束，当前方案就是最优解；否者调整可行方案。

由于数字格满足式(8-3)，因而其必然满足式(8-6)。对于非数字格，如果单位费用改变

量大于等于 0，即

$$c_{ij} - u_i - v_j \geq 0$$

也就是说，如果所有非数字格的单位费用改变量都大于等于零，则位势满足式(8-6)，从而保证了对应运输方案是最优方案。

第三节　扩展的运输问题

前面讲的表上作业法，都是以产销平衡为前提的，即 $\sum_{i=1}^{m} a_i = \sum_{j=1}^{n} b_j$。但实际问题中，产销往往是不平衡的。为了应用表上作业法计算，就需要把产销不平衡的问题化为产销平衡的问题。

一、产大于销的运输问题

对于总产量大于总销量的运输问题，即 $\sum_{i=1}^{m} a_i > \sum_{j=1}^{n} b_j$，需要考虑多余的物资。多余的物资需要运到其他地方销售，其他地方不在本问题考虑之列，只需要明确由哪些供应地的物资运往其他地方并且运多少即可。为此，增加一个虚拟销地 B_{n+1}，其销量 $b_{n+1} = \sum_{i=1}^{m} a_i - \sum_{j=1}^{n} b_j$ 相当于各产地、需求地储存的物资总量。由于 B_{n+1} 的运输不在原问题考虑之列，因而其运输费用不用加在总费用中，为此假设产地 A_i 到虚拟销地 B_{n+1} 的单位运价均为 0，$i=1, 2, \cdots, m$。这样，就将一个产大于销的问题转化为一个产销平衡的运输问题，其产销平衡及单位运价见表 8-23。

表 8-23　增加虚销地的产销平衡表

项目	B_1	B_2	…	B_n	B_{n+1}	产量
A_1	c_{11}	c_{12}	…	c_{1n}	0	a_1
A_2	c_{21}	c_{22}	…	c_{2n}	0	a_2
⋮	⋮	⋮	⋮	⋮	⋮	⋮
A_m	c_{m1}	c_{m2}	…	c_{mn}	0	a_m
销量	b_1	b_2	…	b_n	b_{n+1}	

例 8-6　某建筑公司有 A_1、A_2、A_3 等 3 个水泥库，其水泥储存量分别为 30t、50t、60t，4 个工地 B_1、B_2、B_3、B_4 需要水泥的数量依次为 15t、10t、40t、45t，已知从各库到各工地运送每吨水泥的费用见表 8-24，求使运费最少的调运方案。

表 8-24　运输单位费用表

项目	B_1	B_2	B_3	B_4
A_1	30	50	80	80

续表

项 目	B_1	B_2	B_3	B_4
A_2	70	40	80	60
A_3	100	30	50	20

解：水泥库的总存储量为 140t，工地的总需求量为 110t，这是一个产大于销的运输问题。按上述方法转化为产销平衡运输问题，其产销平衡及单位运价见表 8-25。

表 8-25 产销平衡运输问题

项 目	B_1	B_2	B_3	B_4	B_5	产 量
A_1	30	50	80	80	0	30
A_2	70	40	80	60	0	50
A_3	100	30	50	20	0	60
销量	15	10	40	45	30	

对于表 8-25 中的产销平衡运输问题，就可以按照前面的方法求解。在求解过程中 B_5 对应列的费用与其他列一样。之后的解法省略，读者参考前节所讲的步骤完成。

二、产小于销的运输问题

对于总产量小于总销量的运输问题，由于 $\sum_{i=1}^{m} a_i < \sum_{j=1}^{n} b_j$，由于供给不足，多出的需求需要有其他供给者提供，为此，增加一个虚拟产地 A_{m+1}，其产量 $a_{m+1} = \sum_{j=1}^{n} b_j - \sum_{i=1}^{m} a_i$，相当于各销地需求量未满足的物资总量。

由于 A_{m+2} 运往 B_j 物资不在原问题考虑之列，因而其运费不用加到总费用中，假设虚拟产地 A_{m+1} 到销地 B_j 的单位运价均为 0。这样，就将一个产小于销的问题转化为一个产销平衡的运输问题，其产销平衡及单位运价见表 8-26。

表 8-26 增加虚产地的产销平衡表

项 目	B_1	B_2	…	B_n	产 量
A_1	c_{11}	c_{12}	…	c_{1n}	a_1
A_2	c_{21}	c_{22}	…	c_{2n}	a_2
⋮	⋮	⋮	⋱	⋮	⋮
A_m	c_{m1}	c_{m2}	…	c_{mn}	a_m
A_{m+1}	0	0	…	0	a_{m+1}
销量	b_1	b_2	…	b_n	

例 8-7 某建筑公司有 A_1、A_2、A_3 等 3 个水泥库，其水泥储存量分别为 30t、50t、30t，4 个工地 B_1、B_2、B_3、B_4 需要水泥的数量依次为 15t、40t、40t、45t，已知从各库到各工地运送每吨水泥的费用，如表 8-27 所示。求使运费最少的调运方案。

表 8-27　运输费用表

项　目	B_1	B_2	B_3	B_4	存　量
A_1	30	50	80	80	30
A_2	70	40	80	60	50
A_3	100	30	50	20	30
需求量	15	40	40	45	

解：水泥库的总存储量为 110t，工地的总需求量为 140t，这是一个产小于销的运输问题。需要增加一个新的供给者，其供给量为 30t。转化为产销平衡运输问题，其产销平衡及单位运价见表 8-28。

表 8-28　增加虚拟仓库的产销平衡表

项　目	B_1	B_2	B_3	B_4	存　量
A_1	30	50	80	80	30
A_2	70	40	80	60	50
A_3	100	30	50	20	30
A_4	0	0	0	0	30
需求量	15	40	40	45	

对于表 8-28 中的产销平衡运输问题，就可以按照前面的方法求解。在求解过程中 A_4 对应行的费用与其他行一样。之后的解法省略，读者参考前节所讲的步骤完成。

三、转运问题

在前面的讨论中，假定物品都是由产地直接运往销地的，即产地只能输出，销地只能输入，而不考虑它们之间的相互转运。在实际运输问题中，交通线路常常是允许有转运的，即某些产地也可以再输入，某些销地也可以再输出，还可以有几个专职的中间转运站。这样，虽然使问题扩大了、计算复杂了，但使得运输方案的经济效果更好。

比如，在例 8-7 中，由于工地 B_1 的需求量比较小，如果直接从仓库运到该工地车辆不满载，单位运输成本比较高。而如果先运到其他工地，然后再转运到工地 B_1，车辆利用率会提高，从而使得单位运费下降。

对于有转运的运输问题，处理问题的难点在于转运站不仅可以运入，而且可以运出，也就是说，其既是供应商又是需求者。同时其可转运量是没有限定的，运入多少就可以运出多少，从理论上讲，所有的货物都可以通过该点中转。

求解转运问题的基本思路还是把其转化为普通的运输问题，把转运站既看成供给者也看成需求者，其供给量和需求量都等于最大转运量，实际发生的转运量小于最大转运量时，多余的部分可以看成是从该转运站运到自身的数量。

比如，考虑有 3 个供给者、4 个需求者和 2 个中转站的问题，假设供给者到中转站、中转站到需求者的距离以及供给者的供给量、需求者的需求量如表 8-29 和表 8-30 所示。

表 8-29 供应者到中转站的单位运费以及供应量

项 目	B_1	B_2	供 应 量
A_1	3	5	30
A_2	7	4	50
A_3	10	3	30

表 8-30 中转站到需求者的单位运费以及需求量

项 目	C_1	C_2	C_3	C_4
B_1	3	5	6	4
B_2	7	4	3	5
需求量	20	40	30	20

把两个中转站既看成供给者又看成需求者，其最大转运量为 110，就可以把该问题转化为一个有 5 个供给者、6 个需求者的运输问题，由于供给者不能直接向需求者运输，中转站之间也不考虑运输，因而它们之间的单位费用可以设为无穷大，或者足够大的正数。而中转站到其自身的运费为 0。具体如表 8-31 所示。

表 8-31 转化的运输问题

项 目	B_1	B_2	C_1	C_2	C_3	C_4	供 应 量
A_1	3	5	M	M	M	M	30
A_2	7	4	M	M	M	M	50
A_3	10	3	M	M	M	M	30
B_1	0	M	3	5	6	4	110
B_2	M	0	7	4	3	5	110
需求量	110	110	20	40	30	20	

显然，实际从 B_1 转运的数量是从 A_1、A_2、A_3 运到 B_1 的量之和，也等于从 B_1 运到各需求者的量之和。B_1 到 B_1 的运量实际上是实际转运量与 110 的差，是没有实际发生的转运量，B_2 的情况同理。

如果遇到需求者(或者供给者)本身承担中转站任务的情况，则需要把其同时作为需求者和供给者，其供给量是转运量，其需求量是转运量加上自身需求量。如果遇到供给者本身承担中转站任务的情况，则需要把其同时作为供给者和需求者，其供给量是转运量加上实际供给量，其需求量是转运量。而运输费用是实际单位费用，如果两地之间不可能运输，单位运价定义为足够大的正数，用 M 表示。

例 8-8 A、B 两个化肥厂每年各生产磷肥 900 万吨和 600 万吨，这些化肥要通过公路运到 3 个港口，然后再装船运往其他各地，已知 3 个港口 C、D、E 每年能承担的船运量分别为 700 万吨、400 万吨、300 万吨，2 个工厂及 3 个港口之间均有公路相通，且已知单位运价见表 8-32，为按需要把磷肥运到各港口，怎样安排运输才能使运费最少？

第八章 运输问题

表 8-32 单位运价表

项目	A	B	C	D	E
A	0	2	9	10	7
B	2	0	7	10	10
C	9	7	0	3	4
D	10	10	3	0	2
E	7	10	4	2	0

解：列出产销平衡表，磷肥总产量为 1500 万吨，总销量为 1400 万吨，是一个产大于销的问题，又是一个转运问题。加虚拟销地 F，其虚拟销量为 100 万吨，即转化为产销平衡运输问题，如表 8-33 所示。

表 8-33 产销平衡表

项目	C	D	E	F	发货量
A	9	10	7	0	900
B	7	10	10	0	600
收货量	700	400	300	100	

由于 2 个工厂及 3 个港口之间均有公路相通，因而它们都可以作为转运站，而新增的虚拟港口不再考虑转运问题，因而转化以后供应者有 A、B、C、D、E 等 5 个，需求者有 A、B、C、D、E、F 等 6 个。A、B 的发货量等于生产量加上转运量 1500，C、D、E 的发货量等于转运量。A、B 的需求量等于其转运量，C、D、E 的需求量等于其实际需求量加上转运量，F 的需求量等于虚拟需求量 100。单位运价按照表 8-32 的数据，见表 8-34。

表 8-34 产销平衡表

项目	A	B	C	D	E	F	发货量
A	0	2	9	10	7	0	2400
B	2	0	7	10	10	0	2100
C	9	7	0	3	4	0	1500
D	10	10	3	0	2	0	1500
E	7	10	4	2	0	0	1500
收量	1500	1500	2200	1900	1800	100	

这就转化为了一个供求平衡的运输问题，用表上作业法求出该问题的最优解即可。

第四节 应用案例分析

一、带有约束的运输问题

在经济活动中，遇到的运输问题往往不只是有产量约束和销量约束，还会有许多其他约束条件，如某些供点供给某些需点的量会因主、客观条件或政策因素而受到限制，这样，受到约束的运输问题就无法直接用表上作业法求解，为避免使用烦琐的单纯形法求解，需要对供需平衡表中的供需点、供需量及运价做一些技术处理，转化成可以用表上作业法求解的运输问题。下面的案例就是针对供需点带有约束的运输问题进行技术处理，对供需点带有约束的其他运输问题可做类似处理。

输送物资是军队后勤保证部门的一项重要工作，它在非战时状态影响着工作效率及经济效益，在战时状态直接影响着战斗效率。在军队后勤保障中，通常是运送各种不同的物资，如装备、人员、燃料等，而且有时某个需求点必须被供给一定量的物资，这样就不能直接利用前面所讲的标准模型，必须对问题进行分析处理。

考虑在某军供点 B_1 处有 10 车物资，4 车运往 A_1 点，6 车运往 A_2 点；在 B_2 处有 2 车物资运往 A_3 点；在 B_3 处有 3 车物资运往 A_4 点。车队只有两辆卡车、两辆加载车可供使用，空车送货前集中在 A_0 处，并要求：①B_2 处两车特种物资需要提前用加载车运往 A_3 点；②送完所有物资后，所有车辆返回到 A_0 点。问如何运输才能使空车行驶里程最少？已知各供需点间的距离，见表 8-35。

表 8-35 距离表

距离/km	B_1	B_2	B_3	A_0
A_0	1	2	3	0
A_1	5	1	3	6
A_2	4	2	1	3
A_3	3	8	4	5
A_4	2	9	5	4

问题分析：

本案例不是同种物资的运输问题，因而不能直接使用运输模型。但目标是使空驶里程最少，因而，可将空车视为运输模型中的同种物资，把问题看成空车的运输问题。

为了便于分析问题，先不考虑卡车和加载车的区别。所有车出发前，都在 A_0 点，所以 A_0 点为空车供点，供量为 4。物资送到目的地后又变成空车去运别的地点的货物，可以重复多次运输货物，所以 A_1、A_2、A_3 和 A_4 也是空车供应点，供应量分别为 4、6、2、3。而物资的起运点 B_1、B_2 和 B_3 是空车需求点，需求量分别为 10、2、3。完成全部任务后，所有车需返回 A_0 点，即 A_0 也是空车需求点，需求量为 4。同时为了不使空车在原地不动，A_0 到 A_0 的距离视为无穷大，用 M 表示。因此构造空车供需平衡表，见表 8-36。

表 8-36 供需平衡运输问题

距离/km	B_1	B_2	B_3	A_0	供 应 量
A_0	1	2	3	M	4
A_1	5	1	3	6	4
A_2	4	2	1	3	6

续表

距离/km	B_1	B_2	B_3	A_0	供应量
A_3	3	8	4	5	2
A_4	2	9	5	4	3
需求量	10	2	3	4	

由案例的第一条要求可知，A_0 至少要供给 B_2 两辆空车，且只需供给两辆加载车，因此，需要对以上供需平衡表进行改进。将供应点 A_0 虚拟划分成两个供点 A_{01}、A_{02}，A_{01} 供给加载车、供给量为 2，A_{02} 供给卡车，供给量为 2。A_{01} 的加载车只能供应需点 B_2，供应需点 B_2 的车辆只能是 A_{01} 的加载车，因而 A_{01} 行除了 B_2 列单位运费都是 M，同理 B_2 列除了 A_{01} 行单位运费都是 M。改造后的供需平衡运输问题见表 8-37。

表 8-37 区分车型的供需平衡表

距离/km	B_1	B_2	B_3	A_0	供应量
A_{01}	M	2	M	M	2
A_{02}	1	M	3	M	2
A_1	5	M	3	6	4
A_2	4	M	1	3	6
A_3	3	M	4	5	2
A_4	2	M	5	4	3
需求量	10	2	3	4	

根据前面所讲表上作业法的原理，对表 8-37 求解，所得最优解均为

$$x_{012}=2, x_{021}=2, x_{11}=3, x_{13}=1$$
$$x_{20}=4, x_{23}=2, x_{31}=2, x_{41}=3$$

即最优运输方案为 A_0 分配给 B_1 两辆卡车、分配给 B_2 两辆加载车，A_1 分配给 B_1、B_3 的车辆分别为 3 辆和 1 辆，A_2 分配给 A_0 和 B_3 的车辆分别为 4 辆和 2 辆，A_3 分配给 B_1 的车辆为 2 辆，A_4 分配给 B_1 的车辆 3 辆。

车辆分配关系如图 8-8 所示。

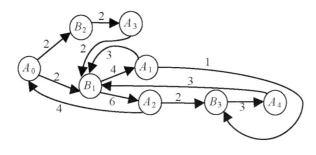

图 8-8 车辆分配关系

根据该车辆分配图，可以得到车辆行车路线如下。

两辆加载车：A_0–B_2–A_3–B_1–A_1–B_1–A_2–B_3–A_4–B_1–A_2–A_0

一辆卡车：A_0–B_1–A_1–B_1–A_2–A_0

一辆卡车：A_0–B_1–A_1–B_3–A_4–B_1–A_2–A_0

二、生产与存储问题

由于表上作业法的计算远比单纯形法简单得多。因此，在解决实际问题时，人们常常尽可能把某些线性规划问题化成运输问题来求解，下面举例说明。

例 8-9 某厂按合同须于当年每个季度末分别提供 10、15、25、20 台同一规格的起重机，已知该厂各季度的生产能力及生产每台起重机的成本见表 8-38，若生产出来的起重机当季不交货，每台每积压一个季度工厂需支付保管及维护费 0.15 万元。试问在按合同完成任务的情况下，工厂应如何安排生产计划才能使全年消耗的生产与存储费用的总和最少？

表 8-38　生产情况表

季　度	工厂生产能力/(台/季)	工厂生产成本/(万元/季)	交货量/台
一	25	10.80	10
二	35	11.10	15
三	30	11.00	25
四	10	11.30	20

解：该问题看起来似乎与运输无关，也没有把货物从发点实际地运到收点的现象。但是，若人为地把生产起重机的 4 个季度看作是发货点，将各个季度的生产能力看作是相应发货点的发货量；同样，把按合同交付起重机的 4 个季度看作是收货点，各季度向合同单位提供起重机的数量看作是相应收货点的收货量。

总发货量为：25+35+30+10=100(台)

总收货量为：10+15+25+20=70(台)

于是该问题就可以看作是一个产大于销的运输问题。引进虚设收货点 D，其收货量为 30 台，即转化为产销平衡运输问题。

这时运输单价可取

c_{ij}=第 i 季度每台起重机的生产成本+$(j-i)$个季度每台起重机的存储费　$j \geq i$

如 c_{12}=10.80+(2−1)×0.15=10.95(万元)

c_{13}=10.80+(3−1)×0.15=11.10(万元)

当 $j<i$ 时，实际上 i 季度生产的起重机不可能在 j 季度销售，所以这时费用记为 M；各发点到虚设点 D 的单位运价均为 0。于是产销平衡表可列出，见表 8-39。

用表上作业法求解，可得多个最优解，表 8-40 给出最优方案之一。

即第一季度生产起重机 25 台，10 台当季交货，10 台第二季度交货，5 台第三季度交货；第二季度生产起重机 5 台，全部当季交货；第三季度生产起重机 30 台，其中 20 台当季交货，10 台第四季度交货；第四季度生产起重机 10 台，全部当季交货。按此方案生产，该厂消耗的生产和存储总费用为 773 万元。

表 8-39 产销平衡运输问题

季　度	一	二	三	四	D	供 应 量
一	10.80	10.95	11.10	11.25	0	25
二	M	11.10	11.25	11.40	0	35
三	M	M	11.00	11.15	0	30
四	M	M	M	11.30	0	10
需求量	10	15	25	20	30	

表 8-40 最优方案

季　度	一	二	三	四	D
一	10	10	5		
二		5			30
三			20	10	
四				10	

习　　题

1. 某玩具公司分别生产 3 种新型玩具，每月可供量分别为 1000 件、2000 件、2000 件，它们分别被送到甲、乙、丙 3 个百货商店销售。已知每月百货商店各类玩具预期销售量均为 1500 件，由于经营方面的原因，各商店销售不同玩具的盈利额不同，见表 8-41。又知丙百货商店要求至少供应 C 玩具 1000 件，而拒绝进 A 玩具。求满足上述条件下使总盈利额最大的供销分配方案。

表 8-41 玩具盈利表

项　目	甲	乙	丙	可 供 量
A	5	4	—	1000
B	16	8	9	2000
C	12	10	11	2000

2. 求总运费最小的运输问题，其中某一步的运输图见表 8-42。

表 8-42 运输方案

产　地	销地 B_1		销地 B_2		销地 B_3		供 应 量
产地 A_1	3	3		5		7	3
				5		5	
产地 A_2	2	4	4	2		4	6
产地 A_3		5	1	6	5	3	d
				8		11	
需要量	a		b		c		e

(1) 写出 a、b、c、d、e 的值，并求出最优运输方案。

(2) A_3 到 B_1 的单位运费满足什么条件时，表中运输方案为最优方案？

3. 用西北角法给出表 8-43 中运输问题的初始方案。

表 8-43 运输问题数据

单位运输费用	B_1	B_2	B_3	供应量
A_1	3	3	1	150
A_2	1	4	2	200
A_3	2	2	5	250
需要量	180	220	200	

4. 用最小元素法给出表 8-44 中运输问题的初始方案。

表 8-44 运输问题数据

单位运输费用	B_1	B_2	B_3	供应量
A_1	2	3	4	150
A_2	1	2	2	200
A_3	3	2	1	250
需要量	180	220	250	

5. 用回路法计算表 8-45 中的运输问题。

表 8-45 运输问题数据

单位运输费用	B_1	B_2	B_3	B_4	供应量
A_1	3	3	1	2	250
A_2	1	4	2	4	300
A_3	2	2	5	1	250
需要量	280	220	200	100	

6. 用位势法计算表 8-46 中的运输问题。

表 8-46 运输问题数据

单位运输费用	B_1	B_2	B_3	供应量
A_1	2	3	4	150
A_2	1	2	2	200
A_3	3	2	1	250
需要量	180	220	150	

7. 有 3 个供给者、3 个需求者和 2 个中转站的问题，假设供给者到中转站、中转站到需求者的距离以及供给者的供应量、需求者的需要量如表 8-47 和表 8-48 所示。

表 8-47 供应者到中转站的单位运费以及供应量

项目	B_1	B_2	供应量
A_1	3	5	130
A_2	7	4	100
A_3	4	3	90

表 8-48 中转站到需求者的单位运费以及需求量

项目	C_1	C_2	C_3
B_1	3	5	6
B_2	2	4	3
需求量	120	140	60

案例分析题

钢管订购和运输

要铺设一条 $A_1 \to A_2 \to \cdots \to A_{15}$ 的输送天然气的主管道,如图 8-9 所示。经筛选后可以生产这种主管道钢管的钢厂有 $S_1, S_2, \cdots, S_7$。图中粗线表示铁路,单细线表示公路,双细线表示要铺设的管道(假设沿管道或者原来有公路,或者建有施工公路),圆圈表示火车站,每段铁路、公路和管道旁的阿拉伯数字表示里程(单位 km)。为方便计,1km 主管道钢管称为 1 单位钢管。

一个钢厂如果承担制造这种钢管,至少需要生产 500 个单位。钢厂 s_i 在指定期限内能生产该钢管的最大数量为 s_i 个单位,钢管出厂销价 1 单位钢管为 p_i 万元,如表 8-49 所示。

表 8-49 钢管数量与价格

i	1	2	3	4	5	6	7
s_i	800	800	1000	2000	2000	2000	3000
p_i	160	155	155	160	155	150	160

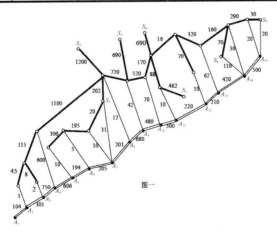

图 8-9 线路图

单位钢管的铁路运价如表8-50所示,1000km 以上每增加1～100km 运价增加5 万元。公路运输费用为1 单位钢管每公里0.1 万元(不足整公里部分按整公里计算)。钢管可由铁路、公路运往铺设地点(不只是运到点$A_{15}, \cdots, A_2, A_1$,而是管道全线)。

表8-50　铁路运输费用

里程/km	≤300	301～350	351～400	401～450	451～500
运价/万元	20	23	26	29	32
里程/km	501～600	601～700	701～800	801～900	901～1000
运价/万元	37	44	50	55	60

请制订一个主管道钢管的订购和运输计划,使总费用最小(给出总费用)。

(资料来源:http://www.mcm.edu.cn/html_cn/block/8579f5fce999cdc896f78bca5d4f8237.html)

第九章

排队论

前面讲的数学规划和网络优化都是针对考虑确定系统的优化问题，决策所需参数都是已知的。但在现实中有很多系统是不确定的，这给决策带来了很大的困难，前面讲过的方法不能直接用于解决该类问题，需要考虑新的方法。

不确定系统也分很多种，其中比较常见的一类是随机服务系统，如商场服务系统、配送中心客户服务系统、银行前台服务系统等，这些都是服务系统，顾客要求服务的时间不是预定的，而是随机到达的，同时服务需要的时间也是随机的，因而称为随机服务系统，本章主要讨论随机服务系统的优化问题。

第一节　随机服务系统的基本概念

例 9-1　货场装卸系统。

随机服务系统在管理中的例子也很多，比较常见的就是装卸系统，一些港口装船、卸船或者仓库进、出货，都需要一些机械设备，不同机械的工作效率和运营成本不同，如何确定机械设备的种类和数量是系统设计必须解决的问题。

装卸系统由装卸设备和待装卸车辆构成，如图 9-1 所示，待装卸的车辆是要求服务的顾客，而装卸设备就相当于服务员。车辆到达后如果有装卸设备空闲就接受服务，如果装卸设备都在忙中就排队等待，并且根据排队的先后顺序依次接受装卸服务。

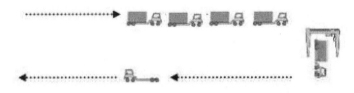

图 9-1　装卸过程示意图

待装卸车辆希望等待的时间越短越好，最好不用等待，来了就可以装卸，因此装载设备越多越好。从资源利用率的角度希望设备的空闲时间越短越好，这就要求设备不宜太多，如果设备太多必然会有闲置的设备。这两个目标是相互矛盾的，需要根据成本和收益找到一个平衡点。

决定装卸等待时间的是待装卸车辆的多少和服务时间的长短，但不同车辆到达的时间是不确定的。同时由于各车所装货物的不同装卸时间也会不同，只能以平均的等待时间和设备空闲率来进行装卸机械的选择。为了计算平均等待时间和平均设备闲置率，就需要考虑车辆到达的规律和服务时间的规律，在此基础上计算稳定状态时的系统分布规律，从而计算出车辆的等待规律和设备的闲置情况。

一、随机服务系统的组成

还有很多与装卸系统类似的排队系统，它们都由要求服务的顾客与提供服务的服务台构成，所不同的是，不同系统的顾客与服务台不尽相同，先举一些排队系统的例子，如表 9-1 所示。

表 9-1　常见随机服务系统

排队系统	顾　客	服 务 台	服　务
理发店	顾客	理发员	理发、美发
售票系统	购票旅客	售票窗口	收款、售票
银行系统	银行客户	服务窗口	存、取款业务

续表

排队系统	顾客	服务台	服务
客服系统	客户电话	客服人员	接听电话并回答问题
质检系统	产品	质检员	质量检查
维修系统	出故障的设备	修理工	排除设备故障
城市热线	市民电话	热线人员	接听热线并记录问题

这些系统特点也不一样,大体可以分为3类。

(1) 商业服务系统,如理发店、银行系统和售票系统等,这类服务系统的客户来源非常多,不确定性也比较大,同时由于竞争的关系,当系统内滞留的顾客太多时,新到达的顾客可能就不会进入系统而走失掉。

(2) 内部服务系统,如质检系统、客服系统和维修系统等,这类系统的顾客都是来源于内部或特定群体,数量比较少,而且不会走失。但服务质量的好坏会影响工作效率或客户满意度,从而影响企业长期发展。

(3) 公共服务系统,如城市热线和收费站等,这类服务系统的特点是顾客来源很多,不确定性也很大,但由于缺乏竞争性,顾客不会因为等待时间太长而走失,因而服务台的数量一般较少。

虽然不同排队系统的特点不尽相同,但其工作流程或排队服务的过程基本相同。首先是顾客到达服务系统,然后根据系统的状态决定是否进入系统。顾客进入系统后如果服务台有空闲则直接接受服务,如果所有的服务台都忙则按照某种规则排队,顾客接受完服务就会离开该排队系统。排队的过程如图9-2所示。

图 9-2 排队过程

具体地讲,整个过程可以分为 3 个阶段,即输入、排队和服务,每个阶段又有不同的影响因素和规律。

1. 输入阶段

影响输入的因素包括顾客来源和顾客达到规则。

(1) 顾客来源。顾客来源主要是指潜在的顾客群体,也就是可能到该系统提出服务要求的群体。有些服务系统的顾客来源很多,相对于其处理能力而言可以认为是无穷大,而有些排队系统的顾客来源是特定群体,数量比较少,或者说是有限的。前面讲过的商业服务系统和公共服务系统的顾客来源一般都是无穷大,而内部系统的顾客来源就属于特定群体,数量有限。顾客来源的多少会影响可能来的顾客数,如果是无限多的来源则无论系统内有多少滞留的顾客，后面可能来的顾客数都是无穷多，如果是有限的顾客来源，则必须减去已来顾客数。

(2) 顾客到达规则。顾客到达规则主要是指顾客到达的时间和一次到达的数量，有些系统顾客是一个一个地到达，如生产线上待检的产品；也有些系统可能同时有多个顾客到达，如商场的顾客往往会结伴而来。而顾客到达的时间波动比较大，一般是不可控的因素，需要用随机变量描述。到达的顾客才是需要服务的顾客，但到达的顾客不一定就进入系统，还需要看系统等待的人数，如果系统等待的人数太多，或超过某个限度，新来的顾客就不会进入系统，走失的顾客给系统带来了损失，这种损失包括潜在的盈利机会和系统声誉的影响，因此希望走失的顾客尽量少。

2. 排队阶段

(1) 队列容量。其主要是指系统可以容纳的顾客数量，有些排队系统可容纳的顾客数很多，相对于服务能力而言可以说是无穷多，如收费站、商场等的容纳人数就会很多，虽然人多了会拥挤，排的队会很长，但从容量而言是没问题的。而有些系统能够容纳的顾客数就很少，是有限的，比较极端的情况就是电话的容量，一部电话只能容纳一个顾客，占线时其他顾客无法进入。

(2) 排队规则。排队规则主要是指顾客排队的顺序，一般来讲是先来的排在前面，后来的排在后面，即先来先服务。但也有一些系统采取先来后服务的排队规则，如把待检产品放在一个容器里，质检时从上面开始，则后来的先质检。还有一些服务系统采取优先级服务的规则，对顾客进行分级，优先级高的顾客优先得到服务，如银行排队系统中设置 VIP 顾客，该类客户优先于其他客户。还有一些特殊排队系统采取随机排队规则，顾客到达后随机确定排队顺序。

3. 服务阶段

服务阶段的主要影响因素是服务台的数量和工作方式以及服务效率。有些系统只有一个服务台，但大部分系统都有多个服务台，一些系统虽然有多个服务台，但各服务台独立排队，每一队由一个服务台服务，相互之间不交叉，这时可以看成多个单服务台的系统分别考虑。根据服务台的数量及排队方式，排队系统可以分为以下几种形式。

(1) 单服务台单队系统，如图 9-3 所示。

图 9-3 单服务台单队系统

(2) 多服务台单队系统，如图 9-4 所示。

(3) 多服务台多队系统，如图 9-5 所示。

(4) 多服务台串联服务系统，如图 9-6 所示。

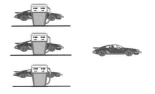

图 9-4 多服务台单队系统

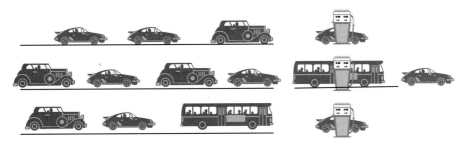

图 9-5 多服务台多队系统

图 9-6 多服务台串联服务系统

服务效率体现在完成服务所需的时间上，由于不同客户的服务时间不同，顾客的到达是随机的，因而每次服务所需的服务时间也是随机的，为了表示不同服务台的工作效率，一般用完成一个服务的平均时间或者单位时间完成的服务个数来表示。

二、排队系统的描述符号

不同排队系统的特点不同，为了能够区分这些排队系统，需要对其特点进行描述，根据上面分析可知，要描述一个排队系统需要说明以下特征。

(1) 顾客来源——总体数量。
(2) 顾客到达规律——时间间隔分布。
(3) 系统容量——允许的最大顾客容量。
(4) 排队规则。
(5) 服务台数目。
(6) 服务规律——时间分布。

其中，顾客来源、系统容量和服务台个数是数量，可以用具体的数值或 ∞ 来描述。排队规则主要是前面讲过的 4 种，分别记为 FCFS(先来先服务)、LCFS(后来先服务)、PR(优先级服务)和 SIRO(随机排队规则)。

比较困难的是顾客到达规律和服务规律，顾客到达的规律主要是不同时间到达顾客的数量，该数量是离散的随机量，离散的随机量在进行分析时不太方便，一般用两个顾客达到的时间间隔来表示顾客的到达规律，顾客到达的时间间隔也是个随机量，但是连续的随机量。同样，服务规律用每个顾客的服务时间表示，服务时间也是连续的随机变量。一般来讲，不同顾客的到达时间间隔和服务时间分别满足相互独立、具有相同参数的随机分布，常见的随机分布包括负指数分布、定长分布和 k 级 Erlang(厄兰，也译作爱尔朗)分布，分别用下面的符号表示。

M：指数分布(Markovian)。

D：定长分布(常数时间)。

E_k：k 级 Erlang 分布。

G：独立的概率分布(任意概率分布)。

为了区分不同的排队系统，一般采取 Kendall 记号，把上述特征按固定顺序排列在一起，各特征间用/隔开，各特征的顺序为：到达规律—服务规律—服务台数—系统容量—顾客来源—排队规则。

每个特征用大家公认的符号表示，这样通过统一的记号就可以明确每个排队系统的特征，如 $M/M/1/\infty/\infty/FCFS$。

该记号表示到达时间间隔服从相互独立、同参数的负指数分布，服务时间服从相互独立、同参数的负指数分布，只有一个服务台，系统容量无穷大，顾客来源无穷大，先来先服务的排队系统。

一般来讲，如果后面的顾客来源是无穷大、排队规则是先来先服务的话，可以省略不写，前面的排队系统也可以记为 $M/M/1/\infty$。

提 示

(1) 本章讲的都是 $M/M/1$ 系统，但实际的服务系统不限于 $M/M/1$ 系统。

(2) Kendall 记号的顺序不能颠倒，第一个 M 和第二个 M 的含义不同。

三、排队系统的评价指标

设计一个服务系统必须首先明白什么样的系统是好的，也就是要确定排队系统的评价指标，并根据评价指标确定系统的好坏。排队系统包括顾客和服务台两个主体，因而系统的评价也要从两个方面进行。

1. 顾客的评价指标

顾客关注的就是服务质量，对于排队系统而言，就是尽量快地得到高质量的服务，服务质量是由服务台的水平和性能决定的，不是要考虑的问题，这里主要关心服务的时间，也就是顾客在系统里的时间最少。顾客在系统的时间分两部分，一部分是排队的时间，另一部分是接受服务的时间。接受服务的时间是必要的，也是顾客可以理解的，关键是排队时间，也就是等待时间，对于顾客而言，是多余的也是可以避免的，因而希望其越短越好，最好为 0。为了从时间上刻画服务的好坏，定义以下 4 个指标。

(1) 排队时间。从顾客进入系统到开始接受服务的时间。

(2) 滞留时间。从顾客进入系统到顾客接受完服务离开系统的时间，包括排队时间和服务时间。

(3) 排队的人数。某时刻系统里正在排队的人数。

(4) 滞留人数。某时刻系统里滞留的所有顾客数，包括排队人数和正在接受服务的顾客数。

2. 服务台的评价指标

对于服务台而言，希望其利用率比较高，不要空闲时间太多，而另一方面服务台也需要维修，不能不停地工作，因而定义以下两个服务指标刻画服务台忙的情况。

(1) 系统忙的概率。服务台工作的时间占所有时间的比率。

(2) 忙的服务台个数。某时刻在工作的服务台个数。

计算上述指标的关键是要知道每时刻系统里的顾客数量，但由于顾客输入和服务时间都是随机变化的，因而不同时刻系统里顾客的人数不同。以某个时刻的指标值作为评价标准都是不科学的，因而需要计算平均意义下的指标值，而要计算平均指标值就需要知道所有时刻的数据或者不同数据发生的概率。因为系统设计时不可能获得以后的实际数据，只能根据不同数据发生的概率计算平均指标值。

在系统刚开始的时候，作为新设系统顾客对其了解不多，来得比较少，随着时间的推移来的顾客会不断增加，所以一开始的时间系统来不同顾客的概率也不一样，是在变化的。经过一段时间的变化后系统的顾客群体才会稳定下来，每天来不同顾客的概率就不会变化了，这时称系统达到了稳定状态，只能根据稳定状态时系统内有不同顾客的概率计算平均指标。

第二节　排队系统的概率分布和随机过程

一、排队系统的概率分布

无论是到达时间间隔还是服务时间都是连续随机变量，满足一定的概率分布，在排队系统中常用的概率分布有以下几种。

1. 负指数分布

由概率论可知，如果随机变量 T 服从负指数分布，则其分布函数为

$$F_T(t) = 1 - e^{-\mu t} \quad t \geq 0; \ \mu \geq 0$$

密度函数为

$$f_T(t) = \mu e^{-\mu t} \quad t \geq 0; \ \mu \geq 0$$

T 的期望值为

$$E(T) = \int_0^\infty t f_T(t) \mathrm{d}t = \int_0^\infty t \mu \mathrm{e}^{-\mu t} \mathrm{d}t = \frac{1}{\mu}$$

T 的方差为

$$D(T) = \frac{1}{\mu^2}$$

负指数分布具有以下性质。

定理 9-1 设对顾客的服务时间 X 服从参数为 μ 的负指数分布。在对某一个顾客的服务已经进行了一定时间的条件下，这个顾客的剩余服务时间仍服从以 μ 为参数的负指数分布。

证明：设服务已经进行的时间为 τ，则剩余时间不少于 t 的条件概率为

$$P\{X \geq t+\tau \mid X \geq \tau\} = \frac{P\{X \geq t+\tau, X \geq \tau\}}{P\{X \geq \tau\}}$$

$$= \frac{P\{X \geq t+\tau\}}{P\{X \geq \tau\}} = \frac{\mathrm{e}^{-\mu(t+\tau)}}{\mathrm{e}^{-\mu\tau}} = \mathrm{e}^{-\mu t}$$

由此可见，服务剩余时间的分布独立与已经服务过的时间，并且与原来的服务时间的分布相同。这种性质称为无后效性或无记忆性，在连续性随机变量的概率分布中只有负指数分布具有无后效性。

2. k 阶 Erlang 分布

设 $v_1, v_2, \cdots, v_k$ 是 k 个互相独立的，具有相同参数 μ 的负指数分布随机变量，则随机变量

$$S = v_1 + v_2 + \cdots + v_k$$

服从 k 阶 Erlang 分布，S 的密度函数为

$$f(t) = \frac{\mu(\mu t)^{k-1}}{(k-1)!} \mathrm{e}^{-\mu t} \quad t > 0$$

其密度函数的期望值为

$$E(T) = \frac{k}{\mu}$$

方差为

$$D(T) = \frac{k}{\mu^2}$$

串联的 k 个服务台，每台服务时间相互独立，服从相同的负指数分布(参数 μ)，那么一顾客走完这 k 个服务台总共所需要服务时间就服从 k 阶 Erlang 分布。

当 $k=1$ 时，Erlang 分布化为负指数分布，可看成是一种完全随机的分布，当 k 增大时，Erlang 分布的图形逐渐变为对称的，当 $k \geq 30$ 时，Erlang 分布近似于正态分布。

二、最简单流

通常把随机时刻发生的事件序列称为随机事件流，随机事件流用一定时间内事件发生的次数来描述，由于时间发生的时刻是随机的，因而一定时间内事件发生的次数也是随机

的。排队系统中顾客到达序列就是一个随机事件流，对于排队系统则关注一定时间内到达的顾客数，用 $N(t)$ 表示$(0,t]$时间内到达顾客的人数，该数是随机变量，其规律由顾客到达时间规律决定，最常见的是最简单流(也称为 Poisson 流)。

1. 最简单流的定义

定义 9-1 满足以下 3 个条件的随机事件流称为最简单流。

(1) 平稳性。以任何时刻 t_0 为起点，在时间区间$(t_0, t_0+\Delta t]$内到达的顾客数与时间长度 Δt 有关，与初始时刻 t_0 无关。用 $p_k(\Delta t)$ 表示$(t_0, t_0+\Delta t]$内到达 k 个顾客的概率，则

$$p_k(t) = P(N(t)=k) \quad k=0,1,2,\cdots$$

$$\sum_{k=0}^{\infty} p_k(t) = 1$$

(2) 无后效性。在时间区间$(t_0, t_0+\Delta t]$内到达的顾客数与时刻 t_0 前到达的顾客数无关。

(3) 普遍性。在充分小的时间区间Δt 内到达两个或两个以上顾客的概率是Δt 的高阶无穷小量，设在$(t_0, t_0+\Delta t]$内到达多于一个顾客的概率为 $q(\Delta t)$，则

$$q(\Delta t) = o(\Delta t)$$

即

$$\lim_{\Delta t \to 0} \frac{q(\Delta t)}{\Delta t} = 0$$

最简单流在实际中常遇到，一般来说，如果每个事件在总事件流中起的作用很小，而且相互独立，则总的事件流就可以认为是最简单流，如市内交通事故、平稳状态下的电话呼叫次数、到车站等车的乘客数等都形成一个最简单流。例如，如果每个随机事件的分布是相互独立的负指数分布，则对应的随机流就是最简单流。

2. 概率分布

对于一个参数为λ的最简单流，在$[0,t)$内到达 k 个顾客的概率为

$$p_k(t) = \frac{(\lambda t)^k}{k!} e^{-\lambda t} \quad k=0,1,2,\cdots;\ \lambda>0$$

即服从以λ为参数的 Poisson(泊松)分布。

设 $EN(t)$ 表示在$[0,t)$内到达的顾客数的期望值

$$EN(t) = \sum_{k=0}^{\infty} k p_k(t) = \sum_{k=1}^{\infty} k \frac{(\lambda t)^k}{k!} e^{-\lambda t}$$

$$= (\lambda t) \sum_{k=1}^{\infty} \frac{(\lambda t)^{k-1}}{(k-1)!} e^{-\lambda t} = (\lambda t) e^{\lambda t} e^{-\lambda t} = \lambda t$$

由此得到

$$\lambda = \frac{EN(t)}{t}$$

即λ的实际意义为：单位时间内到达的顾客数的期望值，或称平均到达速率。

三、生灭过程

计算排队系统的参数关键要知道系统有不同人数的概率，而系统里的人数变化是由进入系统的人数和离开系统的人数决定的，而进入系统的人数和离开系统的人数都是随机流，因而系统里的人数也是一个随机变量，而且不同时间出现不同人数的概率也不相同，形成一个随机过程，其中最常用的是生灭过程。

定义 9-2 设某个系统有状态集合 $S = \{0, 1, 2, \cdots\}$，设在某时刻系统处于状态 n，再经过长为 Δt 的时间，若在时刻 $t+\Delta t$ 系统状态变化满足以下条件。

(1) 转移到 $n+1$ ($0 \leqslant n < \infty$) 的概率为 $\lambda_n \Delta t + o(\Delta t)$。

(2) 转移到 $n-1$ ($1 \leqslant n < \infty$) 的概率为 $\mu_n \Delta t + o(\Delta t)$。

(3) 转移到 $S \setminus \{n-1, n, n+1\}$ 的概率为 $o(\Delta t)$。

其中 λ_n、$\mu_n > 0$ 为与 t 无关的固定常数，则称其为生灭过程。若状态集合只含有限个元素，即 $S = \{0, 1, 2, \cdots, k\}$，则称为有限状态生灭过程。

生灭过程的例子很多。例如，一个地区人口数量的自然增长过程，细菌的繁殖与死亡过程，服务台前顾客的数量变化都可以看成或近似看成生灭过程。

对于生灭过程其稳定状态下的概率分布满足

$$P_n = \frac{\lambda_{n-1}}{\mu_n} P_{n-1} = \frac{\lambda_{n-1}\lambda_{n-2}}{\mu_n \mu_{n-1}} P_{n-2} = \cdots = \frac{\lambda_{n-1}\lambda_{n-2}\cdots\lambda_0}{\mu_n \mu_{n-1} \cdots \mu_1} P_0 \tag{9-1}$$

当 $\sum_{n=1}^{\infty} \frac{\lambda_{n-1}\lambda_{n-2}\cdots\lambda_0}{\mu_n \mu_{n-1} \cdots \mu_1} < \infty$ 时，由 $\sum_{n=0}^{\infty} p_n = 1$ 可得

$$p_0 = \frac{1}{1 + \sum_{n=1}^{\infty} \frac{\lambda_{n-1}\lambda_{n-2}\cdots\lambda_0}{\mu_n \mu_{n-1} \cdots \mu_1}}$$

$$P_n = \frac{\lambda_{n-1}\lambda_{n-2}\cdots\lambda_0}{\mu_n \mu_{n-1} \cdots \mu_1} P_0$$

这就是生灭过程在 $t \to \infty$ 时的状态概率，在大多数实际问题中，当 t 很大时，系统就会很快趋于统计平衡。

提 示

(1) 生灭过程是一种比较简单的随机过程，如果系统输入是最简单流，输出也是最简单流，则该系统就是一个生灭过程。本章后面讲的随机系统都是生灭过程。

(2) 证明一个随机过程是生灭过程，只需证明该过程满足生灭过程定义中的 3 个条件即可。

第三节　无限源的排队系统

本节讨论最常见的排队系统，顾客来源是无限的，顾客到达时间间隔服从相互独立的负指数分布，每个服务台服务一个顾客的时间也满足相互独立的负指数分布。这类排队系统又可以分成不同类型，下面分别讨论。

一、M/M/1/∞系统

$M/M/1/\infty$系统是最简单的排队系统，也是最常见的单服务台系统。其顾客到达时间间隔服从相互独立、参数为λ的负指数分布，服务台服务一个顾客的时间也满足相互独立、参数为μ的负指数分布，只有一个服务台，系统容量为无穷大，顾客来源是无限的，先来先服务。

1. 稳定状态概率分布

为了计算该系统的评价参数，需要确定其稳定状态下的概率分布，因而下面证明该系统的顾客人数的变化是一个生灭过程。

设在时刻t系统中有n个顾客，并且在$[t,t+\Delta t]$区间内到达k个顾客($k=0,1,2,\cdots$)的概率为$p_k(\Delta t)$，在$[t,t+\Delta t]$区间离去k个顾客的概率为$q_k(\Delta t)$。由上一节的讨论可以知道

$$p_k(\Delta t) = \frac{(\lambda \Delta t)^k}{k!} e^{-\lambda \Delta t} \quad k=0,1,2,\cdots$$

$$q_k(\Delta t) = \frac{(\mu \Delta t)^k}{k!} e^{-\mu \Delta t} \quad k=0,1,2,\cdots$$

由此得到

$$p_0(\Delta t) = e^{-\lambda \Delta t} = 1 - \lambda \Delta t + o(\Delta t)$$
$$p_1(\Delta t) = \lambda \Delta t e^{-\lambda \Delta t} = \lambda \Delta t + o(\Delta t)$$
$$p_k(\Delta t) = \frac{(\lambda \Delta t)^k}{k!} e^{-\lambda \Delta t} = o(\Delta t) \quad k>1$$

类似地，有

$$q_0(\Delta t) = e^{-\mu \Delta t} = 1 - \mu \Delta t + o(\Delta t)$$
$$q_1(\Delta t) = \mu \Delta t e^{-\mu \Delta t} = \mu \Delta t + o(\Delta t)$$
$$q_k(\Delta t) = \frac{(\mu \Delta t)^k}{k!} e^{-\mu \Delta t} = o(\Delta t) \quad k>1$$

(1) 在$t+\Delta t$时刻系统中的顾客数为$n+1$，可以有以下不相交的事件。

在$[0,t+\Delta t]$区间内有1个顾客到达，出去0个顾客，其概率为

$$p_1(\Delta t)q_0(\Delta t) = (\lambda \Delta t + o(\Delta t))(1 - \mu \Delta t + o(\Delta t)) = \lambda \Delta t + o(\Delta t)$$

在$[0,t+\Delta t]$区间内有$k \geqslant 2$个顾客到达，同时有$k-1$个顾客离去，其概率为

$$\sum_{k \geq 2} p_k(\Delta t) q_{k-1}(\Delta t) = \sum_{k \geq 2} o(\Delta t) q_{k-1}(\Delta t) = o(\Delta t)$$

因此，在 $t+\Delta t$ 时刻系统中的顾客数为 $n+1$ 的概率为

$$p_1(\Delta t) q_0(\Delta t) + \sum_{k \geq 2} p_k(\Delta t) q_{k-1}(\Delta t) = \lambda \Delta t + o(\Delta t)$$

(2) 在 $t+\Delta t$ 时刻系统中的顾客数为 $n-1$，可以有以下不相交的事件。

在 $[0,t+\Delta t]$ 区间内有 0 个顾客到达，出去 1 个顾客，其概率为

$$p_0(\Delta t) q_1(\Delta t) = (1 - \lambda \Delta t + o(\Delta t))(\mu \Delta t + o(\Delta t)) = \mu \Delta t + o(\Delta t)$$

在 $[0,t+\Delta t]$ 区间内有 $k \geq 1$ 个顾客到达，同时有 $k+1$ 个顾客离去，其概率为

$$\sum_{k \geq 1} p_k(\Delta t) q_{k+1}(\Delta t) = 1 \sum_{k \geq 2} p_k(\Delta t) o(\Delta t) = o(\Delta t)$$

因此，在 $t+\Delta t$ 时刻，系统中的顾客数为 $n-1$ 的概率为

$$p_0(\Delta t) q_1(\Delta t) + \sum_{k \geq 1} p_k(\Delta t) q_{k+1}(\Delta t) = \mu \Delta t + o(\Delta t)$$

同理，可以证明 $t+\Delta t$ 时刻系统中的顾客数为 $n, n \pm 2, n \pm 3, \cdots$ 的概率均为 $o(\Delta t)$。根据生灭过程的定义可知该过程是个生灭过程，对应的 $\lambda_{n-1} = \lambda_{n-2} = \cdots = \lambda_0 = \lambda$，$\mu_n = \mu_{n-1} = \cdots = \mu_1 = \mu$。因而稳定状态时系统有 n 个人的概率为

$$p_n = \frac{\lambda}{\mu} p_{n-1} \quad n = 1, 2, \cdots$$

用递推方法可以得到

$$P_n = \left(\frac{\lambda}{\mu}\right)^n P_0 \quad n=1,2,\cdots \tag{9-2}$$

由 $\sum_{k=0}^{\infty} P_k = 1$，得到

$$\left[1 + \frac{\lambda}{\mu} + \left(\frac{\lambda}{\mu}\right)^2 + \cdots + \left(\frac{\lambda}{\mu}\right)^n + \cdots\right] P_0 = 1$$

令 $\rho = \frac{\lambda}{\mu}$，则

$$P_0 = \frac{1}{1 + \rho + \rho^2 + \cdots + \rho^n + \cdots}$$

当 $\rho \geq 1$ 时，级数发散，不存在稳态解，因此，排队系统处于概率稳态的条件是 $0 \leq \rho = \frac{\lambda}{\mu} < 1$。当 $0 \leq \rho < 1$ 时，级数收敛，这时有

$$P_0 = \frac{1}{\frac{1}{1-\rho}} = 1 - \rho \tag{9-3}$$

代入式(9-2)，得到

$$P_n = \left(\frac{\lambda}{\mu}\right)^n P_0 = \rho^n (1-\rho) \quad n=1,2,\cdots \tag{9-4}$$

式(9-3)和式(9-4)可以统一表示为

$$P_n = \rho^n(1-\rho) \quad n=0,1,2,\cdots \tag{9-5}$$

只要系统里有人，服务台就会忙，所以服务台忙的概率就等于系统人数超过一个的概率，即为 $1-P_0 = \rho$，所以 ρ 就表示服务台忙的概率，也就是服务台工作的强度。

2. 评价参数

下面根据稳定状态时的概率分布计算该服务系统的主要评价参数。

(1) 平均顾客数 L，也称为队长，即系统中顾客数的期望值，所以有

$$\begin{aligned} L &= \sum_{k=0}^{\infty} kP_k = \sum_{k=0}^{\infty} k\rho^k(1-\rho) = (1-\rho)\sum_{k=0}^{\infty} k\rho^k \\ &= (1-\rho)\frac{\rho}{(1-\rho)^2} = \frac{\rho}{1-\rho} \end{aligned} \tag{9-6}$$

(2) 队列中的平均顾客数 L_q，也称为等待队长，只有当系统顾客数大于等于 1 时，才有等待的顾客。当系统有 k 个顾客的时候，等待的人数是 $k-1$，因而有

$$\begin{aligned} L_q &= \sum_{k=1}^{\infty} (k-1)P_k = \sum_{k=1}^{\infty} (k-1)\rho^k(1-\rho) = (1-\rho)\sum_{k=1}^{\infty} (k-1)\rho^k \\ &= (1-\rho)\frac{\rho^2}{(1-\rho)^2} = \frac{\rho^2}{1-\rho} \end{aligned} \tag{9-7}$$

进一步，由式(9-6)可得

$$L_q = \rho L$$

(3) 平均逗留时间 W。它指设随机变量 X 为系统中已有 k 个顾客的条件下，下一个顾客从到达至离去在系统中逗留的时间，如图 9-7 所示。

图 9-7 逗留时间

设 $Y_i(i=1,2,\cdots,k,k+1)$ 为已经在队列中的第 i 个顾客接受服务的时间，则图 9-7 中最后到达的第 $k+1$ 个顾客在系统中逗留的时间为

$$X = \sum_{i=1}^{k+1} Y_i$$

由于 Y_i 服从参数为 μ 的负指数分布，因此 X 服从 $k+1$ 阶 Erlang 分布，其条件密度函数为

$$f(t|k) = \frac{\mu(\mu t)^k}{k!} e^{-\mu t} \quad k=0,1,2,\cdots$$

因此 X 的密度函数为

$$f(x) = \sum_{k=0}^{\infty} f(t\mid k) P_k = \sum_{k=0}^{\infty} \frac{\mu(\mu t)^k}{k!} \mathrm{e}^{-\mu t} \rho^k (1-\rho)$$

$$= \sum_{k=0}^{\infty} \frac{\mu(\mu t)^k}{k!} \mathrm{e}^{-\mu t} \left(\frac{\lambda}{\mu}\right)^k \left(1 - \frac{\lambda}{\mu}\right) \tag{9-8}$$

$$= \sum_{k=0}^{\infty} \frac{(\lambda t)^k}{k!} (\mu - \lambda) \mathrm{e}^{-\mu t} = (\mu - \lambda) \mathrm{e}^{-\mu t} \sum_{k=0}^{\infty} \frac{(\lambda t)^k}{k!}$$

$$= (\mu - \lambda) \mathrm{e}^{-\mu t} \mathrm{e}^{\lambda t} = (\mu - \lambda) \mathrm{e}^{-(\mu-\lambda)t}$$

其中，由于

$$0 \leqslant \frac{\lambda}{\mu} < 1$$

因此，$\mu > \lambda$，即 $\mu - \lambda > 0$。由式(9-8)可以看出，顾客在系统中的逗留时间 X 服从以 $\mu - \lambda$ 为参数的负指数分布，因而 X 的期望值，即平均逗留时间为

$$W = E(X) = \frac{1}{\mu - \lambda} \tag{9-9}$$

(4) 平均等待时间 W_q。顾客在系统中逗留的时间，由在队列中等待的时间和在服务台中接受服务的时间组成，因此，顾客在队列中等待时间的期望值等于顾客在系统中逗留时间的期望值减去在系统中接受服务时间的期望值，即

$$W_q = W - \frac{1}{\mu} = \frac{1}{\mu - \lambda} - \frac{1}{\mu} = \frac{\mu - (\mu - \lambda)}{\mu(\mu - \lambda)}$$

$$= \frac{\lambda}{\mu(\mu - \lambda)} = \frac{\rho}{\mu - \lambda} = \rho W \tag{9-10}$$

3. Little 公式

由式(9-6)、式(9-7)、式(9-9)和式(9-10)可以得到

$$\begin{cases} L = \lambda W \\ L_q = \lambda W_q \\ L = L_q + \rho \\ W = W_q + \dfrac{1}{\mu} \end{cases} \tag{9-11}$$

虽然以上关系是由 $M/M/1/\infty/\infty/\mathrm{FCFS}$ 服务系统得到的，可以证明，在很宽的条件下，以上关系都是成立的，称之为 Little 公式。对于后面讨论的系统，将用 Little 公式推出系统的评价指标。

例 9-2 在某工地卸货台装卸设备的设计方案中，有 3 个方案可供选择，分别记为甲、乙、丙。每个方案的有关费用见表 9-2。

货车到达为最简单流，平均每天(按 10h 计算)到达 15 车，平均每车装货 500 袋，卸货时间服从负指数分布。每辆车停留 1h 的损失为 10 元。问应如何选择使得总费用最小？

表 9-2 有关费用

设备项目	固定费用/天	可变费用/天	装卸量/h
甲	60	100	1000
乙	130	150	2000
丙	250	200	6000

解： 选择的关键是计算出 3 种方案对应的总费用，总费用包括使用费用和停留损失费用，其中使用费用包括固定费用和可变费用。固定费用是已知的，可变费用与每天工作的时间成正比，因此需要计算出每种设备忙的时间，而忙的时间等于忙的概率乘以每天工作时间，停留损失费用等于车数×每辆车的平均停留时间×停留 1 小时的损失费，因此需要计算出每种设备平均忙的概率和平均停留时间，根据前面分析平均忙的概率为

$$\rho = \frac{\lambda}{\mu}$$

平均停留时间为

$$W = \frac{1}{\mu - \lambda}$$

3 种情况下到达规律是一样的，所以 3 种情况下 λ 都为 1.5，而不同设备的工作效率不同，3 种设备的 μ 分别为 2、4、12，有关计算结果如表 9-3 所示。

表 9-3 计算结果

项　目	方案甲	方案乙	方案丙
平均每小时到达车数	1.5	1.5	1.5
平均每小时服务车数	2	4	12
平均停留时间	2	0.4	0.095238
平均停留费用	300	60	14.28571
忙的概率	0.75	0.375	0.125
可变费用	75	56.25	25
总费用	435	246.25	289.2857

由表 9-3 中可知，方案乙的总费用最小，因而在当前情况下选择该方案。平均到达车数变化时，总费用也会变化，图 9-8 画出了不同平均到达车数下 3 种设备对应的总费用。

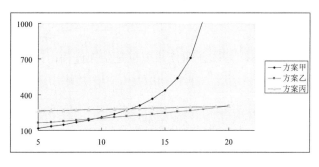

图 9-8 费用与顾客个数关系

当到达车数小于 10 的时候甲方案最优，当到达车数大于 10 且小于等于 19 的时候乙方案最优，当超过 20 时丙方案最优。

 提 示

(1) 某些系统在不同时段表现出的规律不同，比如公交车系统在高峰时期和晚上的平均客流量存在明显差异，此时可以分时段考虑问题，也就是不同时段看成不同的随机服务系统。

(2) 本节公式都是在 $\rho<1$ 的情况下推出的。当 $\rho\geqslant 1$ 时，单位时间内到达的顾客数大于等于离开的顾客数，系统的顾客数会越来越多，稳定状态下系统的顾客数必然为无穷多。

二、M/M/1/N 系统

当系统的容量从无限值变为有限值 N 时，M/M/1/∞/∞/FCFS 就转化成为 M/M/1/N/∞/FCFS。M/M/1/N/∞/FCFS 系统如图 9-9 所示。

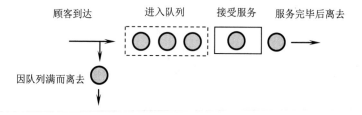

图 9-9　M/M/1/N 系统进入方式

这个系统与 M/M/1/∞ 系统最大的区别在于，当系统有 N 个顾客时，新到顾客就无法进入系统，因而系统的顾客数不会超过 N 个，也就是说，系统的状态个数为有限值 N。其状态转移关系如图 9-10 所示。

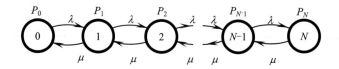

图 9-10　M/M/1/N 系统状态转移图

1. 稳定状态概率分布

类似于 M/M/1/∞/∞/FCFS，可以证明该系统也是生灭过程，由状态转移图可以建立系统概率平衡方程如下。

对于状态 0，有

$$\lambda P_0 = \mu P_1$$

$$\vdots$$

对于状态 k，有

$$\lambda P_{k-1} + \mu P_{k+1} = (\lambda+\mu)P_k \quad 0<k<N$$

对于状态 N，有

$$\lambda P_{N-1} = \mu P_N$$

综上可得

$$P_1 = \frac{\lambda}{\mu} P_0 = \rho P_0, \quad P_2 = \frac{\lambda}{\mu} P_1 = \rho^2 P_0, \cdots$$

$$P_k = \frac{\lambda}{\mu} P_{k-1} = \rho^k P_0 \cdots \quad P_N = \frac{\lambda}{\mu} P_{N-1} = \rho^N P_0$$

由 $\sum_{k=0}^{N} P_k = 1$，得到

$$P_0 \sum_{k=0}^{N} \rho^k = 1 \tag{9-12}$$

当 $\rho \neq 1$ 时，有

$$\sum_{k=0}^{N} \rho^k = \frac{1-\rho^{N+1}}{1-\rho}$$

由式(9-12)得到

$$P_k = \rho^k \frac{1-\rho}{1-\rho^{N+1}} \quad k=0,1,2,\cdots \tag{9-13}$$

当 $\rho = 1$ 时，有

$$\sum_{k=0}^{N} \rho^k = N+1$$

$$P_k = \rho^k P_0 = P_0$$

由式(9-12)得到

$$P_0 = \frac{1}{\sum_{k=0}^{N} \rho^k} = \frac{1}{N+1}$$

因此，当 $\rho=1$ 时，有

$$P_k = \frac{1}{N+1} \quad k=0,1,2,\cdots,N$$

2. 评价指标

(1) 平均队长。

对于 $\rho \neq 1$，系统中顾客数的期望值为

$$L = \sum_{k=0}^{N} k P_k = \sum_{k=0}^{N} k \rho^k \frac{1-\rho}{1-\rho^{N+1}}$$

$$= \frac{1-\rho}{1-\rho^{N+1}} \left[\frac{\rho(1-\rho^{N+1})}{1-\rho^2} - \frac{(N+1)\rho^{N+1}}{1-\rho} \right] \tag{9-14}$$

$$= \frac{\rho}{1-\rho} - \frac{(N+1)\rho^{N+1}}{1-\rho^{N+1}}$$

当 $\rho=1$ 时，$L=\sum_{k=0}^{N}k\dfrac{1}{N+1}=\dfrac{1}{N+1}\sum_{k=0}^{N}k=\dfrac{N}{2}$。

(2) 平均等待队长。

$$L_q=\sum_{k=0}^{N}(k-1)P_k=\sum_{k=0}^{N}kP_k-\sum_{k=0}^{N}P_k$$

$$=L-(1-P_0)=L-\left(1-\dfrac{1-\rho}{1-\rho^{N+1}}\right)=L-\dfrac{\rho-\rho^{N+1}}{1-\rho^{N+1}}$$

$$=L-\rho\dfrac{1-\rho^{N}}{1-\rho^{N+1}}=L-\rho\dfrac{1-\rho^{N+1}-(\rho^{N}-\rho^{N+1})}{1-\rho^{N+1}}$$

$$=L-\rho\left(1-\dfrac{\rho^{N}(1-\rho)}{1-\rho^{N+1}}\right)=L-\rho(1-P_N)=L-\dfrac{\lambda(1-P_N)}{\mu} \qquad (9\text{-}15)$$

令 $\lambda_e=\lambda(1-P_N)$ 和 $\rho_e=\dfrac{\lambda_e}{\mu}$，其中 λ_e 称为有效到达率，即单位时间内到达并能进入队列的平均顾客数。ρ_e 称为有效服务强度。由式(9-15)，有

$$L_q=L-\rho_e \qquad (9\text{-}16)$$

(3) 等待时间和滞留时间。

由 Little 公式，得到

$$W=\dfrac{L}{\lambda_e}=\dfrac{L}{\lambda(1-P_N)} \qquad (9\text{-}17)$$

$$W_q=\dfrac{L_q}{\lambda_e}=\dfrac{L-\rho_e}{\lambda_e}=\dfrac{L}{\lambda_e}-\dfrac{1}{\mu}=W-\dfrac{1}{\mu} \qquad (9\text{-}18)$$

从式(9-16)至式(9-18)可以看出，在 $M/M/1/N/\infty/FCFS$ 系统中，如果考虑有效到达速率 λ_e 和有效服务强度 ρ_e，$M/M/1/N/\infty/FCFS$ 系统和 $M/M/1/\infty/\infty/FCFS$ 系统的运行指标的形式是相同的。

例 9-3 一个单人理发店，除理发椅外，还有 4 把椅子可供顾客等候。顾客到达发现没有座位空闲，就不再等待而离去。顾客到达的平均速率为 4 人/h，理发的平均时间为 10min/人。顾客到达服从 Poisson(泊松)流，理发时间服从负指数分布。求：

(1) 顾客到达不用等待就可理发的概率。
(2) 理发店里的平均顾客数以及等待理发的平均顾客数。
(3) 顾客来店理发一次平均花费的时间及平均等待的时间。
(4) 顾客到达后因客满而离去的概率。
(5) 增加一张椅子可以减少的顾客损失率。

解：这是一个 $M/M/1/N/\infty/FCFS$ 系统，其中 $N=4+1=5$，$\lambda=4$ 人/h，$\mu=6$ 人/h，$\rho=2/3$。

$$P_0=\dfrac{1-\rho}{1-\rho^{N+1}}=\dfrac{1-\dfrac{2}{3}}{1-\left(\dfrac{2}{3}\right)^6}=0.356$$

$$\lambda_e = \lambda(1-P_N) = \lambda(1-\rho^N P_0) = 4 \times \left[1 - \left(\frac{2}{3}\right)^5 \times 0.356\right] = 3.808$$

$$L = \frac{\rho}{1-\rho} - \frac{(N+1)\rho^{N+1}}{1-\rho^{N+1}} = \frac{\frac{2}{3}}{1-\frac{2}{3}} - \frac{(5+1)\left(\frac{2}{3}\right)^6}{1-\left(\frac{2}{3}\right)^6} = 2 - 0.577 = 1.423$$

$$L_q = L - \frac{\lambda_e}{\mu} = 1.423 - \frac{3.808}{6} = 0.788$$

$$W = \frac{L}{\lambda_e} = \frac{1.423}{3.808} = 0.374(h) = 22.4(\min)$$

$$W_q = \frac{L_q}{\lambda_e} = \frac{0.788}{3.808} = 0.207(h) = 12.4(\min)$$

$$P_5 = \rho^5 P_0 = \left(\frac{2}{3}\right)^5 \times 0.356 = 0.048$$

因客满而离去的概率为 0.048。

当 $N=6$ 时，有

$$\overline{P}_0 = \frac{1-\rho}{1-\rho^{N+1}} = \frac{1-\frac{2}{3}}{1-\left(\frac{2}{3}\right)^7} = 0.354$$

$$\overline{P}_6 = \rho^6 \overline{P}_0 = \left(\frac{2}{3}\right)^6 \times 0.354 = 0.0311$$

$$\overline{P}_5 - \overline{P}_6 = 0.0480 - 0.0311 = 0.0169 = 1.69\%$$

即增加一张椅子可以减少顾客损失率 1.69%。

三、$M/M/C/\infty$ 系统

很多情况下，服务系统不止一个服务台，$M/M/1$ 系统就无法解决问题，需要考虑 $M/M/C$ 系统。下面主要介绍标准的 $M/M/C/\infty/\infty/FCFS$ 系统。该系统顾客到达时间间隔服从相互独立、参数为 λ 的负指数分布，服务台服务一个顾客的时间也满足相互独立、参数为 μ 的负指数分布，只有一个服务台，系统容量为无穷大，顾客来源是无限的，先来先服务。

这个模型的队列与服务台的关系可用图 9-11 表示。

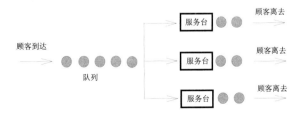

图 9-11　$M/M/C$ 系统工作关系

即顾客到达后,进入队列尾端;当某一个服务台空闲时,队列中的第一个顾客即到该服务台接受服务;服务完毕后随即离去。各服务台互相独立且服务速率相同,即 $\mu_1=\mu_2=\cdots=\mu_c$。

整个系统的最大服务速率为 $c\mu$,令

$$\rho_c = \frac{\lambda}{c\mu}$$

则当 $\rho_c<1$ 时系统才不会排成无限的队列。

这个系统的特点是,系统的服务速率与系统中的顾客数有关。当系统中的顾客数 k 不大于服务台个数,即 $1\leq k\leq c$ 时,系统中的顾客全部在服务台中,这时系统的服务速率为 $k\mu$;当系统中的顾客数 $k>c$ 时,服务台中正在接受服务的顾客数仍为 c 个,其余顾客在队列中等待服务,这时系统的服务速率为 $c\mu$。

1. 平衡状态概率分布

为了求得系统的状态概率,先做出系统的状态转移图,如图 9-12 所示。

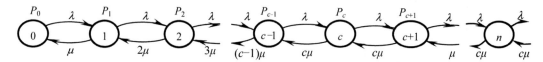

图 9-12 $M/M/C$ 系统状态转移图

可以证明该系统是个生灭过程,并且有

$$\lambda_1 = \lambda_2 = \cdots = \lambda_n = \cdots = \lambda$$

$$\mu_n = \begin{cases} n\mu & n\leq c \\ c\mu & n>c \end{cases}$$

因而有

$$P_n = \begin{cases} \dfrac{\lambda^n}{\mu^n n!} P_0 & 1\leq n\leq c \\ \dfrac{\lambda^n}{\mu^n c! c^{n-c}} P_0 & n>c \end{cases} \tag{9-19}$$

由 $\sum_{n=1}^{\infty} P_n = 1$,可得

$$\left[\sum_{n=0}^{c-1} \frac{\lambda^n}{\mu^n n!} + \sum_{n=c}^{\infty} \frac{\lambda^n}{\mu^n c! c^{n-c}}\right] P_0 = 1$$

当 $\rho_c<1$ 时,无穷级数收敛,可得

$$P_0 = \left(\sum_{n=0}^{c-1} \frac{1}{n!}\rho^n + \frac{\rho^c}{c!}\frac{1}{1-\rho_c}\right)^{-1}$$

由式(9-19)可得

$$P_n = \begin{cases} \dfrac{\lambda^n}{\mu^n n!}\left(\sum_{n=0}^{c-1}\dfrac{1}{n!}\rho^n + \dfrac{\rho^c}{c!}\dfrac{1}{1-\rho_c}\right)^{-1} & n=1,2,\cdots,c \\ \dfrac{\lambda^n}{\mu^n c! c^{n-c}}\left(\sum_{n=0}^{c-1}\dfrac{1}{n!}\rho^n + \dfrac{\rho^c}{c!}\dfrac{1}{1-\rho_c}\right)^{-1} & n>c \end{cases} \quad (9\text{-}20)$$

$$P_c = \dfrac{\rho^c}{c!}\left(\sum_{n=0}^{c-1}\dfrac{1}{n!}\rho^n + \dfrac{\rho^c}{c!}\dfrac{1}{1-\rho_c}\right)^{-1} \quad (9\text{-}21)$$

2. 评价指标

用与单服务台系统同样的方法，可以得到 M/M/C/∞/∞/FCFS 的运行指标为

$$L_q = \sum_{n=c}^{\infty}(n-c)p_n = \dfrac{\lambda^c \rho_c P_0}{\mu^c c!(1-\rho_c)^2} = \dfrac{\rho_c P_c}{(1-\rho_c)^2} \quad (9\text{-}22)$$

$$L = L_q + \dfrac{\lambda}{\mu} \quad (9\text{-}23)$$

$$W = \dfrac{L}{\lambda} \quad (9\text{-}24)$$

$$W_q = \dfrac{L_q}{\lambda} \quad (9\text{-}25)$$

例 9-4 某售票处有 3 个窗口，顾客到达服从最简单流，到达速率为 0.9 人/min，售票时间服从负指数分布，每个窗口的平均售票速率为 0.4 人/min。顾客到达后排成一队，依次到空闲窗口购票。求：

(1) 所有窗口都空闲的概率。
(2) 平均队长。
(3) 平均等待时间及逗留时间。
(4) 顾客到达后必须等待的概率。

解：这是一个 M/M/3/∞/∞/FCFS 系统，$\lambda=0.9, \mu=0.4, c=3$，因而

$$\rho = \dfrac{\lambda}{\mu} = 2.25, \quad \rho_c = \dfrac{\lambda}{c\mu} = 0.75$$

(1) 所有窗口都空闲的概率，即求 P_0 的值

$$P_0 = \left[\dfrac{(2.25)^0}{0!} + \dfrac{(2.25)^1}{1!} + \dfrac{(2.25)^2}{2!} + \dfrac{(2.25)^3}{3!} \times \dfrac{1}{1-0.75}\right]^{-1} = 0.0748$$

$$P_c = \dfrac{\lambda^c}{\mu^c c!}p_0 = \dfrac{2.25^3}{3!} \times 0.0748 = 0.142$$

(2) 平均队长，即求 L 的值，必须先求 L_q

$$L_q = \dfrac{(2.25)^3 \times 0.75}{3! \times (1-0.75)^2} \times 0.0748 = 1.70$$

$$L = L_q + \dfrac{\lambda}{\mu} = 1.70 + 2.25 = 3.95$$

(3) 平均等待时间和平均逗留时间，即求 W_q 和 W 的值

$$W_q = \frac{L_q}{\lambda} = \frac{1.70}{0.9} = 1.89 \text{(min)}$$

$$W = W_q + \frac{1}{\mu} = 1.89 + \frac{1}{0.4} = 4.39 \text{(min)}$$

(4) 当 $n \geq 3$ 时，顾客到达后必须等待，所以顾客到达后必须等待的概率为

$$P[n \geq 3] = \frac{(2.25)^3}{3!(1-0.75)} \times 0.0748 = 0.57$$

提 示

(1) $M/M/1/\infty$ 系统是 $M/M/C/\infty$ 系统的特例，当 $C=1$ 时，$M/M/C/\infty$ 的公式就是 $M/M/1/\infty$ 系统的公式。

(2) $M/M/1/\infty$ 系统是 $M/M/1/N$ 系统的极限情况，当 $N \to +\infty$ 时，$M/M/1/N$ 系统的公式就是 $M/M/1/\infty$ 系统的公式。

(3) 对于 C 个服务台、C 个排列的系统，不能用 $M/M/C/\infty$ 系统的公式。而应该把其看成 C 个 $M/M/1/\infty$ 系统，此时每个系统的单位时间平均到达人数为 $\frac{\lambda}{c}$。

第四节　应用案例分析——排队论在物流系统设计中的应用

排队系统在物流系统设计中有着广泛的应用，本节所讲案例由赵援等人的论文改写而成。

一、问题的背景

天津市利丰源达钢铁集团始建于 1993 年，前身为天津市利达钢管厂。集团总部坐落于天津市西青区大寺镇王村工业区，地处天津市西青开发区，北距天津市区 10km，多条高速公路在公司西侧交汇，地理位置优越，公路和铁路交通极为便利。

随着业务的扩展，企业兴建了新的成品库，以满足生产和发货的需要。成品库中的天车主要用于大质量、长距离运送物品。在钢管企业成品库设计中，天车的数量一般是根据作业量及天车的作业能力确定。计算时，要分别考虑满足作业量的要求；满足规定的车辆停留时间要求。但是，若按常用方法计算，存在的问题是没有考虑到车辆到达的随机性；根据规定的车辆停留时间计算时，只计算了操作的装卸时间，而未考虑整个系统等待的时间。而且，天车是一种大型装卸工具，不能随便安装和拆卸。所以根据实际情况确定天车数量，可以提高服务效率。如果天车数量过多，不仅会造成企业资源的浪费，还会降低天车服务的效率，同样如果天车数量达不到所需服务的要求，将会影响企业的正常出入库、倒垛作业，从而影响企业的正常生产，可能会给企业带来很大的损失。因此，采用相对科学的方法合理确

定天车的数量需求显得尤其重要。

二、模型的建立

下面以天津市利丰源达钢铁集团成品库的天车,出入库及倒垛事件为研究对象,出入库及倒垛发生的事件是随机的,所需的服务时间也不相同,则天车对钢管的服务时间也是随机的,因此,由天车构成的系统是一个随机服务系统。该随机服务系统的结构如图 9-13 所示。

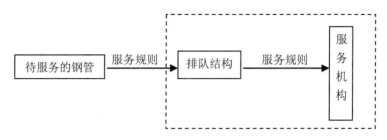

图 9-13 天车随机服务系统

通常随机服务系统用下面 7 个特征来描述:顾客源;顾客到达方式;服务员的服务方式;排队规则;系统容量;服务员的数目及仓库容量。下面从描述随机服务系统 7 个特征来分析天车随机服务系统。

(1) 顾客源。天车所要服务的对象是所有需要服务的钢管,由天车构成的随机服务系统的顾客源是所有需要服务的运输钢管车辆的叠加,对于某台天车来说,其职责就是将钢管搬运到准确位置上,对于仓库来说,其发生出库、入库、倒垛的时间是随机的,而且仓库一直存在出库、入库、倒垛事件,所以顾客源是无限的。将出入库的车辆看成顾客,将倒垛事件看成由车辆负载,将倒垛虚拟车辆也看成顾客。

(2) 顾客到达方式。到达方式是其间隔时间 T 服从负指数分布,对应的到达数目 N 服从 Poisson(泊松)分布,这样的到达过程称为 Poisson(泊松)过程。

(3) 服务员的服务方式。对于每台天车来说,由于它所负责的钢管的重量不同、数量不同、规格不同,所以天车所需的时间不同。通过对历史数据的统计分析,仅能得到该时间随机变量的数字特征——平均服务时间,很难确定服务时间的分布函数。为了便于研究,假定该系统的服务时间服从负指数分布。

(4) 排队规则。对于天车构成的随机服务系统,当所有的天车都忙时,有新的服务请求,则须排队等待。排队规则为先到先服务。

(5) 系统容量。指系统中能够容纳的顾客数,该随机服务系统的容量是无穷。

(6) 服务员的数目。该系统的服务员数是天车的数量,是待决策的量。

(7) 仓库容量。因为仓库是个存储成品的地方,每天都有出入库的情况发生,所以将仓库的容量看作无限大。

通过以上分析,天车随机服务系统符合输入过程为 Poisson(泊松)过程,服务时间为负指数分布，多服务台并联的等待是随机服务系统，用随机服务系统的分类符号表示该系统为 $M/M/C/\infty/\infty$ 模型。

三、天车随机服务系统优化设计

根据历史数据可以得知平均到达率 $\lambda=0.1$ 台/min，天车平均服务时间 $\mu=0.2$ 台/min；天车单位时间的成本 cs=1 元/min；车辆滞留单位时间的费用 cw=5 元/min。

对于本系统，服务台的数量即为所需天车的数量，因此实验中将 c 同时作为天车数量计算。在稳态情形下，装卸机械单位时间全部费用(服务成本与等待费用之和)的期望值为

$$f = \text{cs} \times c + \text{cw} \times L$$

式中，c 为天车的数量；cs 为每台天车单位时间的成本；cw 为每台车辆单位时间的费用；L 为系统中的平均车辆数。由于该系统为 $M/M/C/\infty/\infty$，其中 $\lambda=0.1$，$\mu=0.2$，$\rho_c = \dfrac{\lambda}{\mu c}$，系统中的平均车辆数是服务台个数 c 的函数，有

$$L = \frac{\lambda^c \rho_c P_0}{\mu^c c!(1-\rho_c)^2} + \frac{\lambda}{\mu} = \frac{\rho_c P_c}{(1-\rho_c)^2} + \frac{\lambda}{\mu}$$

式中

$$p_c = \frac{\lambda^c}{c!\mu^c} p_0, \quad p_0 = \left(\sum_{n=0}^{c-1} \frac{\lambda^n}{n!\mu^n} + \frac{\lambda^c}{c!\mu^c(1-\rho_c)} \right)^{-1}$$

给定天车的个数 c 就可以按上述公式计算出对应的系统平均车辆，从而可以计算出总费用，显然总费用是天车的个数 c 的函数。利用 Excel 进行计算的公式如图 9-14 所示。

2	天车费用	1
3	服务台数	2
4	平均到达	0.1
5	平均服务	0.2
6	比值	=C4/C5
7	有效服务率	=C4/(C3*C5)
8	P0	=(1+SUM(C14:C23)+C3*C6^C3/(FACT(C3)*(C3-C6)))^(-1)
9	Pc	=C6^C3*C8/FACT(C3)
10	等待队长	=IF(C7<1, (C7/(1-C7)^2)*C9,100000)
11	队长	=C6+C10
12	车辆费用	8
13	总费用	=C2*C3+C12*C11
14	1	=IF(B14<C$3, C$6^B14/FACT(B14), 0)
15	2	=IF(B15<C$3, C$6^B15/FACT(B15), 0)
16	3	=IF(B16<C$3, C$6^B16/FACT(B16), 0)
17	4	=IF(B17<C$3, C$6^B17/FACT(B17), 0)
18	5	=IF(B18<C$3, C$6^B18/FACT(B18), 0)
19	6	=IF(B19<C$3, C$6^B19/FACT(B19), 0)
20	7	=IF(B20<C$3, C$6^B20/FACT(B20), 0)
21	8	=IF(B21<C$3, C$6^B21/FACT(B21), 0)
22	9	=IF(B22<C$3, C$6^B22/FACT(B22), 0)
23	10	=IF(B23<C$3, C$6^B23/FACT(B23), 0)

图 9-14 Excel 的计算公式

在图 9-14 中，C14～C23 单元格计算 n 从 1～10 的 $\sum_{n=0}^{c-1} \dfrac{\lambda^n}{n!\mu^n}$，当 $n \geq c$ 时取值为 0。

其变化规律可用图 9-15 表示。

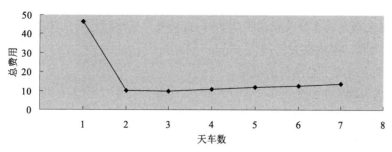

图 9-15　总费用变化

从表 9-4 中可得最优的天车个数为 3，对应的总费用为 9.99，平均车辆数为 0.874。

表 9-4　计算结果

天车数	1	2	3	4	5	6	7
总费用	46.333	10.3	9.99	10.83	11.8	12.8	13.8

当平均到达率 λ、天车平均服务时间 μ、天车单位时间的成本 cs、车辆单位时间的费用 cw 中的任何一项发生改变时，最佳天车的数量就会发生变化，表 9-5 给出平均到达率改变时对应的最优天车的数量。

表 9-5　平均到达率改变时的最优天车与总费用

平均到达车数	0.06	0.08	0.1	0.12	0.14	0.16	0.18
最优天车数	1	2	2	2	2	3	3
总费用	4.43	5.33	6.27	7.27	8.38	9.55	10.44

四、结束语

应用排队理论建立了天车随机服务系统，实际结果表明，该模型是合理的，它能够较为精确地计算出天车的数量需求，并在一定程度上克服了仅凭经验决策而带来的随意性。应用排队论的方法，只要由历史统计数据能够得出平均到达率 λ、平均服务率 μ、天车单位时间的成本 cs 和车辆单位时间的费用 cw，就可以确定最优的天车数量。

习　题

1．某修理店只有一个修理工，来修理的顾客到达的次数服从 Poisson(泊松)分布，平均每小时 6 人；修理时间服从负指数分布，每次服务平均需要 6min。求：

(1) 修理店空闲的概率。

(2) 在店内的平均顾客数。

(3) 顾客在店内的平均逗留时间。

(4) 等待服务的平均顾客数。

(5) 平均等待修理的时间。

2. 一个单人理发店,顾客到达服从 Poisson 分布,平均到达时间间隔为 20min;理发时间服从负指数分布,平均理发时间为 15min。求:

(1) 顾客来店理发不必等待的概率。

(2) 理发店内顾客平均数。

(3) 顾客在理发店内的平均逗留时间。

(4) 当顾客到达速率是多少时,顾客在店内的平均逗留时间将超过 1.25h。

3. 在第 1 题中,如果修理店内已有 4 个顾客时,店主就拒绝顾客排队。求:

(1) 修理工空闲的概率。

(2) 计算运行指标 L、L_q、W 及 W_q。

4. 在 $M/M/1/N/\infty/FCFS$ 系统中,设顾客到达速率为 λ、服务速率为 μ,求单位时间内被拒绝的顾客数的期望值。

5. 在第 1 题中,设顾客到达速率增加到 10 人/h,这时又增加一个同样熟练的修理工,平均修理时间也是 6min。求:

(1) 店内空闲的概率。

(2) 两个修理工都忙的概率。

(3) 计算运行指标 L、L_q、W、W_q。

6. 某公司有一台客服电话,平均每小时有 6 个电话需求,电话服务时间平均为 6 分钟,试求客服电话占线的概率。

案例分析题

医院床位分配

医院就医排队是大家都非常熟悉的现象,它以这样或那样的形式出现在我们面前,例如,患者到门诊就诊、到收费处划价、到药房取药、到注射室打针、等待住院等,往往需要排队等待接受某种服务。

考虑某医院眼科病床的合理安排的数学建模问题。

该医院眼科门诊每天开放,住院部共有病床 79 张。该医院眼科手术主要分 4 种,即白内障、视网膜疾病、青光眼和外伤。根据统计 2008 年 7 月 13 日至 2008 年 8 月 31 日这段时间里各类病人的情况如表 9-6 所示。

表 9-6 4 种疾病统计数据

病 种	到达总人数	平均等待时间/天	平均住院时间/天
青光眼	51	12.25641026	8.076923077
白内障	81	12.66666667	2.902777778
白内障双眼	109	12.51219512	4.963414634
视网膜	139	12.54455446	10.16831683

外伤疾病通常属于急症,病床有空时立即安排住院,住院后第二天便会安排手术。由于急症数量较少,建模时这些眼科疾病可不考虑急症。

该医院眼科手术条件比较充分,在考虑病床安排时可不考虑手术条件的限制,当前该住院部对全体非急症病人是按照FCFS(First Come, First Serve)规则安排住院,但等待住院病人队列却越来越长,医院方面希望你们能通过数学建模来帮助解决该住院部的病床合理安排问题,以提高对医院资源的有效利用。有人从便于管理的角度提出建议,在一般情形下,医院病床安排可采取使各类病人占用病床的比例大致固定的方案,试就此方案,建立使得所有病人在系统内的平均逗留时间(含等待入院及住院时间)最短的病床比例分配模型。

(资料来源:根据全国大学生数学建模竞赛试题改编,
http://www.mcm.edu.cn/html_cn/ block/ 8579f5fce999cdc896f78bca5d4f8237.html)

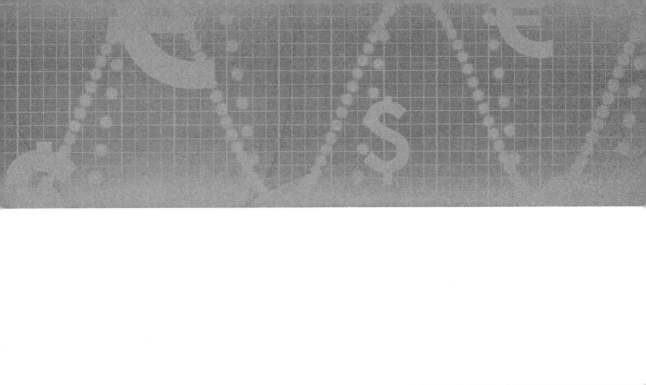

附录

附录一　LINGO 软件的集合输入方法

一、LINGO 中的集

对实际问题建模的时候，总会遇到一群或多群相联系的对象，如工厂、消费者群体、交通工具和雇工等。LINGO 允许把这些相联系的对象聚合成集(Sets)。集是 LINGO 建模语言的基础，是程序设计最强有力的基本构件。借助集，能够用一个单一的、长的、简明的复合公式表示一系列相似的约束，从而可以快速、方便地表达规模较大的模型。

1. 集概述

集是一群相联系的对象，这些对象也称为集的成员。一个集可能是一系列产品、卡车或雇员。每个集成员可能有一个或多个与之有关联的特征，把这些特征称为属性。属性值可以预先给定，也可以是未知的，有待于 LINGO 求解。例如，产品集中的每个产品可以有一个价格属性；卡车集中的每辆卡车可以有一个牵引力属性；雇员集中的每位雇员可以有一个薪水属性，也可以有一个生日属性等。

LINGO 的集分为原始集和派生集，原始集是由一些最基本的对象组成的，派生集是用一个或多个其他集来定义的，也就是说，它的成员来自于其他已存在的集。

2. 集的定义

集部分是 LINGO 模型的一个可选部分。在 LINGO 模型中使用集之前，必须在集部分事先定义。集部分以关键字 "sets:" 开始，以 "endsets" 结束。一个模型可以没有集部分，或有一个简单的集部分，或有多个集部分。一个集部分可以放置于模型的任何地方，但是一个集及其属性在模型约束中被引用之前必须定义它们。

1) 定义原始集

为了定义一个原始集，必须详细声明集的名字、集的成员、集成员的属性，定义一个原始集，用下面的语法：

setname[/member_list/][:attribute_list];

注意：用"[]"表示该部分内容可选。

setname 是来标记集的名字，集名字必须严格符合标准命名规则：以拉丁字母或下划线(_)为首字符，其后由拉丁字母(A～Z)、下划线、阿拉伯数字(0，1，…，9)组成的总长度不超过 32 个字符的字符串，且不区分大小写。

member_list 是集成员列表。如果集成员放在集定义中，那么对它们可采取显式罗列和隐式罗列两种方式。如果集成员不放在集定义中，那么可以在随后的数据部分定义它们。

(1) 当显式罗列成员时，必须为每个成员输入一个不同的名字，中间用空格或逗号分开，允许混合使用。例如,定义一个名为 students 的原始集,它具有成员 John、Jill、Rose 和 Mike,属性有 name 和 age:

```
sets:
 students/John Jill, Rose Mike/:name, age;
endsets
```

(2) 当隐式罗列成员时,不必罗列出每个集成员。可采用以下语法:

```
setname/member1..memberN/[: attribute_list];
```

这里的 member1 是集的第一个成员名,memberN 是集的最末一个成员名,LINGO 将自动产生中间的所有成员名,如 1..5 表示 1、2、3、4、5 等 5 个成员。

2) 定义派生集

为了定义一个派生集,必须详细声明集的名字、父集的名字、集成员、集成员的属性,可用下面的语法定义一个派生集:

```
setname(parent_set_list)[/member_list/][:attribute_list];
```

setname 是集的名字。

parent_set_list 是已定义的集的列表,多个时必须用逗号隔开。如果没有指定成员列表,那么 LINGO 会自动创建父集成员的所有组合作为派生集的成员。派生集的父集既可以是原始集,也可以是其他的派生集。

例如,在生产计划问题中考虑产品对机器的工时使用问题,这里涉及产品和机器都是原始集,产品的属性包括单位利润 c 和产量 x,机器的属性包括工时限额 b。而产品和机器之间的联系生成派生集,其属性就是单位产品产量对机器工时的需求量 a。考虑有 5 种产品、3 种机器的问题,集合定义如下:

```
sets:
 product/1..5/:c,x;
 machine/1..3/:b;
 allowed(product,machine):a;
endsets
```

成员列表被忽略时,派生集成员由父集成员所有的组合构成,这样的派生集称为稠密集。如果限制派生集的成员,使它成为父集成员所有组合构成的集合的一个子集,这样的派生集称为稀疏集。

如果需要生成一个大的、稀疏的集,可以把这些逻辑条件看作过滤器,在 LINGO 生成派生集的成员时把使逻辑条件为假的成员从稠密集中过滤掉。

二、模型的数据部分和初始部分

在处理模型的数据时,需要为集指派一些成员,并且在 LINGO 求解模型之前为集的某些属性指定值。为此,LINGO 为用户提供了两个可选部分,即输入集成员和数据的数据部分(Data Section)以及为决策变量设置初始值的初始部分(Init Section)。

1. 模型的数据部分

数据部分提供了模型相对静止部分和数据分离的可能性。显然，这对模型的维护和维数的缩放非常便利。数据部分以关键字"data:"开始，以关键字"enddata"结束。在这里，可以指定集成员、集的属性。其语法如下：

```
object_list = value_list;
```

object_list 包含要指定值的属性名、要设置集成员的集名，用逗号或空格隔开。一个对象列中至多有一个集名，而属性名可以有任意多。如果对象列中有多个属性名，那么它们的类型必须一致。如果对象列中有一个集名，那么对象列中所有属性的类型就是这个集。

value_list 包含要分配给对象列中的对象的值，用逗号或空格隔开。

例如，对前面的例子，需要定义单位利润、工时限额、单位产品工时需求量等常数：

```
DATA
c=4 1 3 2 3;
b=200 150 300
a=1.2 1.5 2.0 1.0 1.3 1.0 2.1 1.6 1.8 1.1 2.2 1.3 2.3 1.8 1.0
Enddata
```

数值的个数必须和前面定义的属性个数一致，在读取数据时 LINGO 按行列顺序读取，如 a 是 5 行 3 列的矩阵，共输入 15 个数值，首先取前 3 个数据作为第一行，然后再取 3 个数据作为第二行，依次进行。

2. 参数

在数据部分也可以指定一些标量变量(Scalar Variables)。当一个标量变量在数据部分确定时，称之为参数。看一例，假设模型中用利率 8.5% 作为一个参数，就可以像下面一样输入一个利率作为参数。

```
data:
 interest_rate = .085;
enddata
```

在某些情况下，对于模型中的某些数据并不是定值。譬如，模型中有一个通货膨胀率的参数，在 2%～6% 范围内，对不同的值求解模型，来观察模型的结果对通货膨胀的依赖有多么敏感。把这种情况称为实时数据处理(what if analysis)。LINGO 有一个特征可方便地做到这件事，在本该放数的地方输入一个问号(?)：

```
data:
 interest_rate,inflation_rate = .085,?;
enddata
```

每一次求解模型时，LINGO 都会提示为参数 inflation_rate 输入一个值。在 Windows 操作系统下，将会接收到一个类似下面的对话框，直接输入一个值再单击 OK 按钮，LINGO 就会把输入的值指定给 inflation_rate，然后继续求解模型。

3. 变量初始值

在一些非线性规划的求解中需要指定变量的初始值,在 LINGO 中定义变量初始值用 init 与 endinit 表示,例如:

```
init:
X, Y = 0, .1;
 Endinit
Y=@log(X);
 X^2+Y^2<=1;
```

好的初始点会减少模型的求解时间。

三、模型输入

对于复杂模型的输入需要用到 LINGO 的编程功能,LINGO 常用的基本函数包括求和函数和循环函数:

```
@sum(set(set_index_list)|condition:expression)
@for(set(set_index_list)|condition:expression)
```

LINGO 内部函数需要用@标识,sum 是求和函数名称,for 是循环函数名称,括号内是函数的作用域,包括 3 部分:

set(set_index_list):集名称(集元素列表),用于定义求和循环下标的含义与取值,也就是要说明对谁求和或循环。

condition:筛选条件,有时只对部分元素求和或循环,就用逻辑变量限制下标取值。

expression:表达式,也是求和或循环运算的主体。

例如,在上例中要求每个机器的使用工时不能超过工时限制,即有约束

$$\sum_{i=1}^{5} a_{ij} x_{ij} \leq b_j \quad j=1,2,3$$

这里实际上有 3 个约束,是关于机器的循环,每个约束的左端又是一个求和,是对所有产品求和,因而输入为:

```
@for(machine(j):@sum(product(i):a(i,j)*x(i,j))<=b(j));
```

有时还会用到条件函数:

```
@IF( logical_condition, true_result, false_result)
```

该函数包括 3 部分,其中:

logical_condition:逻辑表达式。

true_result:逻辑表达式取真值时的输出。

false_result:逻辑表达式取假值时的输出。

四、运算符与常用函数

1. 基本运算符

算术运算符是针对数值进行操作的。LINGO 提供了 5 种二元运算符，即

    ^ 乘方   * 乘   / 除   + 加   - 减

LINGO 唯一的一元算术运算符是取反函数"-"。

2. 逻辑运算符

LINGO 具有以下几种逻辑运算符：

  #not#   否定该操作数的逻辑值，#not# 是一个一元运算符。
#eq#   若两个运算数相等，则为 true；否则为 false。
#ne#   若两个运算符不相等，则为 true；否则为 false。
#gt#   若左边的运算符严格大于右边的运算符，则为 true；否则为 false。
#ge#   若左边的运算符大于或等于右边的运算符，则为 true；否则为 false。
#lt#   若左边的运算符严格小于右边的运算符，则为 true；否则为 false。
#le#   若左边的运算符小于或等于右边的运算符，则为 true；否则为 false。
#and#   仅当两个参数都为 true 时，结果为 true；否则为 false。
#or#   仅当两个参数都为 false 时，结果为 false；否则为 true。

3. 关系运算符

LINGO 有 3 种关系运算符，即 "="、"<=" 和 ">="。LINGO 中还能用 "<" 表示小于等于关系，">" 表示大于等于关系。LINGO 并不支持严格小于和严格大于关系运算符。

4. 数学函数

LINGO 提供了大量的标准数学函数：

@abs(x) 返回 x 的绝对值。
@sin(x) 返回 x 的正弦值，x 采用弧度制。
@cos(x) 返回 x 的余弦值。
@tan(x) 返回 x 的正切值。
@exp(x) 返回常数 e 的 x 次方。
@log(x) 返回 x 的自然对数。
@lgm(x) 返回 x 的 gamma 函数的自然对数。
@sign(x) 如果 x<0 返回 -1；否则，返回。
@floor(x) 返回 x 的整数部分。当 x≥0 时，返回不超过 x 的最大整数；当 x<0 时，返回不低于 x 的最大整数。
@smax(x1,x2,…,xn) 返回 x1，x2，…，xn 中的最大值。
@smin(x1,x2,…,xn) 返回 x1，x2，…，xn 中的最小值。

附录二 SciLab 软件介绍

SciLab 是一种与 MatLab 类似的科学工程计算软件，其数据类型丰富，可以很方便地实现各种矩阵运算与图形显示，能应用于科学计算、数学建模、信号处理、决策优化、线性/非线性控制等各个方面。它还提供可以满足不同工程与科学需要的工具箱，如 SCICOS、信号处理工具箱、图与网络优化工具箱等。

由于 SciLab 的语法与 MatLab 非常接近，熟悉 MatLab 编程的人很快就可以掌握 SciLab 的使用。有意思的是，SciLab 提供的语言转换函数可以自动将用 MatLab 语言编写的程序翻译为 SciLab 语言。SciLab 除了 Windows 与 NT 版本外，还有多种 UNIX 或 Linux 下的版本。

作为开放源代码的软件，SciLab 的源代码、用户手册及二进制的可执行文件都是免费的，公布于 INRIA 的网站上(中法实验室已建立其镜像网站)，可以直接下载。用户不仅可以在 SciLab 的许可证条件下自由使用该软件，还可以根据自己需要修改源代码，使之更加符合自身需要。对这一优秀的自由软件，国外已有很多人加以关注、讨论和赞赏。

1. 下载与安装

目前 SciLab 的最新版本是 5.4.1 版，其安装程序、说明文档、应用例子及更新消息等可从 SciLab 的官方网站 http://www.scilab.org 下载。

程序下载完成经解压缩后，直接运行其安装程序 scilab-5.4.1.exe，一路单击"下一步"按钮即可完成安装。注意不要更改其默认的安装路径；否则程序的有些功能不能正常实现。另外，要注意选择在 Windows 平台上的版本进行安装。

2. 启动和窗口

单击桌面上图标或者从开始中找到程序就可以启动 SciLab，启动后进入附图 1-1 所示界面。

附图 1-1 SciLab 5.4.1 控制台

SciLab 5.4.1 主要由控制台、变量浏览器、文件浏览器和命令历史等几个窗口组成，其中控制台是输入命令的窗口，是 SciLab 5.4.1 的主窗口，最后一行出现-->时，代表 SciLab 正等待使用者输入指令，可以输入 SciLab 的命令。其他窗口不用时也可以关闭。

对于比较简单的命令及一次性计算问题，用户可通过命令方式直接在程序的控制台中完成求解，以达到简单、快捷的效果。当求解的问题规模较大时，则可在主程序 SciLab 启动后，选择应用程序菜单中的 SciNotes 命令，直接启动 SciLab 自带的文本编辑器，如附图 1-2 所示。

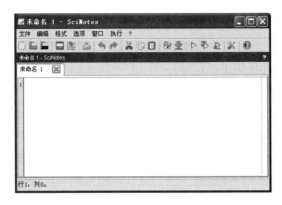

附图 1-2　SciLab 5.4.1 文件编辑窗口

在此编辑器内通过编程求解，SciLab 自带的文本编辑器使用方法与一般的文本编辑器的基本操作方法相似。

3．基本命令

（1）执行文件。

通过 SciNotes 编写的程序可以保存到一个文件，文件的扩展名为.sce。文件的执行方式有 3 种。

① 复制到控制台执行。

② 选择 SciNotes 上方的执行命令。

③ 在主程序中选择"文件"菜单中的"执行"命令。

（2）运行环境。

① 保存运行环境，选择主程序中"文件"菜单中的"保存运行环境"命令。

② 装载运行环境，选择主程序中"文件"菜单中的"保存装载环境"命令。

③ 清空历史，选择主程序中"编辑"菜单中的"清空历史"命令。

④ 清空控制台，选择主程序中"编辑"菜单中的"清空控制台"命令。

（3）改动目录。

① 显示当前目录，选择主程序中"文件"菜单中的"显示当前目录"命令。

② 更改当前目录，选择主程序中"文件"菜单中的"更改当前目录"命令。

在文件浏览器窗口也显示当前文件的路径，也可以更改文件的路径。

（4）执行过程控制。

在主程序的控制菜单中提供了中断、继续和中止 3 种过程控制命令。

① 中断，也就是暂停，在执行程序中间暂时停止运行。

② 继续，对中断执行的程序继续开始。

③ 中止，停止程序运行。

(5) SciLab 首选项。

如果要改变窗口的字体和颜色，需要通过首选项设置，选择主程序中"文件"菜单中的"更改当前目录"命令和"编辑"菜单中的 Preference 命令就可以打开"首选项"设置对话框，如附图 1-3 所示。

附图 1-3　"首选项"设置对话框

在该对话框中可以设置字体颜色和大小等。

4. 模块管理器

SciLab 中提供了丰富的工具箱，工具箱分为基础工具箱和可选工具箱，基础工具箱在安装程序时已经装载到了主程序中，而可选工具箱则可以根据需要进行安装，管理可选工具箱的是模块管理器。在主程序中的应用程序菜单中选择"模块管理器"命令，即可打开如附图 1-4 所示的窗口。

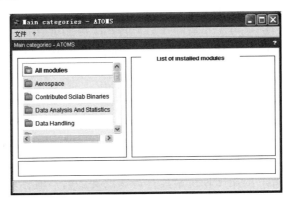

附图 1-4　模块管理器

单击左边 All modules 就会出现更多的模块，其中就包括图与网络优化工具箱，如附图 1-5 所示。

附图 1-5　图与网络优化工具箱

在网络接通的情况下，单击"安装"按钮就可以把该工具箱装入 SciLab，重新启动就可以使装载生效，以后每次启动时都会自动地把 Metanet 调入主程序。

5. 常用数学运算

(1) 数据类型。

SciLab 内建几种数据类型，常量包括有数值型、布尔值、多项式、字符串及分式多项式。这些常量进一步又定义出各类型的向量和数组。

产生向量最常用的方法是利用逗号、空格键或分号，逗号产生的是行向量，分号产生的是列向量，数据用中括号括起来，如 v=[2 -3 7]。

二维数组可以直接定义，同一行的数据用逗号或者空格隔开，不同行的数据用分号隔开，如 A=[1,2,3;3,2,1]。

还可以定义一些特殊的数组：

ones(n,m)(或 ones(a))：每个元素都等于 1 的 n 行 m 列或者与 a 行列数相同的数组。

zeros(n,m)(或 zeros(a))：每个元素都等于 0 的 n 行 m 列或者与 a 行列数相同的数组。

eye(n,n)(或 eye(a))：n 行 n 列或者与 a 行列数相同的单位数组。

rand(n,m)(或 rand (a))：n 行 m 列或者与 a 行列数相同的随机数组。

另外，SciLab 又提供了列表(Lists)及类型列表(Typed-lists)，列表是由不同类型的数据组成的集合。一般列表由基础函数 list 定义。例如：

$$\text{-->L=list(1,'w',ones(2,2))}$$

类型列表(Typed-lists) 的第一项元素具有特殊意义。第一项必须是一字符串(用以代表形态) 或一字符串矢量(分别代表形态及其他元素的名称)。形态列表用 tlist 定义，例如：

$$\text{-->L=tlist(['Car';'Name';'Dimensions'],'Nevada',[2,3])}$$

(2) 基本运算。

　+ 加法；　　 - 减法；　　 *乘法；　　 /除法；　　 ^乘方

数组和常量都可以进行基本运算。

(3) 数组(矩阵)运算。
- 添加行列。在数组后面直接添加，添加行用分号隔开，添加列用逗号隔开，如 a=[a;1,2,4]。
- 删除行列。直接取该行或者列为空，如把 a 的第一列删除为 a(1,:)=[]。
- 行列求和。直接用 sum(a,'r')或者 sum(a,'c')。
- 行列求最大。直接用 max(a,'r')或者 max(a,'c')。
- 计算行列数 size(a)。

6. 基本程序语言

SciLab 支持完整的程序语言控制结构，如循环(loops)、条件式(conditionals)、case 选择。

(1) 条件式。

SciLab 语言有两种条件判断式，即 if-then-else 判断式及 select-case 判断式。if-then-else 判断式先计算布尔运算，若为真值则计算 then 和 else (或 end) 指令之间的运算。若布尔运算的结果为假值，则计算 else 和 end 指令之间的运算。

```
if then
else
end
```

select-case 判断式比对几组运算，并选择第一个和原始给定计算结果相符的计算区块。例如：

```
select x,case 1,y=x+5,case -1,y=sqrt(x),end
```

(2) 循环语句。

SciLab 语言有两种循环，即 for 循环及 while 循环。for 循环将一指标矢量逐项指定，每一指标设定后，计算至保留字 end 后再进行下一指标计算。

```
for i=1:n
end
k=1;
while k<n
k=k+1;
end
```

(3) 函数。

函数是指令的集合并在一新的计算环境执行，以隔离函数内变量和原始环境变量之间的干扰。SciLab 环境中可以直接定义函数，但最方便的方式还是以编辑器将函数写在独立的文件内。如果作为独立文件存在，则在主程序使用前需要调用该函数，调用语言为

```
getf(filename) 或 exec(filename,-1)
```

直接在主程序中定义函数的格式如下：

```
Function []=functionname()

endfunction
```

参 考 文 献

[1] 刁在筠，刘桂真，宿洁，等. 运筹学(第三版)[M]. 北京：高等教育出版社，2007.
[2] 赵丽君，马建华，庞海云. 物流运筹学实用教程[M]. 北京：北京大学出版社，2010.
[3] 《运筹学》教材编写组. 运筹学(第三版)[M]. 北京：清华大学出版社，2005.
[4] 宁宣熙. 管理运筹学教程[M]. 北京：清华大学出版社，2007.
[5] 弗雷德里克·S. 希利尔(Frederick S.Hillier)，杰拉尔德·J. 利伯曼(Gerald J.Lieberman). 运筹学导论(第9版)[M]. 胡运权，等，译. 北京：清华大学出版社，2010.
[6] 莫尔斯(Morse，P.M.)，金博尔(Kimball，G.E.). 运筹学方法[M]. 吴沧浦，译. 北京：科学出版社，1988.
[7] 徐光辉等. 运筹学手册[M]. 北京：科学出版社，1999.
[8] 韩伯棠. 管理运筹学[M]. 北京：高等教育出版社，2000.
[9] 胡运权等. 运筹学教程[M]. 北京：清华大学出版社，1998.
[10] 管梅谷，郑汉鼎. 线性规划[M]. 济南：山东科学技术出版社，1983.
[11] 刘家壮，王建方. 网络最优化[M]. 武汉：华中工学院出版社，1987.
[12] 龚策，陈继学. 产品开发流程的计划评审技术分析[J]. 建设机械技术与管理，2008(1).
[13] 国际运筹学联合会官方网址：http://ifors.org/.
[14] 国际运筹学与管理科学学会官方网址：http://www.informs.org.cn/.
[15] 中国运筹学会官方网址：http://www.orsc.org.cn/.
[16] 中国科学院科技创新案例：http://www.cas.cn/zt/jzt/cxzt/zgkxykjcxale.
[17] 赵援，丁文英，董绍华，等. 基于排队论的天车合理数量的确定[J]. 物流技术，2008(08)：217-219.
[18] 程钊. 图论中若干著名问题的历史注记[J]. 数学的实践与认识，2009，39(24)：73-81.
[19] 王心力. Excel基础教程[M]. 北京：清华大学出版社，2006.
[20] 全国大学生数学建模竞赛官方网址：http://www.mcm.edu.cn/.
[21] 张若军. 数学思想与文化[M]. 北京：科学出版社，2015.